普通高等教育"十三五"规划教材

生物工厂工艺设计

邓祥元 主编 高 坤 副主编

化学工业出版社

·北京·

本书共 10 章，介绍了生物工厂工艺设计的概念、特点和要求，生物工厂的基本建设程序，工艺流程设计，工艺计算，工艺设备的设计与选型，车间布置设计，管道设计，工艺设计应提交的设计条件，非工艺设计，课程设计与说明书等内容。

本书层次清晰，内容安排合理，针对性和应用性强，可作为高等院校生物工程、生物技术、发酵工程、生物制药和食品科学与工程等专业本科生及研究生的教材或参考书，也适合相关企业的科研技术人员自学。

本书有配套的多媒体课件，以便读者更容易地了解和掌握本书内容。选用本书作为教材时，推荐教学时数为 32～48 学时。

图书在版编目（CIP）数据

生物工厂工艺设计/邓祥元主编．—北京：化学工业出
版社，2019.9（2025.5 重印）
普通高等教育"十三五"规划教材
ISBN 978-7-122-34656-8

Ⅰ.①生… Ⅱ.①邓… Ⅲ.①生物工程-高等学校-教材
Ⅳ.①Q81

中国版本图书馆 CIP 数据核字（2019）第 109452 号

责任编辑：赵玉清　周　偶　　　　　文字编辑：焦欣渝
责任校对：王素芹　　　　　　　　　装帧设计：张　辉

出版发行：化学工业出版社（北京市东城区青年湖南街 13 号　邮政编码 100011）
印　　装：北京云浩印刷有限责任公司
787mm×1092mm　1/16　印张 15　字数 380 千字　2025 年 5 月北京第 1 版第 7 次印刷

购书咨询：010-64518888　　　　　　售后服务：010-64518899
网　　址：http://www.cip.com.cn
凡购买本书，如有缺损质量问题，本社销售中心负责调换。

定　　价：49.00 元

前　言

在生物产业中，工艺设计是实现生物产品从实验室研究到工业化生产过程的必经阶段，因为新建、改建或扩建一个生物工厂，都离不开工艺设计。

生物工厂工艺设计是在学习了生物工艺学、生物工程设备、生物反应与分离工程、化工原理等课程的基础上，为培养能在生物产业领域从事设计生产管理和新技术研究、新产品开发所需工程技术人才而开设的一门理论和实践紧密结合的课程。本课程重点突出了对学生工程技能方面的培养，通过课堂教学和实践可为相关专业的技术人才提供两个方面的支撑：一是在了解生物工厂基本建设程序和组成的基础上，重点掌握生物工厂工艺设计的相关内容，为其他专业的设计工作提供数据资料和技术支持，使其具备设计生物工厂的基本能力，完成工程师的综合训练；二是通过设计生物工厂的生产工艺图纸，撰写工艺设计说明书，培养学生在生物工厂工艺设计过程中的工程素养和技能。

在编写过程中，本书力求突出如下特点：

① 在涉及概念和理论等内容时，本书注重穿插学习方法的介绍和讲解，并将更多的学时和内容重点放在设计方法、设计技能以及设计过程的阐述上。

② 随着生物产业的飞速发展，以及相关新工艺、新技术和新设备的不断涌现，本书在介绍基础理论知识的同时，更注重对相关前沿知识和成果的介绍。

③ 由于生物工厂工艺设计具有学科交叉、实践性强等特点，因此本书在涉及案例与不同类型生物工厂设计分析的同时更注重知识点的综合性和完整性。

本书由邓祥元和高坤编写，其中第5～8章由邓祥元编写，其余各章由高坤编写，在编写过程中参阅了大量同行的教材、资料与文献，谨此表示诚挚的谢意。此外，在本书编写过程中，江苏科技大学生物技术学院给予了大力支持，化学工业出版社的领导和编辑给予了悉心指导，在此表示衷心的感谢。

由于编者水平有限，书中难免存在一些疏漏和不足之处，恳请广大读者批评指正。

编者

2019 年 5 月 16 日

目 录

第1章 绪论

1.1 概述

生物产业是21世纪创新最为活跃、影响最为深远的新兴产业，是我国战略性新兴产业的主攻方向，对于我国抢占新一轮科技革命和产业革命制高点，加快壮大新产业、发展新经济、培育新动能，建设"健康中国"具有重要意义。2016年底以来，国家相继发布了《"十三五"生物产业发展规划》《"十三五"生物技术创新专项规划》，体现了国家对加快推动生物产业发展的重视，这也为生物产业的发展明确了总目标和主要任务，更为我国生物产业的发展指明了方向。

随着现代生命科学的快速发展，以及生物技术与信息、材料、能源等技术的加速融合，我国生物产业进入了从"量的积累"向"质的飞跃"、"点的突破"向"系统能力提升"，从以"跟跑"与"并跑"为主，向"并跑"与部分领域进入"领跑"转变的重要时期。"十二五"以来，我国生物产业复合增长率达到15%以上，2015年产业规模超过3.5万亿元，在部分领域与发达国家水平相当，甚至具备一定优势。我国基因检测服务能力在全球已处于领先地位，出口药品已从原料药向技术含量更高的制剂拓展，从中药中研制出的青蒿素使我国获得了国家的第一个自然科学的诺贝尔奖，高端医疗器械核心技术的突破大幅降低了相关产品和服务的价格。超级稻亩产突破1000kg，达到国际先进水平。生物发酵产业产品总量居世界第一。生物能源年替代化石能源量超过3300万吨标准煤，处于世界前列。在京津冀、长三角、珠三角等地一批高水平、有特色的生物产业集群初见雏形。我国生物产业已经具备加快发展、实现赶超的良好基础。同时我们还要清楚地看到，我国生物产业发展成果还不能满足人民群众对健康、生态等方面的迫切需要，产业生态系统依然存在制约行业创新发展的政策短板，开拓性、颠覆性的技术创新还不多，我国要成为生物经济强国依然任重道远。我们必须进一步提升生物产业创新能力，深化改革行业规制，不断拓展产业应用新空间，满足人民群众新需求，打造经济增长新动能。

生物工厂工艺设计是实现生物产品从实验室研究到工业化生产过程的必经阶段，是把一种生物产品从设想变成现实的重要建设环节。它将经小试、中试的生产工艺经一系列单元反应和单元操作进行组织，对产品的生产制造过程即从原材料到成品之间各个相互关联的全部生产过程进行设计，最终设计出一个生产流程具有合理性、技术装备具有先进性、设计参数具有可靠性、工程经济具有可行性的成套工程装置或生产车间，然后经过建造厂房、布置各类生产设备、配套公用工程，使工厂按照预定的设计期望顺利地建成、投产，并实现规模化生产。因此，要把生物工厂工艺设计作为一门综合性学科来研究，才能将我国生物工厂工艺设计水平提高到一个新的台阶，最终促进我国生物产业综合实力和核心竞争力的整体提升。

1.2 生物工厂工艺设计的概念和主要内容

1.2.1 生物工厂工艺设计的概念

生物工厂工艺设计是指工艺工程师在一定工程目标的指导下，根据对拟建生物工厂的要求，采用科学的方法统筹规划、制定方案，在对生物工厂进行扩建与技术改造时所从事的一种创造性工作。在此过程中，工艺工程师不仅需要具有一般生物工厂工艺设计的知识，如生产工艺流程设计、工艺设备布置设计、管道设计以及生物工程原理和设备、生物产品生产工艺、生物制品生产质量管理规范、化学工程、生物分离与纯化技术等，还要具有进行生物工厂工艺设计的专业知识，如发酵工程、生化工程、基因工程、酶工程、细胞工程、蛋白质工程、抗体工程和生物催化工程等。因此，生物工厂工艺设计是一门综合性、应用型的学科，包含很多专业知识和专门技术，同时在具体进行生物工厂工艺设计时必须遵循国家的相关规范、规定和标准，要努力做到技术上先进、经济上合理、设计上规范、环保上安全。

1.2.2 生物工厂工艺设计的主要内容

在生物工厂工程设计的过程中，工艺设计的好坏直接影响着生产和技术的合理性，并且与建设费用、生产质量、产品成本、劳动强度、环保安全等都有密切的关系。同时，工艺设计又是其他非工艺设计的基础和依据。因此，工艺设计在生物工厂工程设计中占有非常重要的地位。

生物工厂工艺设计的主要内容包括以下几个方面：①确定生产工艺流程；②进行物料衡算；③工艺设备的选型和设计；④车间工艺设备的布置设计；⑤确定劳动定员及生产班制；⑥车间水、电、汽（气）、冷等公用工程的用量估算；⑦管道的计算和设计；⑧设计说明书的编写；⑨非工艺项目设计。此外，还必须提出下列其他专业要求：①工艺流程、车间布置对总平面布置相对位置的要求；②工艺对土建、暖通、自控等非工艺专业设计的要求；③车间水、电、汽（气）、冷用量及负荷要求；④工艺用水的水质要求；⑤对排水性质、流量及废水处理的要求。

通过工艺设计，应使生物企业在工艺技术、设备布置和选型、劳动组织等方面能保证设计项目投产后正常生产，经济适用，符合国家的有关规范、规定和标准，并在产品的数量和质量上达到设计要求。

1.3 生物工厂工艺设计的特点和要求

生物工厂工艺设计和普通的化工设计的相同点是设计的安全性、可靠性和规范性。三者是设计工作的根本出发点和落脚点。而不同点是生物产品直接关系到人民群众的健康和生命安全，对其纯度与含量的要求与对一般化学品或试剂的要求有着本质上的区别。因此，在进行生物工厂工艺设计时，如何保证生物产品的质量是不容忽视的重大课题。

首先，生物工厂工艺设计是一项政策性很强的综合性工作，设计人员要充分了解我国国情，了解我国生物资源分布，严格执行国家的相关规范、规定和标准，自觉维护人民群众的生命安全。

其次，一个好的设计必须要更新观念、与时俱进。生物工厂工艺设计应以"减量化"（Reduce）、"再利用"（Recycle）、"资源化"（Resource）为基本原则，即"3R"原则。"减量化"即应该减少生物产品生产过程的能耗和物耗，减少有害物质的使用或生成；"再利用"即应该减少废弃物，并使废弃物在系统内再利用；"资源化"即应该尽量将排放的废弃物转化为可用的再生资源，尽量延长产品的生命周期。此外，进行生物工厂工艺设计时还应满足环境-卫生-安全（Environment-Health-Safety，EHS）管理体系的要求，该体系建立起一种通过系统化的预防管理机制，彻底消除各种事故、环境隐患和职业病隐患，以便最大限度地减少事故、环境污染和职业病的发生，从而达到改善企业安全、环境与健康业绩的目的的管理方法。因此，在生物工厂工艺设计过程中，设计人员必须考虑工艺过程的要求和产品标准（质量）、存在哪些危险及如何避免（安全健康）、会产生哪些环境问题及如何控制（环境），必须评价工艺过程所具有的各种潜在危险性（如：原料、反应、操作条件的不同，偏离正常运转的变化，工艺设备本身的危险性等），研究排除这些危险性或用其他适当办法对这些危险性加以限制的方法。因此，生物工厂工艺设计人员要将工厂建设、产品生产、设备采购和环境、健康和安全等融为一体，将绿色设计、清洁生产、安全作业、对环境友好、保障人类健康融入设计之中，更多地关注环境、职业健康及安全问题，才能有效推进生物产业的不断进步。

最后，由于生物产业是一种知识密集、技术含量高的多学科高度综合、互相渗透的新兴产业，具有高投入、高风险和高利润等特征，因此进行生物工厂工艺设计时还应满足如下要求：

① 随着科学技术的发展，生物工厂已逐步实现现代化生产，在产品结构、工艺技术、生产装置、基础理论研究等方面都有较大的进步。因此，在进行生物工厂的工艺设计时，应反映科学技术的进步，采用先进的工艺技术和装置。

② 设计工作必须认真进行调查研究，加强技术经济的分析工作，设计的技术经济指标以达到或超过国内同类型工厂生产实际平均先进水平为宜。

③ 生物工厂工艺设计是一项系统工程，涉及国家的相关规范、规定和标准等，在应用这些规范和标准时，要给予充分的重视和正确的体现。尤其是要遵循可持续发展的原则，严格按照相关规范、规定和标准来进行工艺设计。

④ 生物工厂工艺设计要求设计人员应具备一定的工程（或工厂）实践经验和理论知识，要经常深入生产现场，不断总结提高，绝不能拿设计做试验，不成熟的技术不能用于设计，以免给建设单位或业主带来重大经济损失。

⑤ 生物工厂厂房应尽量做到造型简单、简洁，兼顾美观大方。生物工厂厂房应首先做到满足生产工艺，否则会给工艺设计等专业带来极大的困难。

1.4 学习本课程的目的和方法

生物工厂工艺设计是一门综合性的技术，是经济与工程相结合而且实践性很强的一门课程，设置这门课程的目的是培养学生具备生物工厂工艺设计的能力，结合毕业实习或毕业设计，把所学的基础知识、专业知识进行综合运用，以使学生能适应应用型人才市场的需求，并具有较强的竞争力。通过本课程的学习，学生可在如下几个方面获得较好的培养和训练：

① 培养和锻炼学生查阅资料、收集数据和选用公式的能力。通常，设计任务书给出后，有许多物料的理化参数需要设计者去查阅、收集和整理，有些物性参数特别是混合物的物性

参数直接查取比较困难，常常需要估算，计算公式也要由设计者自行选用。这就要求设计者要运用各方面的知识，详细而全面地考虑后再确定。

② 培养和锻炼学生正确选择设计参数的能力。树立从技术上可行、经济上合理、设计上规范、生产上安全等方面考虑工程问题的意识，同时还须考虑到操作维修方便和环境保护的要求，亦即对于课程设计不仅要求计算正确，还应从工程的角度综合考虑各种因素，从总体上得到最佳结果。

③ 不仅正确而且迅速地进行工程计算。设计计算常常是一个需要反复试算的过程，计算的工作量很大，因此应反复强调"正确"与"迅速"。

④ 掌握生物工厂工艺设计的基本程序和方法。学会用简洁的文字和适当的图表表达自己的设计思想。

本课程将对生物工厂设计过程进行理论联系实际的分析和讨论，通过学习，了解生物工厂工艺设计的基本知识，掌握生物工厂工艺设计的内容、方法和步骤，熟悉工艺设计与其他专业设计之间的联系，逐步达到能独立完成生物工厂、车间的设计任务。因生物工厂工艺设计涉及的范围较广，本课程无法面面俱到，希望学生在学习过程中多读有关工程制图、化工设计、生物工程设备、化工单元操作及设备、生物产品工艺学等方面的参考书，特别是化工工艺设计手册，必要时，可以到相关企业进行实地参观实习，以便把本课程学好，达到预期目的。

第2章 生物工厂的基本建设程序

2.1 概述

基本建设程序是指基本建设项目从设想、选择、评估、决策、设计、施工到竣工验收、投入使用整个建设过程中各相关工作必须遵守的先后次序的法则，它是基本建设项目实施全过程中各环节、各步骤之间客观存在的不可违反的先后顺序，是由基本建设项目本身的特点和基本建设进程的客观规律所决定的。生物工厂的基本建设程序如图 2-1 所示，此程序分为设计前期、设计中期和设计后期三个工作阶段，这三个阶段相互联系、步步深入。

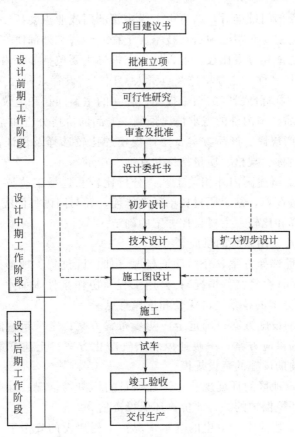

图 2-1　生物工厂的基本建设程序

2.2 设计前期工作阶段

设计前期工作阶段的目的是对项目建设进行全面分析，对项目的社会和经济效益、技术可靠性、工程的外部条件等进行研究。本阶段的主要工作有项目建议书、可行性研究和设计委托（任务）书。

2.2.1 项目建议书

项目建议书是法人单位向国家、省（自治区、直辖市）、市有关主管部门推荐项目时提出的报告书，主要目的是说明项目建设的必要性，并对项目建设的可行性进行初步分析。其主要内容有：项目建设的背景和依据、投资的必要性和经济意义、产品名称及质量标准、产品方案及拟建生产规模、工艺技术方案、主要原材料的规格和来源、建设条件和厂址选择方案、燃料和动力供应、市场预测、项目投资估算及资金来源、环境保护、工厂组织和劳动定员估算、项目进度计划、经济与社会效益的初步估算等。

通常项目建议书经过主管部门批准后，即可进行可行性研究。对于一些技术成熟又较为简单的小型工程项目，可以简化设计程序，项目建议书经主管部门批准后，即可进行方案设计，直接进入施工图设计阶段。

2.2.2 可行性研究

项目建议书经主管部门批准后，即可由上级主管部门或业主委托设计、咨询单位进行可行性研究。可行性研究主要对拟建项目在技术、工程、经济和外部协作条件上是否合理和可行，进行全面分析、论证和方案比较。可行性研究报告主要包括如下内容：

① 总论。概述项目名称、主办单位及负责人、项目建设背景和意义；编制依据和原则；研究工作范围和分工；可行性研究的结论提要；存在的主要问题和建议。

② 需求预测。产品在国内外的需求情况预测，产品的价格分析和竞争能力分析。

③ 产品方案及生产规模。产品方案及生产规模的比较选择及论证；提出产品方案和建设规模；主副产品的名称、规格、质量指标和标准、产量。

④ 工艺技术方案。概述国内外相关工艺；分析比较和选择工艺技术方案；绘制工艺流程图；通过物料、能量衡算，制定原材料单耗及能耗，并与国内外同类产品的先进水平进行比较；主要设备的选择和比较；主要自控方案的确定。

⑤ 原材料、燃料及公用系统的供应。

⑥ 建厂条件及厂址选择方案。介绍厂址概况（如厂区位置、地形地貌、工程地质、水文条件、气象、地震及社会经济等情况）；公用工程及协作条件（如水、电、气的供给，交通运输等）；厂址选择方案的技术经济比较和选择意见。

⑦ 公用工程和辅助设施方案。确定全厂初步布置方案；全厂运输总量和厂内外交通运输方案；水、电、气的供应方案；采暖通风和空气净化方案；土建方案及土建工程量的估算；其他公用工程和辅助设施的建设规模。

⑧ 环境保护。建设地区的环境现状；工程项目的污染物情况；综合利用与环保监测设施方案；治理方案；环境保护的综合评价；环保投资估算。

⑨ 职业安全卫生。职业安全卫生的基本情况；工程建设的安全卫生要求；职业安全卫生的措施；综合评价。

⑩ 消防。消防的基本情况；消防设施规划。

⑪ 节能。能耗指标及分析；节能措施综述；单项节能工程。

⑫ 工厂组织和劳动定员。工厂体制及组织；年工作日；生产班制和定员；人员培训计划和要求。

⑬ 项目实施规划。项目建设周期规划编制依据和原则；各阶段实施进度规划及正式投产时间的建议（包括建设前期、建设期）；编制项目实施规划进度或实施规划。

⑭ 投资估算。项目总投资（包括固定资产、建设期贷款利息和流动资金等投资）的估算；资金筹措和使用计划；资金来源；筹措方式和贷款偿还方法。

⑮ 社会及经济效果评价。产品成本和销售收入的估算；财务评价；国民经济评价；社会效益评价。

⑯ 评价结论。从技术、经济等方面论述项目建设的可行性；列出项目建设存在的主要问题；得出可行性研究结论。

此外，根据生物工厂建设项目的性质、规模和条件的不同，可行性研究报告的内容可有所侧重或调整，如小型项目在满足决策需要的前提下，适当简化可行性研究报告；改建和扩建工程项目应结合企业已有条件及改造规模规划编制可行性研究报告；中外合资项目应考虑其特点编制可行性研究报告。

必须强调：市场研究是项目可行性研究的前提与基础；工艺技术是项目可行性研究的关键；经济评价是项目可行性研究的核心和重点。另外，在进行可行性研究报告编制时应注意：①研究的科学性和独立性；②深度须满足业主要求；③承担单位应具备资质与条件；④研究报告要审批。

可行性研究报告编制完后，由项目委托单位上报审批，审批程序包括预审和复审（期间可组织专家评审）。通常根据工程项目的大小不同分别报请国务院或国家主管部门或各省、自治区、直辖市等主管部门审批立项。对于一些较小的项目，常将项目建议书与可行性研究报告合并上报审批立项。

可行性研究报告的作用：①建设项目投资决策和编制设计说明书的依据；②向银行申请贷款的依据；③建设项目主管部门与各有关部门商谈合同、协议的依据；④建设项目开展初步设计的基础；⑤拟采用新技术、新设备研制计划的依据；⑥建设项目补充地形、地质勘察工作和补充工业化试验的依据；⑦安排计划、开展建设前期工作的参考；⑧环保部门审查建设项目中对环境影响的依据。

2.2.3　设计委托（任务）书

设计委托（任务）书是项目业主以委托书或合同的形式，委托工程公司或设计单位进行某项工程的设计工作，设计委托书的内容包括项目建设主要内容、项目建设要求和用户需求（并提供工艺资料），它是进行工程设计的依据。

2.3　设计中期工作阶段

根据已批准的设计任务书（或可行性研究报告），可开展设计工作，即通过技术手段把可行性研究报告的构思变成工程现实。一般按工程的重要性、技术的复杂性和任务的规定性，可将工艺设计分为三阶段设计（初步设计、技术设计和施工图设计）、两阶段设计（扩大初步设计和施工图设计）、一阶段设计（施工图设计）。对于技术复杂或缺乏设计经验的重大项目，经主管部门和业主确定，采用三阶段设计；对大、中型建设项目工程设计一般采用两阶段设计；对小型项目、技术简单的项目，在简化的初步设计（亦称方案设计）确定后，采用一阶段设计。目前，我国的生物工厂项目多采用两阶段设计。

2.3.1 设计工作所涉及的专业和分工

（1）项目经理　又称项目负责人，是生物工厂项目工程设计的第一责任人，对于工程设计的进度、质量、效益和服务等起决定作用。

① 项目设计的开工报告、设计进度表、项目计划书、各专业所需基础资料等要由项目经理下达至各专业。

② 项目运行后，项目经理要经常检查各专业设计的工作进度和设计质量，发现问题及时沟通和协调，主持召开有关设计进度与技术协调的会议，参加总体设计方案评审会、工艺专业方案评审会。

③ 必要时，代表各专业设计人员与业主、主管部门、监理单位和施工单位沟通，并征求他们关于各专业设计的意见，统一观点。

④ 各专业完成施工图设计后，填写完工报告，交项目经理保存。

（2）工艺专业　负责新工艺、新技术开发；参加项目前期工作，将专利商文件转化为工程设计文件；负责生物产品生产装置的工艺设计，包括完成图纸目录、工艺流程图（PFD）、工艺设计说明书、物料衡算表、工艺设备表，并确定工艺生产单元内所有设备的设计条件。

（3）系统专业　完成管道仪表流程图（PID）和系统的管道水力计算；确定阀门和系统元件的规格、参数；提出设备设计压力及标高要求；提出机泵的净正吸入压头（NPSH）和Δp 要求；设备管道的绝热和涂漆要求；噪声控制设计等。

（4）布置专业　负责装置设备布置图设计及安装。

（5）管道专业　按 PID 图的内容要求，进行装置管道设计。

（6）界外管道专业（外管专业）　负责厂区内装置间和厂区外工艺、公用工程及供热外管的系统设计和管道设计。

（7）管道材料专业（包括绝热和涂漆）　编制管道材料分类索引和管道等级表；完成阀门、管件及特殊附件的数据表；负责绝热结构和涂漆要求设计；完成管道材料的分类汇总表。

（8）管道机械专业　负责有关管系的应力分析、计算；金属管道的壁厚计算及管架设计。

（9）分析专业　承担中央化验室和车间化验室的设计。

（10）设备专业　负责换热器、容器、特殊设备施工图设计或审查制造厂的设计图纸，确定本体及零部件材料，编制材料备忘录和技术说明。

（11）机修专业　负责机修设计。

（12）总图运输专业　负责厂区总图布置和道路、运输、绿化设计。

（13）建筑专业　负责建筑设计。

（14）结构专业　负责混凝土结构、钢结构和设备基础设计。

（15）电气专业　负责工厂的变电所和厂区的供电线路设计。

（16）电信专业　负责工厂的有线、无线通信及工业电视和电视电缆系统设计。

（17）仪表专业　负责工厂的仪表控制、检测和 DCS 系统。

（18）工业炉专业　负责工业炉系统的设计或审查制造厂的设计图纸。

（19）热工专业　负责锅炉房和全厂热工系统设计。

（20）给排水专业　负责工厂的新鲜水、循环水、消防水。

（21）采暖通风专业　负责工厂的采暖、通风、空调及冷冻站设计。

（22）概预算专业　负责编制各设计阶段的设备、材料价格及工程量的概算和预算，以及财务评价。

（23）环保专业　负责项目的环境影响评价工作，编制环境保护篇，承担或参与"三废治理"设计。

其中，（2）～（9）各专业设计的内容都属于生物工厂工艺过程设计的内容。在中国，绝大多数设计院规模都在150人以下，为方便管理，通常可将（2）～（9）各专业合为一个专业，即工艺专业。

2.3.2　国际通用的工艺设计程序

国际通用的工艺设计程序是将工艺设计分为工艺包设计（基础设计）和工程设计两个阶段。

2.3.2.1　工艺包设计

工艺包设计由专利商或工程公司的工艺专业主导承担，提供工程公司作为工程设计的依据，其主导专业基本工作内容为：①工艺流程图（PFD）；②工艺控制图（PCD）；③工艺说明书；④设备表；⑤工艺数据表；⑥概略布置图。

2.3.2.2　工程设计

工程设计由工艺设计、基础工程设计、详细工程设计三部分构成。

工艺设计由工程公司的工艺专业将专利商文件转化为工程公司的设计文件，发给有关专业开展工程设计，并提供用户审查。工程设计的主导专业是工艺专业，其基本工作内容为：①工艺流程图；②工艺控制图；③工艺说明书；④物料平衡表；⑤设备表；⑥工艺数据表；⑦安全备忘录；⑧概略布置图；⑨各专业设计条件。

基础工程设计为详细工程设计提供全部资料，为设备、材料采购提出请购文件。基础工程设计的主导专业是工艺系统和管道专业，其基本工作内容为：①管道仪表流程图（PID）；②设备计算及分析草图；③设计规格说明书；④材料选择；⑤请购文件；⑥设备布置图（分区）；⑦管道平面布置图（分区）；⑧地下管网图；⑨电气单线图；⑩各有关专业设计条件。

详细工程设计提供施工所需的所有详细图纸和文件，作为施工及材料补充订货的依据，其主导专业是工艺系统和管道专业，基本工作内容为：①管道仪表流程图；②设备安装平剖面图；③详细配管图；④管段图（空视图）；⑤基础图；⑥结构图、建筑图；⑦仪表设计图；⑧电气设计图；⑨设备制造图；⑩其他专业全部施工所需图纸文件；⑪各专业施工安装说明。

随着我国设计体制与国际工程公司模式的接轨，工艺专业在设计范围与设计阶段的划分也在发生变化。在设计范围划分方面，传统的工艺专业包括工艺系统和工艺管道两个部分，而在国际工程公司设计模式下，工艺系统专业和管道专业是分开设置的，而管道专业本身不仅仅包含工艺管道，可能包括车间或装置内的其他专业的管道（在目前的设计模式中，空调通风专业的管道不包括在管道专业之中）；在设计阶段划分上，按照我国目前的项目建设程序，设计仍然主要分为初步设计（或方案设计、扩大初步设计）和施工图设计两个阶段，这两个阶段基本对应国际工程公司设计模式下的基础工程设计和详细工程设计，但其程序、内容和工作方式等方面有一定的差别。

现将工艺专业设计流程介绍如下（见图2-2）：

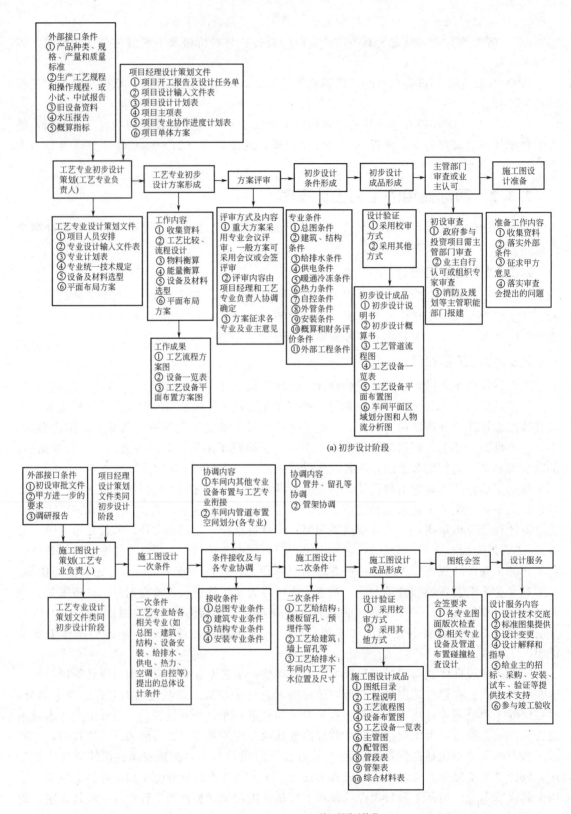

(a) 初步设计阶段

(b) 施工图设计阶段

图 2-2　工艺专业设计流程

2.3.3 初步设计阶段

初步设计是根据下达的任务书（或可行性研究报告）及设计基础资料，确定全厂设计原则、设计标准、设计方案和重大技术问题。设计内容包括总图、运输、工艺、自控、设备及安装、材控、建筑、结构、电气、采暖、通风、空调、给排水、动力和工程经济（含设计概算和财务评价）等。初步设计成果是初步设计说明书和图纸（带控制点工艺流程图、车间布置图及重要设备的装配图）。

2.3.3.1 初步设计工作基本程序

初步设计工作基本程序如图 2-3 所示。

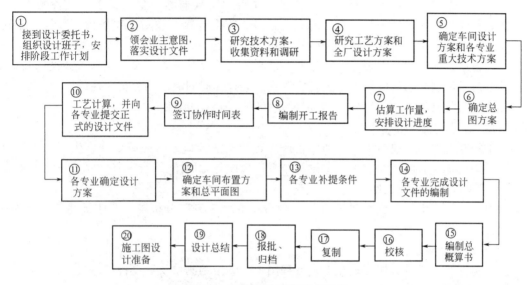

图 2-3 初步设计工作基本程序

2.3.3.2 初步设计说明书的内容

（1）设计依据和设计范围

①文件：任务书、批文等。②设计资料：中试报告、调查报告等。

（2）设计指导思想和设计原则

①设计指导思想：工程设计的具体方针政策和指导思想。②设计原则：各专业设计原则，如设备选型和材质选用原则等。

（3）建设规模和产品方案

①产品名称和性质。②产品质量规格。③产品规模（吨/年）。④副产物规模（吨/年）。⑤产品包装、储藏方式。

（4）生产方法和工艺流程

①生产方法：扼要说明原料与工艺路线。②化学反应方程式：写明方程式，注明化学名称，标注主要操作条件。③工艺流程：包括工艺流程方框图；带控制点工艺流程图和流程叙述，即按生产工艺工序（物料经过工艺设备的顺序及生成物去向）说明技术条件（如温度、流量、压力、配比等）；如为间歇操作，需说明一次操作的加料量和时间。

（5）车间组成和生产制度

①车间组成情况。②生产制度：包括年工作日、操作班次、间歇或连续生产。

（6）原料及中间产品的技术规格

①原料、辅料的技术规格。②中间产品及产品的技术规格。

（7）物料衡算

①物料衡算的基础数据。②物料衡算结果以物料平衡图表示，单位：连续操作以小时计；间歇操作以批计。③原料定额表、排出物料综合表（包括"三废"）、原料消耗综合表。

（8）能量衡算

①热量衡算的基础数据。②能量衡算结果以热量平衡图表示。③能量消耗综合表（还有水、电、汽、冷用量表）。

（9）主要工艺设备选型与计算

①基础数据来源。物料衡算、热量衡算、主要化工数据等。②主要工艺设备的工艺计算。按流程编号为序进行编写：承担的工艺任务；工艺计算，包括操作条件、数据、公式、运算结果、必要的接管尺寸等；最终结论（技术结果的论述、设计结果）；材料选择。③一般工艺设备以表格形式分类表示计算和选型结果。工艺设备一览表按非定型工艺设备和定型工艺设备两类编制。④间歇操作的设备要排列工艺操作时间表和动力负荷曲线。

（10）工艺过程主要原材料、动力消耗定额及公用系统消耗

（11）车间布置设计

①车间布置说明：包括生产、辅助生产、行政生活等部分的区域划分、生产工序流向、防火、防爆、防腐、防毒考虑等。②设备布置平面图与立面图。

（12）生产过程分析控制

①中间产品、生产过程质量控制的常规分析和"三废"分析等。②主要生产控制分析表。③分析仪器设备表。

（13）仪表及自动控制

①控制方案说明，具体表现在工艺流程图上。②控制测量仪器设备汇总表。

（14）土建

①设计说明。②车间（装置）建筑物、构筑物表。③建筑平面图、立面图、剖面图。

（15）采暖通风及空调

（16）公用工程

①供电：包括设计说明（电力、照明、避雷、弱电等）；设备、材料汇总表。②供排水：包括供水；排水（清下水、生产污水、生活污水、蒸汽冷凝水）；消防用水。③蒸汽：各种蒸汽用量及规格等。④冷冻与空压：包括冷冻；空压；设备、材料汇总表。

（17）原、辅材料及产品贮运

（18）车间维修

（19）职业安全卫生

（20）环境保护

①"三废"产生及排放情况表。②"三废"治理方法及综合利用途径。

（21）消防

（22）节能

（23）车间定员　如生产工人、分析工、维修工、辅助工、管理人员等。

（24）概算

（25）工程技术经济

①投资。②产品成本。计算数据：各种原料、中间产品的单价和动力单价依据；折旧

费、工资、维修费、管理费用依据。成本计算：原料和动力单耗费用；折旧、工资、维修、管理费用及其他费用；产品工厂成本。技术经济指标包括：规模；年工作日；总收率、分步收率；车间定员（生产人员与非生产人员）；主要原材料及动力消耗；建筑与占地面积；产品车间成本；年运输量（运进与运出）；基建材料；"三废"排出量；车间投资。

（26）存在的问题及建议　主要表述因投资额度限制造成的问题与建议或因技术发展限制造成的问题与建议。

2.3.3.3　初步设计的审查和变更

对于大型工程项目的初步设计文件，按隶属关系由国务院主管部门或省、自治区、直辖市审查，报国家发改委审批。特大或特殊项目，由国家发改委报国务院审批。对于中型工程项目，则按隶属关系报上级部门审批，批准文件抄送国家发改委备案，而对于国家指定的中型工程项目，其文件则要报国家发改委审批。对于小型工程项目，其文件按隶属关系报上级主管部门自行审批。具体项目的建设审批程序可查询各地建设主管部门的网站，必须经过原设计文件批准机关的同意才能变更已经过批准的设计文件。

2.3.4　技术设计阶段

技术设计是以已批准的初步设计为基础，解决初步设计中存在和尚未解决而需要进一步研究解决的一些技术问题，如特殊工艺流程的试验、研究和确定，新型设备的试制建议等。

技术设计的成果是技术设计说明书和工程概算书，技术设计说明书内容同初步设计说明书，只是根据工程项目的具体情况做些增减。

2.3.5　施工图设计阶段

施工图设计是根据批准的（扩大）初步设计及总概算为依据，完成各类施工图纸和施工说明及施工图预算工作，使初步（扩初）设计的内容更完善、具体和详尽，以便施工。

2.3.5.1　施工图设计的深度

施工图设计的深度应满足下列要求：

① 设备及材料的安排和订货。
② 非标设备的设计和安排。
③ 施工图预算的编制。
④ 土建、安装工程的要求。

2.3.5.2　施工图设计的内容

施工图设计阶段的主要设计文件有设计说明书和图纸。

（1）设计说明书　施工图设计说明书的内容除（扩大）初步设计说明书内容外，还包括以下内容：对原（扩大）初步设计的内容进行修改的原因说明；安装、试压、保温、油漆、吹扫、运转安全等要求；设备和管道的安装依据、验收标准和注意事项。通常将此部分直接标注在图纸上，可不写入设计说明书中。

（2）图纸　施工图是工艺设计的最终成品，主要包括：①施工阶段管道及仪表流程图（带控制点的工艺流程图）；②施工阶段设备布置图及安装图；③施工阶段管道布置图及安装图；④非标设备制造及安装图；⑤设备一览表；⑥非工艺工程设计项目的施工图。

2.3.5.3　设计基本程序

施工图设计工作程序如图 2-4 所示。

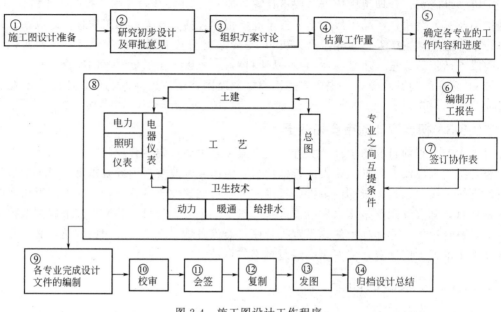

图 2-4　施工图设计工作程序

2.4　设计后期工作阶段

设计后期工作主要是设计代表制度，该工作参与现场施工、设备安装、设备调试、试车生产、工程验收、验收报告、整理资料、归档保存全过程，其职责是确保施工符合设计要求。项目建设单位在具备施工条件后，通常依据设计概算或施工图预算制定标底，通过招标、投标的形式确定施工单位；施工单位根据施工图编制施工预算和施工组织计划；项目建设单位、设计单位、施工单位和监理单位对施工图进行会审，设计部门对设计中的一些问题进行解释和处理；设计部门派人参加现场施工过程，以便了解和掌握施工情况，确保施工符合设计要求，同时能及时发现和纠正施工图中的问题。施工完后进行设备的调试和试车生产，设计人员（或代表）参加试车前的准备以及试车工作，向生产单位说明设计意图并及时处理该过程中出现的设计问题。设备的调试通常是从单机到联机，先空车，然后从水代物料到实际物料。当试车正常后，建设单位组织施工、监理和设计等单位按工程承建合同、施工技术文件及工程验收规范先组织验收，然后向主管部门提出竣工验收报告，并绘制施工图以及整理一些技术资料。在竣工验收合格后，作为技术档案交给生产单位保存，建设单位编写工程竣工决算书以报业主或上级主管部门审查。待工厂投入正常生产后，设计部门还要注意收集资料、进行总结，为以后的设计工作、该厂的扩建和改建提供经验。

第3章 工艺流程设计

3.1 概述

3.1.1 工艺流程设计的重要性

工艺流程设计是工艺设计的核心。因为生产的目的是为了获得优质、高产、低耗的产品，而这取决于工艺流程设计的可靠性、合理性和先进性，而且工艺设计的其他项目均受制于工艺流程设计，同时流程设计与车间布置设计决定车间或装置的基本面貌。

工艺流程设计包括实验工艺流程设计和生产工艺流程设计两部分。对于国内已大规模生产、技术比较简单以及中试已完成的产品，其工艺流程设计一般属于生产工艺流程设计；对于只有文献资料依据、国内尚未进行实验和生产以及技术比较复杂的产品，其工艺流程设计一般属于实验工艺流程设计。本章主要介绍生产工艺流程设计。

3.1.2 工艺流程设计的任务和成果

3.1.2.1 工艺流程设计的任务

(1) 确定工艺流程的组成 从原料到成品的流程由若干个单元反应、单元操作相互联系组成，相互联系为物料的流向。确定每个过程或工序的组成，即什么设备、多少台套、之间的连接方式和主要工艺参数是工艺流程设计的基本任务。

(2) 确定载能介质的种类、规格和流向 在工艺流程设计中，要确定常用的水蒸气、水、冷冻盐水、压缩空气和真空等载能介质的种类、规格和流向。

(3) 确定生产控制方法 单元反应和单元操作在一定的条件下进行（如温度、压力、进料速度、pH 值等），只有生产过程达到这些技术参数的要求，才能使生产按给定方法进行。因此，在工艺流程设计中对需要控制的工艺参数应确定其检测点、检测仪表的安装位置和功能。

(4) 确定"三废"的治理方法 除了产品和副产品外，对全流程中所排出的"三废"要尽量综合利用，对于一些暂时无法回收利用的，则需要进行妥善处理。

(5) 制定安全技术措施 对生产过程中可能存在的安全问题（特别是停水、停电、开车、停车以及检修等过程）应确定预防、预警及应急措施（如设置报警装置、事故贮槽、防爆片、安全阀、泄水装置、水封、放空管、溢流管等）。

(6) 绘制工艺流程图 如何绘制工艺流程图（包括流程框图和带控制点的工艺流程图

等）的具体内容和方法将在本章 3.2 节中介绍。

（7）编写工艺操作方法　在设计说明书中阐述从原料到产品的每一个过程的具体生产方法，包括原辅料及中间体的名称、规格、用量，工艺操作条件（如温度、时间、压力等），控制方法，设备名称等。

3.1.2.2　工艺流程设计的成果

① 初步设计阶段工艺流程设计的成果是初步设计阶段的带控制点的工艺流程图和工艺操作说明。

② 施工图设计阶段的工艺流程设计成果是施工图阶段的带控制点的工艺流程图，即管道仪表流程图。

3.1.3　工艺流程设计的原则

工艺流程设计通常要遵循以下原则：
① 保证产品质量符合规定的标准。
② 尽量采用成熟、先进的技术和设备。
③ 保持尽可能少的能耗，并尽量减少"三废"的排放量。
④ 具备开车、停车条件，易于控制。
⑤ 具有宽泛性，即在不同条件下（如进料组成和产品要求改变）能够正常操作的能力。
⑥ 具有良好的经济效益。
⑦ 确保安全生产。
⑧ 遵循"三协调"原则（人流物流协调、工艺流程协调、洁净级别协调），正确划分生产区域的洁净级别，按工艺流程合理布置，避免生产流程的迂回、往返和人流与物流交叉等。

3.2　工艺流程设计的基本程序

首先，对小试、中试工艺报告或工厂实际生产工艺及操作控制数据进行工程分析；其次，确定产品方案（品种、规格、包装方式）、设计规模（年产量、年工作日、日工作班次、班生产量）及生产方法；再次，将产品的生产工艺过程分解成若干个单元反应、单元操作或工序，并确定每个步骤的基本操作参数（又称原始信息，如温度、压力、时间、进料流量、浓度、生产环境、洁净级别、人净物净措施要求、产品加工、包装、单位生产能力、运行温度与压力、能耗等）和载能介质的技术规格；最后，绘制工艺流程图。工艺流程设计的基本程序如图 3-1 所示。

3.2.1　产品方案的确定

产品方案又称生产纲领，是生物工厂全年生产产品品种、数量、生产周期、生产班次的计划安排。对于一些存在淡季和旺季的生物产品，如啤酒等，在制订产品方案时，首先要根据市场调查研究，确定主要产品的品种、规格、产量和生产班次等，优先安排受季节性影响强的产品；其次是调节产品，用以调节生产忙闲不均的现象，合理利用人力和设备。对于一些非季节性的生物产品，可减少这些考虑。在进行市场调查研究后，需要考虑生产该产品时的生产方式及设备利用率等技术问题。

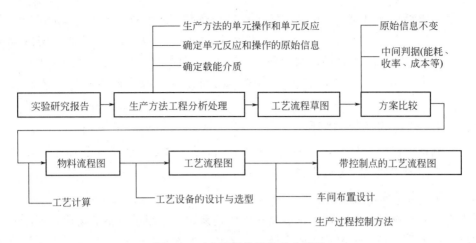

图 3-1　工艺流程设计的基本程序

3.2.1.1　生产方式的选择

产品的生产可以采用连续生产、间歇生产或联合生产方式。为达到规定的生产规模，采用哪一种生产方式较为适宜，可通过方案比较来确定。一般地，连续生产方式具有生产能力大、产品质量稳定、易实现机械化和自动化、生产成本较低等优点。因此，当产品的生产规模较大、生产水平要求较高时，应尽可能采用连续生产方式。但连续生产方式的适应能力较差，装置一旦建成，要改变产品品种往往非常困难，有时甚至较大幅度地改变产品的产量也不容易实现。生物产品的生产一般具有规模小、品种多、更新快、生产工艺复杂等特点，而间歇生产方式具有装置简单、操作方便、适应性强等优点，尤其适用于小批量、多品种的生产，因此，间歇生产方式是生物工厂中的主要生产方式。联合生产方式是一种组合生产方式，其特点是产品的整个生产过程是间歇的，但其中的某些生产过程是连续的，这种生产方式兼有连续和间歇生产方式的一些优点。

在选择产品的生产方式时，若技术上可行，应尽可能采用连续生产方式，但不能片面追求装置的连续化。对规模较小、生产工艺比较复杂的产品，要实行连续生产往往非常困难甚至得不偿失。因此，在生物工厂中，全过程采用连续生产方式的并不多见，绝大多数采用间歇生产方式，少数采用联合生产方式。

3.2.1.2　提高设备利用率

产品的生产过程都是由一系列单元操作或单元反应过程组成的，在工艺流程设计中，保持各单元操作或单元反应设备之间的能力平衡，提高设备利用率，是设计者必须考虑的技术问题。设计合理的工艺流程，各工序的处理能力应相同，各设备均满负荷运转，无限制时间。由于各单元操作或反应的操作周期可能相差很大，要做到前一步操作完成，后一步设备刚好空出来，往往比较困难。为实现主要设备之间的衔接和能力平衡，常采用中间储罐进行缓冲。

3.2.1.3　物料的回收与套用

在工艺流程设计中，充分考虑物料的回收与套用，以降低原辅材料消耗，提高产品回收率，是降低产品成本的重要措施。在原料药的生物工厂中，产物的提炼工艺经常使用低浓度的滤液重新回收使用，以提高产物的回收率。例如，在土霉素发酵液的提炼过程中，将结晶的土霉素过滤后的滤液重新回收到结晶罐中，而不直接排放。再如发酵车间中一次循环水使用后转变成二次循环水可对灭菌的发酵罐进行初步降温，从而减少了水资源的消耗；同时使用温度较高（约80℃）的三次循环水对某些物料工序进行初步加热。这样不但减少了物料的消耗，也使能量得到了很好的回收和利用。在工艺流程设计时应充分考虑类似这些物料的回收与套用。若设计得当，则可构成该物料的闭路循环，既降低了单耗，又减少了环境污染。

3.2.1.4　能量的回收与利用

在工艺流程设计中，充分考虑能量的回收与利用，以提高能量的利用率，降低能量单耗，是降低产品成本的又一重要措施。

3.2.1.5　安全技术措施

在生物产品生产过程中，所处理的物料常常是易燃、易爆和有毒的物质，因此安全问题十分突出。在工艺流程设计中，对所设计的设备或装置在正常运转及开车、停车、检修、停水、停电等非正常运转情况下可能产生的各种安全问题，应进行认真而细致的分析，制订出切实可靠的安全技术措施。例如，在含易燃、易爆气体或粉尘的场所可设置报警装置；在强放热反应设备的下部可设置事故贮槽，其内贮有足够数量的冷溶剂，遇到紧急情况时可将反应液迅速放入事故贮槽中，使反应终止或减弱，以防发生事故；对可能出现超压的设备，可根据需要设置安全水封、安全阀或爆破片；当用泵向高层设备中输出物料时可设置溢流管，以防冲料；在低沸点易燃液体的贮罐上可设置阻火器，以防火种进入贮罐而引起事故；当设备内部的液体可能冻结时，其最底部应设置排空阀，以便停车时排空设备中的液体，从而避免设备因液体冻结而损坏；对可能产生静电火花的管道或设备，应设置可靠的接地装置；对可能遭受雷击的管道或设备，应设置相应的防雷装置等。

3.2.1.6　仪表和控制方案的选择

在工艺流程设计中，对需要控制的工艺参数，如温度、压力、浓度、流量、流速、pH、液位等，首先要根据产品的工艺流程确定这些参数的检测和控制位置，然后选择适宜的检测仪表与控制设备，并制定合理的检测和控制方案。现代生物企业对仪表和自控水平的要求越来越高，仪表和自控水平的高低在很大程度上反映了一个企业的技术水平。

3.2.1.7　产品设计方案的比较与分析

对于给定的工艺路线、工艺方法所规定的基本操作条件或参数，如反应温度、压力、流量、流速等，设计人员是不能随意改变的。为实现工艺所规定的基本操作条件或参数，设计人员往往可以采用不同的技术方案，此时，应通过方案比较确定一条最优的技术方案来进行工艺流程的设计。例如，为达到规定的生产规模，可以采用连续发酵生产，也可以采用间歇发酵生产，还可以采用连续和间歇生产相结合的联合生产方式，但哪一种生产方式最好，需要通过方案比较才能确定。又如，对于在生物产品提取时通常需要进行液固混合物的分离，但分离的方法很多，如重力沉降、离心沉降、过滤、干燥等，哪一种分离方法最好，也需要通过方案比较才能确定。再如，在各个传热单元操作的设计中，可以选用的换热器形式很多，如列管、套管、夹层、蛇管等，但哪种形式最佳，同样需要通过方案比较才能确定。

在进行方案比较时首先应明确评判的标准。许多经济技术指标，如目标物的产量、原料单耗、能量单耗、产品成本、设备投资、操作费用等均可作为方案比较的评判标准。此外，环保、安全、占地面积等也是方案比较时应考虑的重要因素。

实例解析：在生物产品的精制过程中，粗品常先用溶剂溶解，然后加入活性炭进行脱色，最后再滤除活性炭等固体杂质。假设溶剂为低沸点、易挥发的溶剂，试确定适宜的过滤流程。

首先选定过滤速度和溶剂收率为方案比较的评判标准。

（1）方案Ⅰ 采用常压过滤方案，其工艺流程如图3-2（a）所示。该方案虽可滤除活性炭等固体杂质，但过滤速度较慢，因而不宜采用。

（2）方案Ⅱ 采用真空抽滤方案，其工艺流程如图3-2（b）所示。该方案采用真空抽滤方式，过滤速度明显加快，从而克服了方案Ⅰ过滤速度较慢的缺陷，但由于出口未设置冷凝器，因此易造成大量低沸点溶剂的挥发损失，使溶剂的收率下降，故该方案不太合理。

（3）方案Ⅲ 采用真空抽滤-冷凝方案，其工艺流程如图3-2（c）所示。同方案Ⅱ相比，该方案在出口设置了冷凝器，以回收低沸点溶剂，从而减少了溶剂的挥发损失，提高了溶剂的收率，因而较为合理。

（4）方案Ⅳ 采用加压过滤方案，其工艺流程如图3-2（d）所示。该方案是在压滤器上部通入压缩空气或氮气，即采用加压过滤方式，过滤速度快，且溶剂的挥发损失很少，因而最为合理。

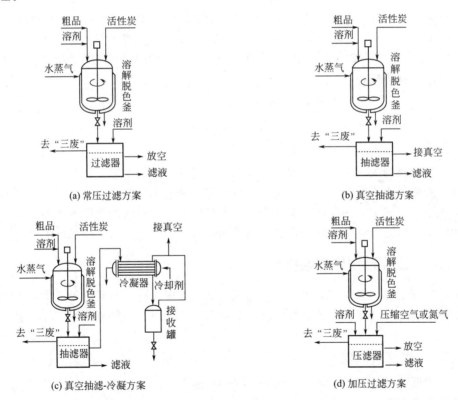

图3-2 生物产品精制过程中的过滤方案

3.2.2 产量的确定

在进行工艺流程设计时，首先需确定一下总体指标，然后选择一个基准作为计算的基础，再根据计算基准初步计算出单位时间或单位质量等应生产的产量。通常的基准有以下几种：

3.2.2.1 单位时间

对于间歇生产过程和连续生产过程，均可以单位时间间隔内的投料量或产品量为基准进行计算。为方便计算，对于间歇生产过程，单位时间间隔通常取一批操作的生产周期；对于连续生产过程，单位时间间隔可以是 1s、1h、1d 或 1 年。

以单位时间为基准进行计算可直接联系到生产规模和设备的设计计算。例如，对于给定的生产规模，以时间（d）为基准就是根据产品的年产量和年生产日计算出产品的日产量，再根据产品的总收率折算出 1d 操作所需的投料量，以此决定设备的生产能力。产品的年产量、日产量和年生产日之间的关系为

$$日产量 = \frac{年产量}{年生产日}$$

式中，年产量由设计任务所规定；年生产日要视具体的生产情况而定。生物工厂大多是每天 24h 运转，设备需要定期检修或更换，因此，每年一般要安排一次大修和次数不定的小修，年生产日常按 10~11 个月，即 300~330d 来计算。

实例解析：某生物发酵工厂年产某抗生素 17t，需要确定单位时间（如每天）内生产某抗生素的任务量。假定年工作日为 330d，24h 运转，放罐平均单位 1050U/mL，成品效价为 590U/mg，提取收率为 85%。则每天应生产某抗生素的产量为：日产量 = 年产量/年生产日 = 17000/330 = 51.52（kg）。转变成每天需要放罐的效价单位为：效价 = 51.52×10^6×590×85% = 258.4×10^8（U）；由于放罐的平均效价单位为 1050U/mL，则每天放罐的体积应为 24.6m³。

3.2.2.2 单位质量

对于间歇生产过程和连续生产过程，也可以一定质量，如 1kg、1000kg 或 1mol、1000mol 的原料或产品为基准进行初步计算确定。

3.2.2.3 单位体积

若所处理的物料为气相，则可以单位体积的原料或产品为基准进行初步计算。由于气体的体积随温度和压力而变化，因此，应将操作状态下的气体体积全部换算成标准状态下的体积，即以 1m³（标况下）的原料或产品为基准进行计算。这样既能消除温度和压力变化所带来的影响，又能方便地将气体体积换算成物质的量。

3.2.3 工艺流程图的绘制

工艺流程图是以图解的形式表示工艺流程。工艺流程设计的不同阶段，工艺流程图的设计深度不同。工艺流程图有工艺流程框图、设备工艺流程图、物料流程图、带控制点的工艺流程图等。

3.2.3.1 工艺流程框图

工艺流程框图（process flow diagram，PFD）是在工艺路线和生产方法确定之后、物料衡算工作开始之前表示生产工艺过程的一种定性图纸，其作用是定性地表示出由原料到产品的工艺路线顺序，包括全部单元操作和单元反应。它是最简单的工艺流程图，主要用于方案比较和物料衡算，不编入设计文件中。

在设计工艺流程框图时，首先要对选定的工艺路线和生产方法进行全面而细致的分析和研究。在此基础上，确定出工艺流程的全部组成和顺序。啤酒生产工艺流程框图如图 3-3 所示，图中以方框表示单元操作，以箭头表示物料和载能介质的流向，以文字表示物料及单元操作的名称。

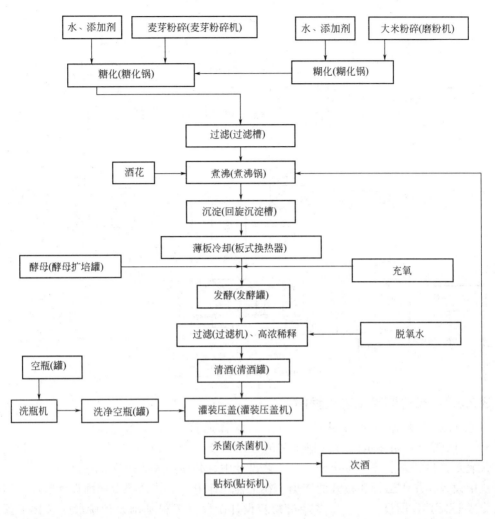

图 3-3　啤酒生产工艺流程框图

3.2.3.2　设备工艺流程图

设备工艺流程图是以设备的几何图形表示单元反应和单元操作，以箭头表示物料和载能介质的流向，以文字表示设备、物料和载能介质的名称。在进行设备工艺流程图的设计时必须具备工业化生产的概念。啤酒生产的设备工艺流程图如图 3-4 所示。

3.2.3.3　物料流程图

物料衡算完毕后，可在工艺流程框图或设备工艺流程图的基础上绘制物料流程图。物料流程图是初步设计的成果，编入初步设计说明书中。如图 3-5 所示，物料流程图有三纵行，左边行表示原料、中间体和成品；中间行表示单元反应和单元操作；右边行表示副产品和"三废"排放物。每一个框表示过程名称、流程号及物料组成和数量，物料流向及其数量分别用箭头和数字表示，为了突出单元过程，可把中间纵行的图框绘成双线。物料流程图既表示物料由原料、辅料转变为产品的来龙去脉（路线），又表征原料、辅料及中间体在各单元反应、单元操作中的物质类别和物料量的变化。在物料流程图中，整个物料量是平衡的，故又称物料平衡图。

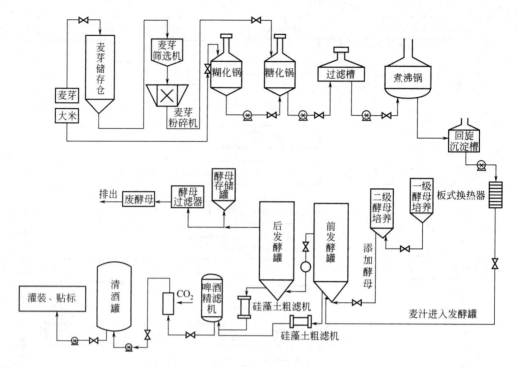

图 3-4　啤酒生产的设备工艺流程图

3.2.3.4　带控制点工艺流程图

带控制点工艺流程图（见图 3-6），又称管道仪表流程图（piping and instrument diagram，PID），是用图示的方法把工艺流程所需要的全部设备（装置）、管道、阀门、管件和仪表及其控制方法等表示出来，是工艺设计中，必须完成的图样。它是施工、安装和生产过程中设备操作、运行和检修的依据。在工程设计中，工艺系统专业因设计阶段不同通常需要完成七版 PID 图设计。一般要经过初步设计阶段（工程基础设计阶段，又称工程分析设计过程）的 PID A 版、PID R 版、PID 1 版、PID 1A 版和施工图设计阶段（工程详细设计阶段）的 PID 2 版、PID 3 版、PID 施工版等。

（1）PID A 版　工艺系统专业在接受专利商基础设计条件及各专业条件的基础上，经过完成下列步骤后发表的初步条件版给各有关专业开展工作时使用。步骤为：管道水力计算，确定管道尺寸；设备容器接管表；工业炉接管表；换热器接管表；设备标高及泵的净正吸入压头计算，确定机泵压差要求及泵数据表；设备设计压力；界区接点条件。

（2）PID R 版　该版是工程公司设计文件内部审核版。PID R 版是在 PID A 版发表后，经各专业返回条件进行修改和进一步计算后完善和补充的，以达到供内部审查所规定的深度。这些计算有：流量计算，确定流量及数据表；调节阀计算，确定调节阀尺寸及数据表；安全阀计算，确定安全阀尺寸及数据表；爆破板计算，确定爆破板尺寸和数据表；补齐所缺管道，标注所有管道尺寸及伴热和保温要求；标注管道等级及管道号，附管道命名表。

（3）PID 1 版　经过内部审查后，根据审查修改意见，将制造厂按询价书返回的订货资料、有关专业进行完善后的条件、供审批设备布置图、管道壁厚表进行修改后提供给用户审查。

（4）PID 1A 版　在对 PID 1 版进行审查的基础上，与用户统一意见后，由有关专业修改条件完成。它是工程基础设计阶段的最终成品。增加特殊数据表；特殊阀门、过滤器、消

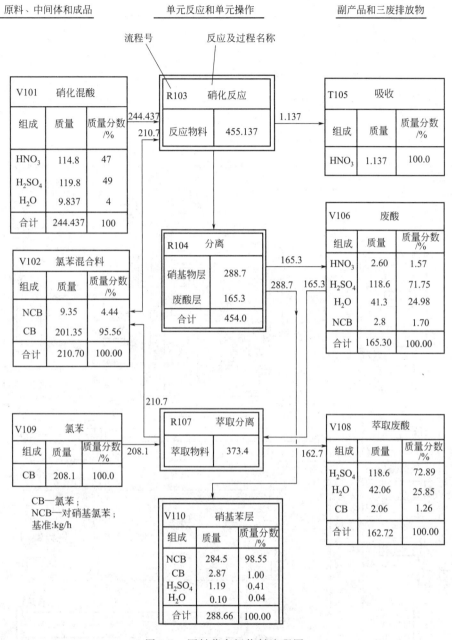

图 3-5　原料药车间物料流程图

音器；管道、设备保温（冷）类型及厚度；评定和确认与工艺系统有关的设备、管件、阀门等制造厂商的图纸和资料；较完整的管道命名表。

（5）PID 2 版　根据管道专业进行平面管道设计返回的意见，制造厂商返回的成品版设计图纸（简称 ACF 图，供设计审查用）修改意见，流量计、调节阀等制造厂商数据表，成品版设备布置图，设备标高及泵的净正吸入压头后进行修改后发表的平面版本 PID。

（6）PID 3 版　根据管道专业进行成品管道设计返回的意见，制造厂商返回的施工版设计图纸（简称 CF 图，最终图），施工版设备布置图，最终的设备标高及泵的净正吸入压头最终版等进行修改后发表的文件。

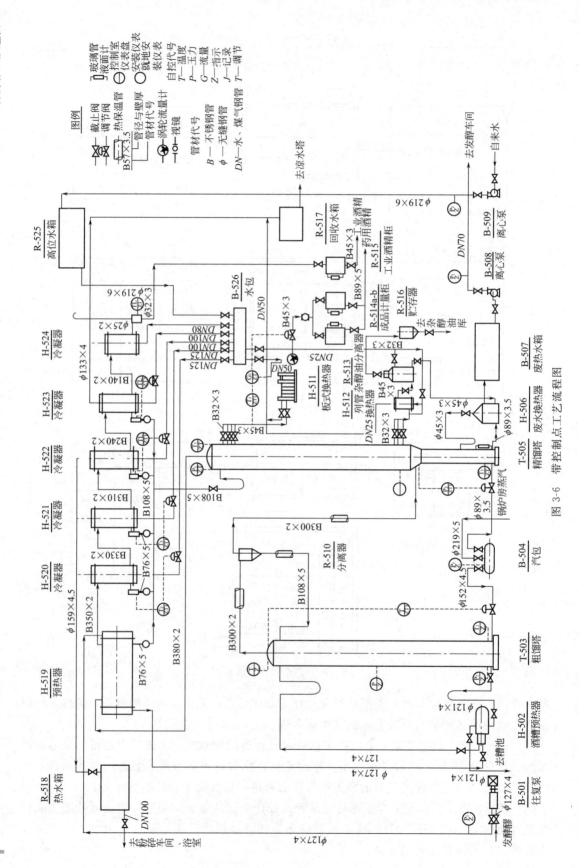

图 3-6　带控制点工艺流程图

（7）PID 施工版　根据管道空视图及最终的界区条件，发表工艺系统专业在工程详细设计阶段的最后一个能满足施工要求的 PID 施工图。它包括：施工版管道命名表、图纸索引及规定、最终冷却水平衡、最终蒸汽平衡。至此，工程详细设计阶段结束。

这七个阶段是从各个设计阶段将一个工艺流程从原则流程到实际操作流程的演进过程。

近年来，计算机在管道仪表流程图的辅助设计过程中的应用日渐增多。PDMS 是三维实体模型工厂设计系统的核心产品，用于复杂工艺的工厂和以配管为主的工程项目的详细设计和设计修改，所有工程图纸和设计报告都直接从 1∶1 比例的计算机模型中生成。PDMS 结合强大的数据库与先进的图形处理功能，可处理任意规模和复杂程度的工程项目及大量设计数据，其全彩色实体设计环境和实时动态碰撞干扰检查功能为工程界提供了优秀的 CAD 工具。Aspen 工程套件是工厂设计的重要软件和集成的工程产品套件（有几十种产品），其中 Aspen Plus 是一个举世公认的生产装置设计、稳态模拟和优化的大型通用新型第三代流程模拟软件系统。在实际应用中，Aspen Plus 流程模拟的优越性为：进行工艺过程的质量和能量平衡计算；预测物流的流率、组成和性质；预测操作条件、设备尺寸；缩短装置设计时间，允许设计者快速地测试各种装置的配置方案；帮助改进当前工艺；在给定的限制内优化工艺条件；辅助确定一个工艺约束部位（消除瓶颈）。

3.2.3.5　带控制点工艺流程图的绘制

在带控制点工艺流程图中，用设备图形表示单元反应和单元操作，同时，要反映物料及载能介质的流向及连接；要表示生产过程中的全部仪表和控制方案；要表示生产过程中的所有阀门和管件；要反映设备间的相对空间关系。

（1）带控制点工艺流程图的绘制步骤

① 确定图幅。

② 画出设备。

③ 画出连接管线及控制阀等各种管件。

④ 画出仪表控制点。

⑤ 标注设备、管道及楼层高度等。

⑥ 作出标题栏。

⑦ 写出图例和符号说明。

⑧ 作出设备一览表。

（2）绘制带控制点工艺流程图的一般规定　PID 绘制要求可参考中华人民共和国行业标准《管道仪表流程图设计规定》（HG 20559—1993），各个行业、各个部门的标准会有差异，但设计时应以 HG 20559—1993 为参照准则。

① 图幅与图框　带控制点工艺流程图多采用 A1 图幅，简单流程可用 A2 图幅，但一套图纸的图幅应大小一样。流程图可按主项分别绘制，也可按生产过程分别绘制，原则上一个主项绘制一张图，若流程很复杂，可分成几部分绘制。图框是采用粗线条在图纸幅面内给整个图（包括文字说明和标题栏在内）的框界。常见图幅见表 3-1（GB/T 14689—2008）。图幅还可按规定加长，见图 3-7。

表 3-1　基本幅面及图框尺寸　　　　　　　　　　　　　　　　单位：mm

幅面代号	A0	A1	A2	A3	A4
宽度(B)×长度(L)	841×1189	594×841	420×594	297×420	210×297

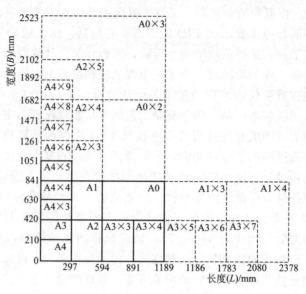

图 3-7　图纸幅面尺寸

② 比例　绘制 PID 图不按原比例，但按相对比例。过大设备（装置）比例可适当缩小，过小设备（装置）比例可适当放大，但设备间的相对大小不能改变，并采用不同的标高基准线示意出各设备位置的相对高低。整个图面要匀称协调和美观。

③ 图例　将设计中管线、阀门、设备附件、计量-控制仪表等图形符号用文字说明，以便了解流程图的内容。图例要位于第一张流程图的右上方，图例多时，可给出首页图，图例包括：流体代号、设备名称和位号、管道标注、管道等级号及管道材料等级表、隔热及隔声代号、管件阀门及管道附件、检测和控制系统的符号、代号等。

④ 相同系统的绘制方法　当一个流程图中有两个或两个以上完全相同的局部系统时，只绘出一个系统的流程，其他系统用细双点划线的方框表示，框内注明系统名称及其编号。当整个流程比较复杂时，可以绘一张单独的局部系统流程图，并在总流程图中各系统均用细双点划线方框表示。框内注明系统名称、编号和局部系统流程图图号。

⑤ 图形线条　图形实线线条根据宽度分粗实线（0.9～1.2mm）、中粗线（0.5～0.7mm）和细实线（0.15～0.3mm）。所有线型的图线宽度（d）应按图样的类型和尺寸大小在下列数系中选择：0.13mm、0.18mm、0.25mm、0.35mm、0.5mm、0.7mm、1mm、1.4mm 和 2mm。该数系的公比为 1：1.4。粗实线、中粗线和细实线的宽度比例为 4：2：1。选定了粗实线的宽度之后，按此比例，中粗线和细实线的宽度也就确定了。在同一图样中，同类图线的宽度应该一致。主要物料管道为粗实线；其他物料管道为中粗线；设备外形、阀门、管件、仪表控制符号、引线等为细实线。

⑥ 字体　图纸和表格中所有文字写成长仿宋体，字体高度参照表 3-2，详细情况见 GB/T14691—1993。

表 3-2　字体高度

书写内容	字体高度/mm	书写内容	字体高度/mm
图标中的图名及视图符号	7	图纸中数字及字母	3.5
工程名称	5	图名	7
文字说明	5	表格中文字	5

⑦ 设备的绘制和标注

a. 设备外形　设备装置上所有接口（包括人孔、手孔、装卸料口等）一般要画出，其中与配管有关以及与外界有关的管口（如直连阀门的排液口、排气口、放空口及仪表接口等）则必须画出。管口一般用单细实线表示，也可以与所连管道线宽度相同，个别管口用双细实线绘制。一般设备管口法兰可不绘制。设备装置的支承和底座可不表示。设备装置自身的附属部件与工艺流程有关者，如设备上的液位计、安全阀、列管换热器上的排气口、柱塞泵所带的缓冲缸等，它们不一定需要外部接管，但对生产操作和检测都是必需的，有的还要调试，因此图上要表示出来。

b. 设备的位置　在流程图中，装置与设备的位置一般按流程顺序从左至右排列，其相对位置一般考虑便于管道的连接和标注。对于有流体从上自流而下并与其他设备的位置有密切关系时，设备间的相对高度与设备布置的情况相似，对于有位差要求的设备，还应标注限位尺寸。设备布置在楼孔板、操作台上以及地坑里均须作相关的表示，地下或半地下设备在图上要表示出一段相关的地面。

c. 设备的标注　在流程图中需要标注设备位号（上方）、位号线（中间）、设备名称（下方）。一种是标在流程图的下方或上方，要求排列整齐，并尽可能正对设备。当几个装置或机器是垂直排列时，设备的位号和名称可以由上而下按顺序标注，也可以水平标注；另一种是在设备图形内部或近旁仅标注设备位号。

如图 3-8 所示，设备位号包括设备类别代号、主项号（常为设备所在车间、工段的代号）、设备在流程图中的顺序号以及相同设备的尾号。主项号采用两位数字（01～99），如不满 10 项时，可采用一位数字。两位数字

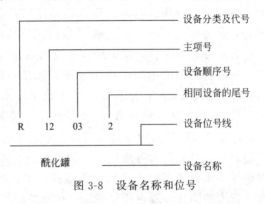

图 3-8　设备名称和位号

也可按车间（或装置）、工段（或工序）划分。设备顺序号可按同类设备各自编排序号，也可综合编排总顺序号，用两位数字表示（01～99）。相同设备的尾号是同一位号的相同设备的顺序号，用 A、B、C…表示，也可用 1、2、3…表示。设备位号在流程图、设备布置图和管道布置图上标注时，要在设备位号下方画一条位号线，线条为 0.9mm 或 1.0mm 宽的粗实线。

设备位号从初步设计到施工图，在所有的文件中都是一致的。设备位号主要出现位置：工艺叙述、PID 图、设备一览表、车间设备布置图。

⑧ 管道、管件和阀门的绘制和标注

a. 绘制要求　在工艺流程图上应绘出全部工艺管道以及与工艺有关的辅助管道，并绘出管道上的阀门、管件和管道附件（不包括管道间的连接件，如三通、弯头、法兰等），但为安装和检修等原因所加的法兰、螺纹连接件等仍需绘出和标注。在流程图中不对各种管道的比例做统一规定。根据输送介质的不同，流体管道可用不同宽度的实线或虚线表示。管道的伴热管要全部绘出，夹套管可只绘出两端头的一小段，有隔热的管道在适当部位画上隔热标志。固体物料进出设备用粗虚（或实）弧形线或折线表示。按系统分绘流程图时，在工艺管道及仪表流程图中的辅助系统管道与公用系统管道只画与设备（或工艺管道）相连接的一小段（包括阀门、仪表等控制点）。管线应横平竖直，转弯应画成直角，要避免穿过设备，避免管道交叉，必须交叉时，一般采用竖断横不断的画法。管道线之间、管道线与设备之间的间距应匀称、美观。

b. 管道、管件和阀门的标注　在管道及仪表流程图中管道必须标注，以下管道除外：阀门、管道附件的旁路管道，例如调节阀、疏水器、管道过滤器、大阀门的开启等的旁路；管道上直接排入大气的短管以及就地排放的短管，阀后直排大气无出气管道的安全阀前的入口管道等；设备管口与设备管口直连，中间无短管者，如重叠直连的换热器接管；仪表管道；在成套设备或机组中提供的管道和管件等；直接连接在设备管口的阀门或盲板（法兰盖）。

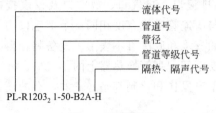

PL-R1203₂ 1-50-B2A-H

图 3-9　管道标注

如图 3-9 所示，管道标注应包括流体代号、管道号、管径和管道等级代号四个部分，各个部分之间用一短横线隔开。对于有隔热、隔声要求的管道，还要在管道等级代号之后注明隔热、隔声代号。

常见流体的代号如表 3-3 所示。管道号由设备位号及其后续的管道顺序号组成。其中管道顺序号是与某一设备连接的管道编号，可用一位数（1~9）表示，采用这种表示方法，如果超出 9 根管道，可按该管道另一方所连接的设备上的管道编号来标注。如果需要也可采用两位数字（01~99）来表示。公用系统的管道号由三位数组成，前一位表示总管（主管）或区域（楼层），后两位表示支管，如有需要也可用四位数字表示。管径一般为公称直径。公制管以毫米为单位，只注数字，不注单位；英制管以英寸为单位，数字和英寸符号要标注，如

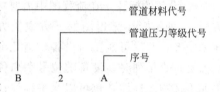

图 3-10　管道等级代号示例

3″。管道等级代号由管道材料代号、管道压力等级代号和序号三部分组成，如图 3-10 所示。管道材料代号和压力等级代号分别见表 3-4 和表 3-5，序号是随同一材料的同一压力等级按序编排，用英文字母 A、B、C…编排，当大写字母不够用时，可改用小写字母 a、b、c…编排。管道的隔热和隔声代号见表 3-6。

表 3-3　常见流体的代号

流体名称	代号	流体名称	代号	流体名称	代号
空气	A	中压蒸汽	MS	循环冷却水（供）	CWS
放空气	VG	高压蒸汽	HS	循环冷却水（回）	CWR
压缩空气	CA	蒸汽冷凝液	C	冷冻盐水（供）	BS
仪表空气	IA	蒸汽冷凝水	SC	冷冻盐水（回）	BR
工艺空气	PA	水	W	排污	BD
氮气	N	工艺水	PW	排液、排水	DR
氧气	OX	饮用水	DW	废水	WW
工艺气体	PG	雨水	RW	生活污水	SS
工艺液体	PL	软水	SEW	化学污水	CS
蒸汽	S	锅炉给水	BW	含油污水	OS
伴热蒸汽	TS	热水（供）	HWS	油	OL
低压蒸汽	LS	热水（回）	HWR	工艺固体	PS

注：在工程流程设计中遇到本表以外的流体时，可补充代号，但不得与本表所列代号相同，增补的代号一般用 2~3 个大写英文字母表示。对于某一公用工程同时有两个或两个以上的技术水平要求时，可在流体代号后加注参数下标以示区别，如温度参数 2℃，只注数字，不注单位；温度为零下的，数字前要加负号，如 BS₋₁₀ 表示－10℃的冷冻盐水；压力参数 0.6MPa，只注数字，不注单位，如 IA₀.₆ 表示 0.6MPa 的仪表空气；蒸汽代号除用 HS、MS、LS 分别表示高、中、低不同压力的蒸汽外，也可以用下标表示，如 S₀.₆ 表示 0.6MPa 的蒸汽。

表 3-4 管道材料代号

代号	管道材料	代号	管道材料	代号	管道材料
A	铸铁及硅铸铁	D	合金钢	G	非金属
B	碳素钢	E	不锈耐酸钢	H	衬里管
C	普通低合金钢	F	有色金属	I	喷涂管

表 3-5 管道压力等级代号

压力等级/MPa	压力代号	压力等级/MPa	压力代号	压力等级/MPa	压力代号
0.25		2.5	3	16.0	8
0.6	0	4.0	4	22.0	9
1.0	1	6.3	6	32.0	10
1.6	2	10.0	7		

注：部分管道压力等级与本表有差异时，用接近的压力代号。

表 3-6 管道的隔热和隔声代号

代号	功能类型	备注	代号	功能类型	备注
H	保温	采用保温材料	S	蒸汽伴热	采用蒸汽伴管和保温材料
C	保冷	采用保冷材料	W	热水伴热	采用热水伴管和保温材料
P	防烫	采用保温材料	O	热油伴热	采用热油伴管和保温材料
D	防结露	采用保冷材料	J	夹套伴热	采用夹套管和保温材料
E	电伴热	采用电热带和保温材料	N	隔声	采用隔声材料

⑨ 仪表、调节控制系统和分析取样系统的绘制和标注　在管道及仪表流程图中，要把检测仪表、调节控制系统、分析取样点和取样阀等全部绘出并作相应标注。检测仪表用于测量、显示和记录过程进行中的温度、压力、流量、液位、浓度等各种参量的数值及其变化情况。

各种检测仪表具有不同的检测功能和需要不同的安装位置，例如玻璃水银温度计的检测元件水银泡只能安装在被检测部位，且只能就地读数。如果换成热电偶检测元件（热电偶传感器），则检测出的电信号可以通过传递、放大等变换过程使其在控制室以温度数值的形式显示出来。因此在流程图中不仅要表示仪表检测的参数，而且要表示检测仪表（或传感器）和显示仪表（或称二次仪表）的安装位置（就地还是集中在控制室或仪表盘上），以及该项检测所具有的功能（如显示、记录或调节等）。

仪表控制点的图形符号是一细实线圆圈，如图 3-11 所示。在图中一般用细实线将检测点和圆圈连接起来。圆圈中间有无线段、线段形式表示仪表的安装和读取状态。

在圆圈中分上、下两部分注写，上部分第一个字母为参数代号，后续的为功能代号（见表 3-7）；下部分写数字，第一个数字代表主项号，后续的为仪表序号，仪表序号是按工段或工序编制的，可用两位数（01～99）来表示。

反应罐内温度检测及控制系统如图 3-12 所示。图中表示系统用气动薄膜调节阀，被测变量参数为罐内的温度（T），功能 RC 为调节记录，主项号是 2，仪表序号为 03，温度检测仪表要引到控制室仪表盘上集中安装。通过对反应罐内温度的设定，检测仪表检测到罐内温度变化的情况，将温度的变化转换成电信号传输到控制室仪表盘上显示并记录，经信号处理后，由温度检测仪表的执行机构通过改变气动薄膜阀的开度，调节管路内冷却水的流量，使反应罐内温度保持在工艺要求的范围内。

表 3-7　常见被测变量和功能的代号

字母	第一字母		后续字母
	被测变量	修饰词	功能
A	分析		报警
B	喷嘴火焰		供选用
C	电导率		控制或调节
D	密度或相对密度	差	
E	电压		检出元件
F	流量	比(分数)	
G	尺度		玻璃
H	手动		
I	电流		指示
J	功率	扫描	
K	时间或时间程序		自动或手动操作器
L	物位或液位		信号
M	水分或湿度		
N	供选用		供选用
O	供选用		节流孔
P	压力或真空		连接点或测试点
Q	数量或件数	累计、计算	累计、计算
R	放射性		记录或打印
S	速度或频率	安全	开关或联锁
T	温度		传达或变送
U	多变量		多功能
V	黏度		阀、挡板
W	重量或力		套管
X	未分类		未分类
Y	供选用		计算器
Z	位置		驱动、执行

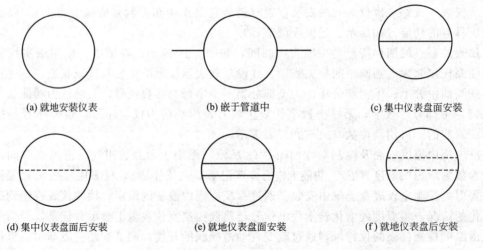

(a) 就地安装仪表　　　　(b) 嵌于管道中　　　　(c) 集中仪表盘面安装

(d) 集中仪表盘面后安装　　　(e) 就地仪表盘面安装　　　(f) 就地仪表盘后安装

图 3-11　仪表的常见图例和安装位置

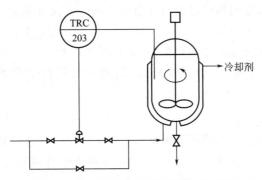

图 3-12　反应罐内温度检测及控制系统

3.3　常见单元设备的自控流程

3.3.1　泵的自控流程设计

3.3.1.1　离心泵

离心泵是最常用的液体输送设备，其被控变量一般为流量。改变出口阀门的开度或回路阀门的开度或泵的转速均可调节离心泵的流量。由于改变泵的转速需要变速装置或价格昂贵的变速原动机，且难以做到流量的连续调节，因此在实际生产中很少采用。

（1）离心泵的流程设计　如图 3-13 所示，泵的入口和出口处要设置切断阀；为了防止离心泵未启动时物料的倒流，要在泵的出口处设置止回阀；为了观察泵工作时的压力，要在泵的出口处安装压力表；泵与泵入口切断阀间和出口处切断阀间的管线均要设置放净阀，并将排出物送往合适的排放系统；泵出口管道的管径一般与泵的入管口一致或放大一挡，以减小阻力。

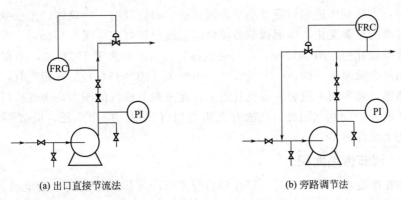

(a) 出口直接节流法　　　　　　　　　　　(b) 旁路调节法

图 3-13　离心泵的自控调节方法

（2）离心泵的自控　离心泵的控制变量是出口流量，自控一般采用出口直接节流法、旁路调节法和改变泵的转速法。

①　出口直接节流法　图 3-13（a）为出口直接节流法，它是在泵的出口管路上设置调节阀，利用阀的开度变化来调节流量。此法简单易行，是最常用的一种流量自控法，但不适宜于介质正常流量低于泵的额定流量的 30% 以下的情况。

②　旁路调节法　图 3-13（b）为旁路调节法，此法是在泵的进出口旁路管道上设置调节

阀，使一部分流体从出口返回到进口来调节出口流量。此法使泵的总效率降低，耗费能量，但调节阀的尺寸比出口直接节流法的要小。此法可用于介质流量偏低的情况。

③ 改变泵的转速法　当泵选用汽轮机或可调速电机时，就可采用改变泵的转速来调节出口流量。此法节约能量，但驱动机及其调速装置投资较高，适用于较大功率的电机。

3.3.1.2　真空泵

常用的真空泵有机械泵、水喷射泵和蒸汽喷射泵。真空泵的控制变量是真空度，常用的自控调节方法有吸入管阻力调节法［图 3-14(a)］和吸入支管调节法［图 3-14(b)］。

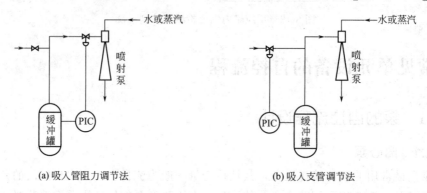

(a) 吸入管阻力调节法　　　　　　　　　　　(b) 吸入支管调节法

图 3-14　真空泵的自控调节方法

3.3.2　换热设备的自控流程设计

换热设备的控制变量一般有温度、流体流量和压力。在此主要讨论温度的控制方案。常用的控温方法有调节换热介质流量、调节传热面积和分流调节法。

3.3.2.1　调节换热介质流量

无相变时，当热流体进出口温差小于冷流体进出口温差时，冷流体的流量变化将会引起热流体出口温度的显著变化，因而调节冷流体流量效果较好些［图 3-15(a)］；反之，则调节热流体流量效果较好些［图 3-15(b)］；当热流体进出口温差大于 150℃时，不宜采用三通调节阀。可采用两个两通调节阀，一个气开，一个气关［图 3-15(c)］。有相变时，对于蒸汽冷凝供热的换热器，调节阀一般装在蒸汽管道上，通过调节蒸汽的压力，达到控制被加热介质温度的目的［图 3-15(d)］。因此，此法有无相变均可使用，应用广泛，但被调节流体的流量必须是工艺上允许的。

3.3.2.2　调节传热面积

调节阀装在冷凝水管路上［图 3-15(e)］，若出口冷流体的温度高于给定值，阀则关小，冷凝液积聚，使得有效传热面积减小，传热量随之减小，直至平衡为止，反之亦然。此法要有较大的传热面积余量，且滞后大，只适用于有相变的情况。但使用此法调节传热量的变化比较和缓，可以防止局部过热，对热敏性介质有好处。

3.3.2.3　分流调节

当换热的两股流体的流量都不能改变时，可调节其中一股流体一部分走旁路，从而达到控温的目的［图 3-15(f)］。三通阀安装在流体的进口处，采用分流阀；也可装在出口处，采用合流阀。此法调节迅速，但要求传热面要有余量。

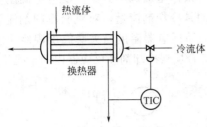

(a) 调节冷流体流量控制温度的方法

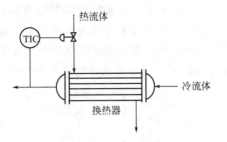

(b) 调节热流体流量控制温度的方法

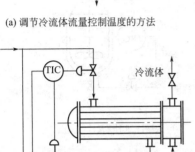

(c) 两个阀的调节方案

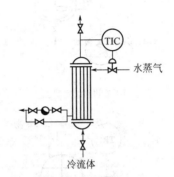

(d) 调节蒸汽压力控制温度的方法

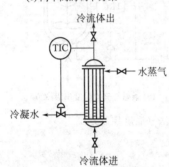

(e) 调节传热面积控制温度的方法

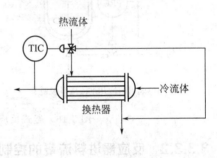

(f) 分流调节控制温度的方法

图 3-15　换热设备的自控调节方法

3.3.3　反应器的自控流程设计

釜式反应器是生物工厂中最常用的反应器，根据工艺要求反应器的控制变量有温度、流量、投料比等。

3.3.3.1　温度的控制

反应器温度的控制方法有：改变进料温度、改变载能介质流量的单回路温度控制和串级调节。

（1）改变进料温度　如果物料要经过热交换后进入反应器，则可通过改变进入换热设备中的载能介质流量来改变进料温度，从而达到调节反应器内温度的目的〔见图 3-16（a）〕。此法方便，但温度滞后严重。

（2）改变载能介质流量的单回路温度控制　通过改变冷却剂流量的方法来控制反应器内温度〔见图 3-16（b）〕，此法结构简单，但温度滞后严重，同时冷却剂流量相对较小，反应器温度与冷却剂温差较大，因而当内部温度不均匀时，易造成局部过热或过冷现象。

（3）串级调节 为避免反应器温度的控制滞后，可采用串级调节方案。反应器温度与冷却剂流量的串级调节中〔见图 3-16(c)〕，副参数选择的是冷却剂流量，对克服冷却剂流量的干扰较及时有效，但不能反映冷却剂温度变化的干扰。而反应器温度与夹套温度串级调节中〔见图 3-16(d)〕，副参数选择的是夹套的温度，此法能综合反映冷却剂和反应器内的干扰。

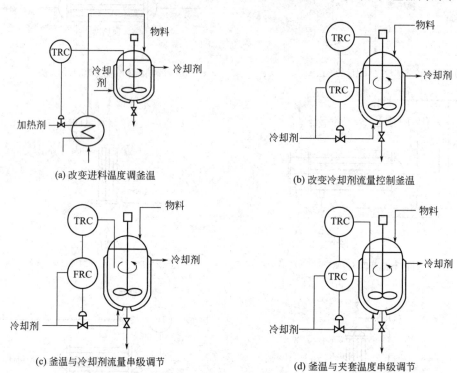

(a) 改变进料温度调釜温　　　　　　　　(b) 改变冷却剂流量控制釜温

(c) 釜温与冷却剂流量串级调节　　　　　　(d) 釜温与夹套温度串级调节

图 3-16　釜式反应器的自控调节方法（温度控制）

3.3.3.2　反应器进料流量的控制

稳定的进料流量以及各种进料之间的配比是单元过程的工艺条件，因此必须对进料流量以及流量比进行控制。

（1）多种物料流量（物流）恒定控制方案 当反应器为多种原料进料时，为保证各股物料流量的稳定，可以对每股物料设置一个单回路控制系统〔见图 3-17(a)〕。

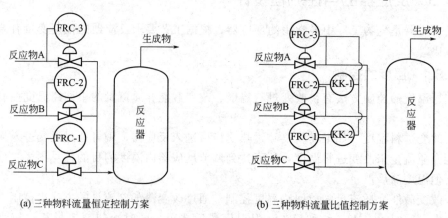

(a) 三种物料流量恒定控制方案　　　　　　(b) 三种物料流量比值控制方案

图 3-17　釜式反应器的自控调节方法（物料流量控制）

（2）多种物料流量比值控制方案　三种物料流量比值控制方案图［见图 3-17（b）］中 KK-1、KK-2 为比值系数，根据工艺要求来设置，其中物料 A 为主物料，物料 B、物料 C 为副物料。

3.4　工艺流程的完善与优化

整个流程确定后，还要全面检查、分析各个过程的操作手段和相互连接方法；要考虑到开、停车以及非正常生产状态下的预警防护安全措施，增添必要的备用设备，增补遗漏的管线、管件（止回阀、过滤器）、阀门和采样、放净、排空、连通等装置；要尽可能地减少物料循环量，力求采用新技术；尽可能采用单一的供汽系统、冷冻系统；尽可能简化流程管线。

（1）安全阀　这是一种自动阀门，当系统内压力超过预定的安全值时，会自动打开排出一定数量的流体。当压力恢复正常后，阀门再自行关闭阻止流体继续流出。在蒸汽加热夹套、压缩气体贮罐等有压设备上，要考虑安装安全阀，以防带压设备可能出现的超压。

（2）爆破片　这是一种可在容器或管道压力突然升高但未引起爆炸前先行破裂，排出设备或管道内的高压介质，从而防止设备或管道破裂的安全泄压装置。由于物料容易堵塞、腐蚀等原因而不能安装安全阀时，可用爆破片代替安全阀。

（3）溢流管　当用泵从底层向高层设备输送物料时，为避免物料过满造成危险和物料的损失，可采用溢流管使多余的物料能流回贮槽。溢流管接口的最高位置必须低于容器顶部，管径应大于输液管，以防物料冲出。通常在溢流管管道上设置视镜，便于底层操作者判断物料是否已满。对于封闭的、有盖的容器，或处于微负压的容器，溢流管必须加装液相 U 形管式密封装置或机械密封装置。

（4）放空阀与阻火器　密闭容器通常情况下应有放空管线。含有空气、某些惰性气体及少量水蒸气的放空管线应在容器的顶部；有害但无毒性、非致命气体（如热气体）的放空管线应延伸到室外，其终点应超过附近建筑物的高度；而危险性气体或气相物，应进入火炬或另一个收集系统作进一步处理。放空管的顶端要采用防雨弯头或防雨帽，放空管的直径一般要大于或等于进入该容器的最大液体管道。

对于有毒、易燃易爆的挥发性溶剂，要按蒸汽处理。将贮罐上空的蒸汽在放空前送到一个净化系统（压缩机、吸收塔等）中。该系统使用了一个真空安全阀，当液面下降时就从大气中吸入空气［见图 3-18（a）］；但是当贮罐充满时就迫使气体通过净化处理系统被排出［见图 3-18（b）］。如果因为物质的可燃性需要充入惰性气体，也可使用类似的系统，当液面下降时吸入的就是惰性气体而不是空气了。此外，在低沸点易燃液体贮槽上部排放口须安装阻火器，阻止火种进入贮槽引起事故。

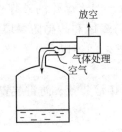 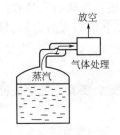

(a) 当液位下降时，空气被吸入　　(b) 当液位升高时，气体通过气体处理系统被排出

图 3-18　具有气体处理系统的贮罐

(5) 贮罐呼吸阀 (小呼吸排放) 阀是指既保证贮罐空间在一定压力范围内与大气隔绝，又能在超过或低于此压力范围时与大气相通 (呼吸) 的一种阀门，其作用是防止贮罐因超压或真空导致破坏，同时可减少贮液的蒸发损失。其有两种：①一定压力时呼或吸；②类似于单向止逆阀，只向外呼，不向内吸，当系统压力升高时，气体经过呼吸阀向外放空，保证系统压力恒定 (有毒贮罐不能装呼吸阀)。贮罐呼吸阀主要满足贮罐大小呼吸的通气要求与阻火器配套安装在贮存甲、乙、丙类液体的贮罐顶上。贮罐呼吸阀是保护贮罐安全的重要附件，装设在贮罐的顶板上，由压力阀和真空阀两部分组成。

(6) 不锈钢过滤呼吸器 该呼吸器是专为生物工厂贮罐气体交换时达到除菌目的设计的 (包括灭菌蒸汽过滤)。滤芯为疏水性聚四氟乙烯或聚丙烯微孔滤膜，滤器为优质不锈钢 (304L、316L)。气体过滤精度对 $0.02\mu m$ 以上细菌及噬菌体达 100% 滤除。不锈钢过滤呼吸器是广泛用于发酵空气、惰性气体净化 (可作总空气过滤器、分过滤器)、蒸馏水罐的呼吸器。

(7) 水斗 水斗是使操作者能及时判断是否断水的装置。当发现断水时，可停止设备运转。否则，常不易被操作者发现，造成设备在无冷却的情况下运转，酿成事故。

(8) 事故贮槽 在设计强放热反应时，应在反应设备下部设置事故贮槽，贮槽内存冷溶剂。当遇到紧急情况时，可立即打开反应设备底部阀门，迅速将反应液泄入事故贮槽骤冷，终止或减弱化学反应，防止事故的发生。

(9) 排放与泄水装置 放置于室外的设备必须在设备最底部安装泄水装置，在设备停车时，可经泄水装置排空设备中的液体，防止气温下降、液体冻结、体积膨胀而损坏设备。

大多数容器底部应设有放净阀，排放管道的去处应予以注明，如图 3-19 所示。

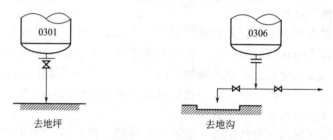

图 3-19　容器底部的放净阀

(10) 可燃气体探测器 这是对单一或多种可燃气体浓度响应的探测器，有催化型、半导体型。

(11) 安全门斗 安全门斗是在建筑物出入口设置的起分隔、挡风、御寒等作用的建筑过渡空间，也是将防火防爆车间的不同区域进行分割与安全防范的门斗。

(12) 防爆墙 防爆墙是具有抗爆炸冲击波的能力、能将爆炸的破坏作用限制在一定范围内的墙，有钢筋混凝土防爆墙、钢板防爆墙、型钢防爆墙和砖砌防爆墙，应能承受 3MPa 的冲击压力。在有爆炸危险的装置与无爆炸危险的装置之间，以及在有较大危险的设备周围应设置防爆墙。

(13) 其他安全装置 包括报警装置、安全水封、接地装置、防雷装置、防火墙等。

第4章　工艺计算

4.1　物料衡算

4.1.1　概述

4.1.1.1　物料衡算的意义

在生物工厂工艺设计中，物料衡算是在生产方法确定并完成了工艺流程示意图设计后（即工艺流程确定后）进行的。此时，设计工作从前期的定性分析进入定量计算阶段。在整个工艺计算工作中，物料衡算是最先进行的，并且是最先完成的项目，其目的是根据原料与产品之间的定量转化关系，计算原料的消耗量，各种中间产品、产品和副产品的产量，生产过程中各阶段的消耗量及组成，进而为热量衡算、用水量衡算、耗冷量衡算、用电量的计算及设备计算等奠定基础。

物料衡算就是根据质量守恒定律确定原料和产品间的定量关系，计算出原料和辅助材料的用量，各种中间产品、副产品、成品的产量和组成及"三废"的排放量。现实中，物料衡算的意义有两点。一是针对已有的生产线或生产设备进行标定，即利用实际测定的数据计算某些难以直接测定计量的参变量，进而对该生产线或生产设备的生产情况进行分析，确定生产能力，衡量操作水平，找出薄弱环节，挖掘生产潜力，进行革新改造，提高生产效率和成品收率，减少副产品、杂质和"三废"的排放量，降低投入和消耗，从而提高企业的经济效益。二是设计新的生产线或生产装置，即参考已有的实际生产数据，针对新的工艺流程，通过物料衡算求出引入和离开设备的原料、中间体和成品等物料的成分、质量和体积，进而计算出产品的原料消耗定额、每日或每年消耗量及成品、副产物和废物等排出物料量，并根据计算结果完成以下设计：确定生产设备的容量、个数和主要尺寸；工艺流程草图的设计；水、蒸汽、热量、冷量等的平衡计算。

4.1.1.2　物料衡算的步骤

（1）物料衡算的基础　生产装置的工艺流程通常由多个工序组成，在进行物料衡算时可采用顺序法从原料进入系统开始，沿物料走向进行计算；也可以采用逆序法由产品开始逆物料流程方向进行计算。对于复杂的工艺过程则常常采用顺序法和逆序法相结合进行物料衡算。

物料衡算是以质量守恒定律为基础的物料平衡进行计算的。物料平衡是指"在单位时间内进入系统（体系）的全部物料质量必定等于离开该系统的全部物料质量再加上损失掉的和积累起来的物料质量"。根据物料平衡可列出如下物料衡算式：

$$\begin{bmatrix} 单位时间内 \\ 进入系统的全部物料量 \end{bmatrix} = \begin{bmatrix} 单位时间内 \\ 离开系统的全部物料量 \end{bmatrix} + \begin{bmatrix} 单位时间内 \\ 系统内的损失量 \end{bmatrix} + \begin{bmatrix} 单位时间内 \\ 系统内的积累量 \end{bmatrix}$$

该式为稳流系统总物料衡算方程式，它不仅适用于总物料衡算，也适用于任一组分或任一元素的物料衡算。对于连续操作过程，系统内的物料积累量为零。所谓系统，是指所计算的生产装置，它可以是一个工厂、一个车间、一个工段，也可以是一个设备。

根据所选定的衡算体系，物料衡算式分为三种：

① 过程总衡算，即针对一个生物生产过程进行物料衡算。

② 设备衡算，即针对生产过程中某一个设备进行物料衡算。

③ 结点衡算，即针对某一个物流的混合点或分支点进行物料衡算。

根据衡算的对象，物料衡算式也可分为如下三种：

① 物料的总衡算，即对整体工艺过程的总物料进行物料衡算。

② 组分衡算，即对工艺过程中的某一个组分进行物料衡算。

③ 元素衡算，即对工艺过程中涉及的某个元素进行物料衡算。

（2）物料衡算的步骤　物料衡算的内容随生产工艺流程的变化而变化，有的计算过程比较简单，有的却十分复杂。要充分了解物料衡算的目的和要求，从而决定采用何种计算方法。例如，要做一个生产过程设计，当然就要对整个过程和其中的每一个设备做详细的物料衡算和能量衡算，计算项目要全面细致，以便为后续的设备设计与选型提供可靠依据。而当计算只是为了求取某个单项指标时，则可简化步骤，用简便可行的方法直接求解。为了有层次、循序渐进地进行计算，避免出错，计算时应遵循以下九个步骤：

① 画出物料衡算示意图　对衡算体系画出物料衡算示意图，表明各股物料的进出方向、数量、组成及温度、压力等操作条件，待求的未知数据也应以适当符号表示出来，以便分析和计算。注意在示意图中，与物料衡算有关的内容不要遗漏。

② 写出主、副化学反应方程式　为便于分析反应过程的特点，有必要根据工艺过程中发生的生物化学反应过程写出主反应和副反应的化学方程式及过程的热效应。需要注意的是，生物化学反应往往很复杂，副反应很多，这时可以把次要的且所占比例很小的副反应略去，或者将类型相近的若干副反应合并，视为一种副反应，从而简化计算，但这样处理的前提是所引起的误差必须在可接受的范围之内。对于那些产生有毒物质或明显影响产品质量的副反应，其数量虽然微小，却是进行某种精制分离设备设计和"三废"处理方法设计的重要依据，这种情况是不能简化忽略的。

③ 确定计算任务　根据示意图和生物反应方程式，分析每一步骤和每一设备中物料的变化情况，选定合适的计算公式，分析数据资料，明确已知量与可以查到的和可计算求取的未知量，为收集数据资料和建立计算程序做好准备。

④ 收集数据资料　需要收集的数据资料一般包括以下七个方面：

a. 生产规模　即确定的生产能力或原料处理量。

b. 生产时间　即年工作时数。一般情况，设备能正常运转，生产过程不因特殊情况而停顿，且公用系统又能保障供应时间，年工作时数可取为 8000～8400h；全年停车检修时间较多的生产，年工作时数可取为 8000h，若生产过程难以控制，如易出不合格产品，或因冻堵泄漏常常停产检修的装置，或试验性车间，年工作时数可取为 7200h。

c. 消耗定额　指生产每吨合格产品需要的原料、辅料及动力等消耗，其高低直接反映生产工艺水平及操作技术水平的优劣。生产中要严格控制每个工艺参数，力求达到节能降耗的目标。

d. 转化率　即反应掉的原料量占总原料量的百分比，表示原料通过生物化学反应产生化学变化的程度，转化率越高，说明参加反应的反应物数量越多。

e. 选择性　在生物化学反应中，不仅有生成目的产物的主反应，还有生成副产物的副反应存在，因此转化了的原料中只有一部分生成了目的产物。选择性即生成目的产物的原料量占反应掉的原料量的百分比（注意：此处为占反应掉的原料量而非总原料量），其数值表示了在反应过程中，主反应在主、副反应竞争中所占的比例，反映了反应向生成目的产物方向进行的趋向性。选择性高只能说明反应过程中副反应少，但若通过反应装置的原料只有很少一部分发生了化学反应，即转化率很低，则装置的生产能力仍然很低。只有综合考虑转化率和选择性，才能确定合理的工艺指标。

f. 单程收率　指生成目的产物的原料量占总原料量的百分比，可以看出，其数值上等于转化率与选择性的乘积，单程收率高说明生产能力大，标志着生产过程既经济又合理，因此在生物生产中希望单程收率越高越好。

g. 原料、助剂、中间产物及目的产物的规格、组成、密度、比热容等相关物理化学常数，可在有关的化工、生化设计手册中查到。

⑤ 确定工艺指标及消耗定额等　设计所用的工艺指标、原材料消耗定额及其他经验数据，可根据所用的生产方法、工艺流程和设备，对照同类型生产工厂的实际水平来确定。这必须是先进而又可行的，它是衡量企业设计水平高低的标志。

⑥ 选定计算基准　选用恰当的计算基准可使过程简化，避免误差，也有利于工程计算中的互相配合。基准的选择没有统一规定，要视具体情况而定。常用的基准有以下五种：

a. 选择已知变量数最多的物料流股作为计算基准，已知量越多，越便于求解。

b. 对于液体或者固体的体系，常选取单位质量作为基准，而对于气体体系常用单位体积或单位物质的量作为基准。

c. 对于有化学变化的体系，可选取某反应物的物质的量作为基准。

d. 对于连续流动体系，常用单位时间作为基准，如以 1h 或 1d 的投料量或产品产量作为基准。

e. 以加入设备的一批物料量为计算基准，如以发酵罐的每批次物料量为计算基准。

⑦ 展开计算　在前述工作基础上，运用有关方面的理论，针对物料的变化情况，分析各量之间的关系，列数学关联式进行计算。当已知原料量，欲求产品量时，则顺流程自前向后推算；当已知生产任务，如年产量或每小时产量，欲求所需原料量时，则逆流程由后向前推算。在生物工厂工艺设计中，顺流程计算较为普遍。计算时应采用统一的计量单位。

⑧ 整理计算结果，列出物料衡算表　对衡算范围的计算结束后，需要认真校核，发现差错，及时重算更正，避免错误延续到后续设计环节，延误设计进度。将准确的物料衡算结果加以整理，列出物料衡算表，如表 4-1 所示。表中计量单位可采用 kg/h，也可以用 kmol/h 或 m^3/h 等，要视具体情况而定。通过物料衡算表可以直接检查计算是否准确，分析结果组成是否合理，并易于发现设计上（生产运行中）存在的问题，从而判断其合理性，提出改进方案。

⑨ 绘制物料流程图　全部物料衡算结束后，据此结果绘制物料流程图。该图最大的优点是查阅方便，各物料在流程中的位置与相互关系清楚，因此，除极简单的情况下用表格表示外，多数情况都采用物料流程图来表示，并将此图作为正式设计结果编入设计文件。

最后，经过各种系数转换和计算，得出原料消耗综合表和排出物综合表，如表 4-2 和表 4-3 所示。

表 4-1　物料衡算一览表

序号	物料名称	含量/%	密度/(kg/L)	进料		出料	
				物质流量/(kg/h)	体积流量/(m³/h)	物质流量/(kg/h)	体积流量/(m³/h)
1							
2							
3							
…							
合计							

表 4-2　原料消耗综合表

序号	原料名称	纯度/%	每吨产品消耗定额/t	每天或每小时消耗量/t	年消耗量/t
1					
2					
3					
…					

表 4-3　排出物综合表

序号	排出物名称	特性和成分	每吨产品排出量/t	每天或每小时排出量/t	年排出量/t
1					
2					
3					
…					

4.1.1.3　物料衡算的基本方法

（1）画出物料流程框图的方法　进行物料衡算前，首先应分析给定的条件，画出物料流程框图。在框图中，用简单的方框表示过程中的设备，用线条和箭头表示每股物流的途径和方向，标出每股物流的已知量及单位，对一些未知变量用符号表示，如图 4-1 所示。

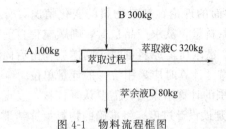

图 4-1　物料流程框图

（2）确定衡算范围的方法　将工艺流程视为一个体系，可以用虚线划定其中的某部分作为衡算对象进行计算，用虚线包围的部分就是衡算范围，衡算范围与其他相邻部分之间被虚线分开后独立出来。物料衡算可以针对不同衡算范围进行，衡算范围的划定需要遵循三个原则：一是衡算范围线必须与所求之物流线相交；二是衡算范围要尽可能多地与已知物流线相交；三是对复杂的工艺过程可以划定多个衡算范围联合求解。例如，带有循环过程的衡算，可以把整个系统作为衡算范围，同时把某个设备或结点作为衡算范围，如图 4-2 所示。其中，$F_1 \sim F_6$ 代表各股物流的名称或数量。例如，在结晶过程衡算范围内，$F_3 = F_4 + F_5$。

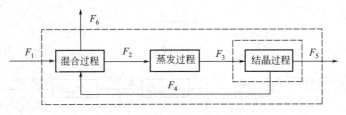

图 4-2　衡算范围划定方法图

（3）连续过程的物料衡算　连续过程的物料衡算可以按照前述步骤进行，方法主要有三种：

① 直接求算法　物料衡算中，对反应比较简单或仅有一个反应而且仅有一个未知数的情况，可以通过化学计量系数直接求算。对于包括多个化学反应的过程，其物料衡算应该依物料流动的顺序分步进行。为此，必须清楚过程的主要反应和必要的工艺条件，将过程划分为几个部分依次计算。

② 利用结点进行衡算　在生物产品生产中，常常会有某些产品的组成需要用旁路调节才能送往下一个工序的情况，这时就会出现三股以上物流的汇聚或分开而形成物流的交叉结点，如图 4-3 所示。结点处进入物流量与排出物流量存在质量守恒。

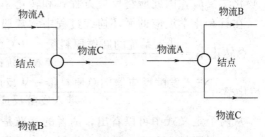

图 4-3　多股物流汇聚或分开
交叉结点示意图

③ 利用联系组分进行物料衡算　生产过程中常有不参加反应的物料，这种物料为惰性物料。由于其数量在反应器的进出物流中不发生变化，可以利用它和其他物料在组分中的比例关系求取其他物料的数量，这种惰性物料被称为衡算联系物，即联系组分。利用联系组分进行物料衡算可以简化计算，有时在同一系统中存在多个惰性物料，可联合采用以减少误差，但要注意当某种惰性物料数量很少，且组分分析相对误差较大时，则不宜采用该成分作为联系组分。

（4）间歇过程的物料衡算　间歇过程的物料衡算同样应按物料衡算的步骤进行，但必须建立时间平衡关系，即设备与设备之间处理物料的台数与操作时间要平衡，才不至于造成设备之间生产能力大小相差悬殊的不合理情况。收集数据时要注意整个工作周期的操作顺序和每项操作时间，把所有操作时间作为时间平衡的单独一项加以记载，同时，还可以根据生产周期的每项操作时间来分析影响提高生产效率的关键问题。

（5）循环过程的物料衡算　在生物工厂生产过程中会经常出现循环过程，如部分产品的循环回流，未反应原料分离后再重新参加生物化学反应（生化反应）等，图 4-4 表示的是一个典型的稳定循环过程，结合该图可以针对总物料或其中的某种组分进行物料衡算。虚线指明了物料衡算的四个范围。

平衡Ⅰ表示将再循环流包含在内的整个过程，即进入系统的新鲜原料 F 与从系统排出的净产品 P 互相平衡，由于该平衡不涉及循环流 R 的值，故不能用该平衡直接计算 R 的量。平衡Ⅱ表示新鲜原料 F 与循环流 R 混合后的物料同进入发酵过程的总进料物流之间的物料平衡。平衡Ⅲ表示发酵过程的物料平衡，即总进料与总产物之间的平衡。平衡Ⅳ表示总产物与它经过分离过程后形成的净产品流 P 和循环流 R 之间的物料平衡。

以上四个平衡中只有三个是独立的。平衡Ⅱ与平衡Ⅳ包含了循环流 R，可以利用它们分

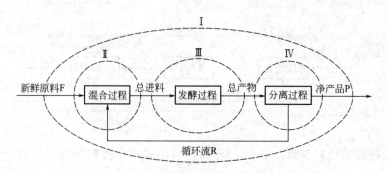

图 4-4 某稳定循环过程的物料衡算范围

别写出包含 R 的一个联合Ⅱ与Ⅲ或联合Ⅳ与Ⅲ的物料平衡用于平衡计算。由于该过程包含生物化学反应，因此应将反应方程式和转化率等结合平衡一道考虑。

在具有化学反应的循环连续过程中常常遇到总转化率和单程转化率，其定义式分别为：

$$总转化率=\frac{进入系统的新鲜原料量-从系统排出的净产品中未反应的原料量}{进入系统的新鲜原料量}\times100\%$$

$$转化率=\frac{进入发酵反应器的总原料量-从反应器排出的总产物中未反应的原料量}{进入发酵反应器的总原料量}\times100\%$$

从两个定义式中可以看出，两者的基准是不同的，因此，在进行物料衡算时一定不要混淆。当新鲜原料中含有一种以上物料时，必须针对每个组分来计算它的总转化率。

循环过程的物料衡算通常采用代数法、试差法和循环系数法等。当循环流先经过提纯处理，使其组成与新鲜原料基本相同时，则无须按连续过程计算，从总进料中扣除循环量即可求得所需的新鲜原料量；当原料、产品和循环流的组成已知时，采用代数法较为简单，当未知数多于所能列出的方程式数时，可用试差法求解。

4.1.2 实例解析

4.1.2.1 年产 10 万吨燃料乙醇的总物料衡算

（1）总物料衡算的主要内容 以淀粉为原料生产乙醇的物料衡算主要包括如下内容：

① 原料 主要原料为木薯干，其他原料有淀粉酶、糖化酶、硫酸、硫酸铵等。

② 中间产品 蒸煮醪、酒母醪、发酵醪等。

③ 成品、副产品及废气、废水、废渣 乙醇、杂醇油、二氧化碳和废醪等。

（2）工艺流程示意图 生产工艺采用双酶法糖化、间歇（连续）发酵和三塔蒸馏流程，如图 4-5 所示。

（3）工艺技术指标及基础数据

① 生产规模 每年生产 10 万吨燃料乙醇。

② 生产方法 双酶糖化、间歇发酵及三塔蒸馏。

③ 生产天数 每年生产 300d。

④ 燃料乙醇日产量 334t。

⑤ 燃料乙醇年产量 100200t。

⑥ 产品质量 国标燃料乙醇，乙醇含量不低于 99.5%（体积分数）。

⑦ 主原料 木薯干，淀粉含量 68%，含水量 13%。

⑧ 酶用量 α-淀粉酶用量 8U/g 原料，糖化酶用量 100U/g 原料，酒母糖化醪用糖化酶

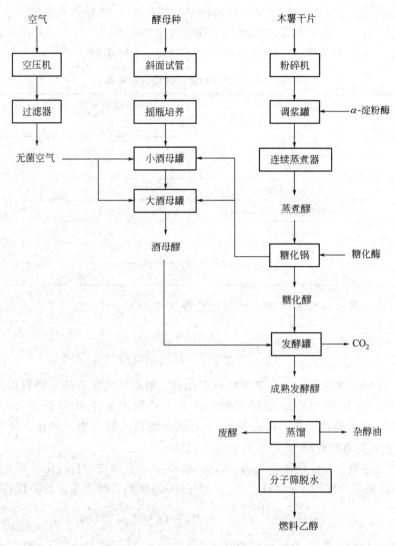

图 4-5 年产 10 万吨燃料乙醇的工艺流程示意图

用量 200U/g 原料。

⑨ 硫酸铵用量 酒母醪量的 0.1%。

⑩ 硫酸用量（调 pH 用） 5.5kg/t 乙醇。

(4) 物料衡算

① 原料消耗的计算

a. 以淀粉为原料生产乙醇的总化学反应式

糖化： $$(C_6H_{10}O_5)_n + nH_2O \longrightarrow nC_6H_{12}O_6 \qquad (4\text{-}1)$$
$$\quad\ \ 162 \qquad\qquad 18 \qquad\qquad 180$$

发酵： $$C_6H_{12}O_6 \longrightarrow 2C_2H_5OH + 2CO_2 \qquad (4\text{-}2)$$
$$\quad\ \ 180 \qquad\qquad 46\times2 \qquad 44\times2$$

b. 生产 1000kg 燃料乙醇的理论淀粉消耗量 根据式(4-1) 和式(4-2) 可求出理论上生产 1000kg 燃料乙醇 [乙醇含量按 99.18%（质量分数）计算] 所消耗的淀粉量为：

$$1000 \times 99.18\% \times \frac{162}{46\times2} = 1746.4 \ (\text{kg})$$

c. 生产 1000kg 燃料乙醇实际的淀粉消耗量　实际上，整个生产过程要经过原料处理、发酵及蒸馏等工序，要经过复杂的物理化学及生物化学反应，产品的实际产率必然要低于理论产率。根据实际生产经验，各阶段淀粉损失率如表 4-4 所示。

表 4-4　生产过程各阶段淀粉损失率

生产过程	损失原因	淀粉损失率/%	备　注
原料处理	粉尘损失	0.4	
蒸煮糖化	淀粉残留及糖分破坏	0.4	
发酵	发酵残糖	1.3	
发酵	巴斯德效应	4.0	发酵系统加乙醇捕集器
发酵	乙醇气体自然蒸发与被 CO_2 带走	0.3	
蒸馏	废糟带走等	1.6	
脱水	脱水损失	1.0	
	总计损失	9.0	

假定发酵系统设有乙醇捕集器，则淀粉总损失率为 9.0%。故生产 1000kg 燃料乙醇实际淀粉消耗量为：

$$\frac{1746.4}{100\%-9.0\%}=1919.1\ (kg)$$

d. 生产 1000kg 燃料乙醇的木薯干原料消耗量　根据所收集到的基础数据，木薯干原料淀粉含量 68%，则生产 1000kg 燃料乙醇所需要消耗的木薯干量为 1919.1/68% = 2822.2 (kg)。若应用液体曲糖化工艺，并设每生产 1000kg 燃料乙醇需要的糖化剂所含的淀粉量为 m_1，则木薯干原料消耗量减为 $(1919.1-m_1)/68\%$。

e. α-淀粉酶消耗量　应用酶活力为 20000U/g 的 α-淀粉酶使淀粉液化，促进糊化可减少蒸汽消耗，α-淀粉酶用量按 8U/g 原料计算，生产 1000kg 燃料乙醇所需要的 α-淀粉酶消耗量为：

$$\frac{2822.2\times10^3\times8}{20000}=1128.9\ (g)=1.129\ (kg)$$

f. 糖化酶消耗量　若所用糖化酶的活力为 100000U/g，使用量为 100U/g 原料，则生产 1000kg 燃料乙醇所需要的糖化酶消耗量为：

$$\frac{2822.2\times10^3\times100}{100000}=2822.2\ (g)=2.82\ (kg)$$

此外，酒母糖化醪用糖化酶用量为：

$$2822.2\times10\%\times70\%\times\frac{200}{100000}=0.395\ (kg)$$

式中，70% 表示酒母的糖化液占 70%，其余为稀释水与糖化剂；10% 为酒母用量占 10%。两项合计，则糖化酶的总用量为 2.82+0.395 = 3.215 (kg)。

g. 硫酸铵用量　硫酸铵用于酒母培养基的补充氮源，其用量为酒母醪量的 0.1%，设酒母醪量为 m_0，则硫酸铵用量为 $0.1\%m_0$。

② 蒸煮醪量的计算　根据生产实践，淀粉原料连续蒸煮的粉料加水比为 1:2，故粉浆量为 2822.2×(1+2) = 8466.6 (kg)。

蒸煮过程使用直接蒸汽加热，在后熟器和汽液分离器减压蒸发、冷却降温期间，蒸煮醪量将会发生变化，故蒸煮醪的精确计算必须与热量衡算同时进行，因而十分复杂。为简化计算，设计中可按下述方法近似求解，其中涉及的比热容通过相应的经验公式计算求取。

假定用喷射液化连续蒸煮工艺。混合后粉浆温度为 50℃，应用喷射液化器使粉浆迅速升温至 105℃，然后进入维持管保温液化 5～8min，真空闪蒸冷却至 95℃后进入卧式隔板层流液化罐反应 1h 后，在真空冷却器中冷却至 63℃后进入糖化罐，其工艺流程示意图如图 4-6 所示。

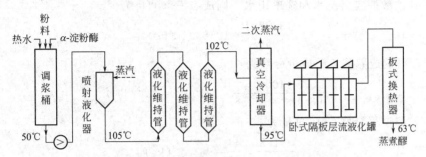

图 4-6 粉浆连续蒸煮液化工艺流程示意图

干物质含量 $w_0 = 87\%$ 的木薯干比热容为：
$$C_0 = 4.18 \times (1 - 0.7w_0) = 1.63 \ [\text{kJ}/(\text{kg} \cdot \text{K})]。$$

粉浆干物质量为：
$$w_1 = \frac{87}{3 \times 100} \times 100\% = 29.0\%$$

蒸煮醪比热容为：
$$C_1 = w_1 c_0 + (1.0 - w_1) C_w = 29.0\% \times 1.63 + (1 - 29.0\%) \times 4.18 = 3.44 \ [\text{kJ}/(\text{kg} \cdot \text{K})]$$

式中，C_w 为水的比热容，其值为 4.18 $[\text{kJ}/(\text{kg} \cdot \text{K})]$。

为简化计算，假定蒸煮醪的比热容在整个蒸煮过程中保持不变，则：

a. 经喷射液化器加热后蒸煮醪量为：
$$8466.6 + \frac{8466.6 \times 3.44 \times (105 - 50)}{2748.9 - 105 \times 4.18} = 9160.1 \ (\text{kg})$$

式中，2748.9 为喷射液化器加热蒸汽（0.5MPa）的焓，kJ/kg。

b. 经液化维持管出来的蒸煮醪温度降为 102℃，则蒸煮醪量为：
$$9160.1 - \frac{9160.1 \times 3.44 \times (105 - 102)}{2253} = 9118.1 \ (\text{kg})$$

式中，2253 为液化维持管的温度为 102℃下饱和蒸汽的汽化潜热，kJ/kg。

c. 经真空闪蒸气液分离器后的蒸煮醪量为：
$$9118.1 - \frac{9118.1 \times 3.44 \times (102 - 95)}{2271} = 9021.4 \ (\text{kg})$$

式中，2271 为 95℃下饱和蒸汽的汽化潜热，kJ/kg。

d. 经真空冷却后最终蒸煮醪液量为：
$$9021.4 - \frac{9021.4 \times 3.44 \times (95 - 63)}{2351} = 8599.0 \ (\text{kg})$$

式中，2351 为真空冷却温度为 63℃下饱和蒸汽的汽化潜热，kJ/kg。

③ 糖化醪与发酵醪量的计算　设发酵结束后，成熟醪量含乙醇 10%（体积分数），相当于 8.01%（质量分数）；并设蒸馏效率为 98.4%，且发酵罐乙醇捕集器回收乙醇洗水和洗罐用水分别为成熟醪量的 5% 和 1%，则生产 1000kg 99.18%（质量分数）乙醇成品有关的计

算如下:

a. 需蒸馏的成熟发酵醪量为:

$$F_1 = \frac{\dfrac{1000 \times 99.18\%}{98.4\% \times 8.01\%} \times (100+5+1)}{100} = 13338.4 \ (\text{kg})$$

b. 若不计乙醇捕集器洗水和洗罐用水,则成熟发酵醪量为:

$$\frac{13338.4}{106\%} = 12583.4 \ (\text{kg})$$

c. 入蒸馏塔的成熟醪乙醇质量分数为:

$$\frac{1000}{98.4\% \times 13338.4} \times 100\% = 7.62\%$$

d. 相应发酵过程释放 CO_2 总量为:

$$\frac{991.8}{98.4\%} \times \frac{44}{46} = 964.1 \ (\text{kg})$$

e. 接种量按 10% 计,则酒母醪量为:

$$\frac{12583.4 + 964.1}{(100+10)/100} \times 10\% = 1231.6 \ (\text{kg})$$

f. 酒母醪的 70% 是糖化醪,其余为糖化剂和稀释水,则糖化醪量为:

$$\frac{12583.4 + 964.1}{(100+10)/100} + 1231.6 \times 70\% = 13178.0 \ (\text{kg})$$

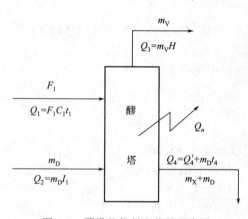

图 4-7 醪塔的物料和热量平衡图

④ 废醪量的计算 废醪量是进入蒸馏塔的成熟发酵醪减去部分水和乙醇成分及其他挥发组分后的残留液。此外,由于醪塔是使用直接蒸汽加热,因此还需要加上塔的加热蒸汽冷凝水。醪塔的物料和热量衡算如图 4-7 所示。设进塔的醪液 (F_1) 的温度 $t_1 = 70℃$,排出废醪的温度 $t_4 = 105℃$,成熟醪固形物含量为 $B_1 = 7.5\%$,塔顶上升酒气的乙醇浓度为 50%(体积分数),即 47.18%(质量分数)。

a. 醪塔上升蒸汽量为:

$$m_V = 13338.4 \times \frac{7.62\%}{47.18\%} = 2154.3 \ (\text{kg})$$

b. 残留液量为:

$$m_X = 13338.4 - 2154.3 = 11184.1 \ (\text{kg})$$

c. 成熟醪的比热容为:

$$C_1 = 4.18 \times (1.019 - 0.95B_1) = 4.18 \times (1.019 - 0.95 \times 7.5\%) = 3.96 \ [\text{kJ}/(\text{kg} \cdot \text{K})]$$

d. 成熟醪带入塔的热量为:

$$Q_1 = F_1 C_1 t_1 = 13338.4 \times 3.96 \times 70 = 3.697 \times 10^6 \ (\text{kJ})$$

e. 蒸馏残留液固形物含量为:

$$w_2 = \frac{F_1 B_1}{m_X} = \frac{13338.4 \times 7.5\%}{11184.1} = 8.94 \ (\%)$$

此计算是以间接加热为准,故没有加热蒸汽冷凝水的工艺。

f. 蒸馏残留液的比热容为：

$$C_2 = 4.18 \times (1 - 0.378 w_2) = 4.18 \times (1 - 0.378 \times 8.94\%) = 4.039 \ [kJ/(kg \cdot K)]$$

g. 塔底残留液带出热量为：

$$Q_4 = m_X C_2 t_4 = 11184.1 \times 4.039 \times 105 = 4.74 \times 10^6 \ (kJ)$$

h. 上升蒸汽带出热量为：

$$Q_3 = m_V H = 2154.3 \times 1965 = 4.23 \times 10^6 \ (kJ)$$

式中，1965 为查相应的参考资料得到的 50%（体积分数）乙醇的蒸汽焓值，kJ/kg。

i. 塔底采用 0.05MPa（表压）的蒸汽加热，焓 $I = 2689.8 kJ/kg$；蒸馏过程热损失 Q_n 可取为传递总热量的 1%，根据热量衡算，可得消耗的蒸汽量为：

$$m_D = \frac{Q_3 + Q_4 + Q_n - Q_1}{I - C_w t_4}$$

$$= \frac{4.23 \times 10^6 + 4.74 \times 10^6 + 1\% \times (4.23 + 4.74 - 3.697) \times 10^6 - 3.697 \times 10^6}{2689.8 - 4.18 \times 105}$$

$$= 2366.0 \ (kg)$$

若采用直接蒸汽加热，则塔底排出废醪量为：

$$m_X + m_D = 11184.1 + 2366.0 = 13500.1 \ (kg)$$

⑤ 年产 10 万吨燃料乙醇厂总物料衡算

前面对以木薯干淀粉为原料生产 1000kg 燃料乙醇（体积分数 99.5%）进行了物料衡算，现对年产 10 万吨燃料乙醇厂的总物料衡算进行计算。

a. 乙醇成品　日产燃料乙醇量为 $100000 \div 300 = 333.3$（t），取整数为 334t/d，则实际年燃料乙醇总产量为 $334 \times 300 = 100200$(t/a)。

b. 主要原料木薯干的用量　日耗量为 $2822.2 \times 334 = 942614.8$（kg/d），年耗量为 $942614.8 \times 300 = 2.828 \times 10^8$（t/a）。

另外，淀粉酶、糖化酶用量及蒸煮粉浆用量、糖化醪、酒母醪、蒸馏发酵醪等每日量和每年量均可用同法算出，衡算结果详见表 4-5。

表 4-5　年产 10 万吨燃料乙醇厂总物料衡算（以木薯干淀粉为原料）

物料	生产 1000kg 燃料乙醇物料量/kg	每小时物料量/kg	每天物料量/t	每年物料量/t
燃料乙醇	1000	13917	334	100200
木薯干原料	2822.2	39275.6	942.6	282784.4
α-淀粉酶	1.129	15.71	0.3771	113.1
糖化酶	3.215	44.74	1.074	322.1
硫酸铵	1.232	17.15	0.4115	123.5
硫酸	5.5	76.54	1.837	551.1
蒸煮粉浆	8466.6	117826.9	2827.8	848353.3
成熟蒸煮醪	8599.0	119669.4	2872.1	861619.8
糖化醪	13178.0	183394	4401.5	1320436
酒母醪	1231.6	17142	411.4	123406
蒸馏发酵醪	13338.4	185626	4455.0	1336508
二氧化碳	964.1	13417	322.0	96603
废醪	13550.1	188572.2	4525.7	1357720.0

4.1.2.2 年产 2 万吨味精工厂发酵车间的物料衡算

（1）谷氨酸发酵工艺流程示意图　谷氨酸发酵以淀粉为原料，采用双酶法糖化、初糖发酵流加高糖、等电点-离子交换提取等工艺，其工艺流程如图 4-8 所示。

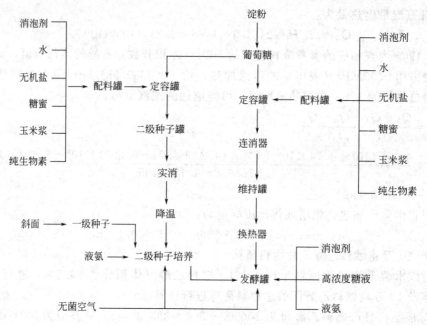

图 4-8　谷氨酸发酵工艺流程示意图

（2）工艺技术指标及基础数据

① 主要技术指标见表 4-6。

表 4-6　谷氨酸发酵工艺技术指标

指标名称	单位	指标数	指标名称	单位	指标数
生产规模	t/a	20000（味精）	发酵初糖	kg/m³	150
生产方法	中糖发酵、等电点-离子交换提取		淀粉糖化转化率	%	108
年生产天数	d/a	300	流加高浓糖	kg/m³	500
产品日产量	t/d	67	糖酸转化率	%	60
产品质量	纯度99%		谷氨酸（麸酸）含量	%	95
倒罐率	%	0.2	谷氨酸提取率	%	95
发酵周期	h	40	味精对谷氨酸产率	%	122

② 主要原材料质量指标　淀粉原料的淀粉含量为 80%，含水 14%。

③ 二级种子培养基　水解糖 50g/L，糖蜜 20g/L，磷酸二氢钾 1.0g/L，硫酸镁 0.6g/L，玉米浆 5~10g/L，泡敌 0.6g/L，生物素 0.02mg/L，硫酸锰 2mg/L，硫酸亚铁 2mg/L。

④ 发酵初始培养基　水解糖 150g/L，糖蜜 4g/L，硫酸镁 0.6g/L，氯化钾 0.8g/L，磷酸 0.2g/L，生物素 2μg/L，泡敌 1.0g/L，接种量为 8%。

（3）谷氨酸发酵车间的物料衡算　首先计算生产 1000kg 纯度为 100% 的味精需耗用的原材料及其他物料量。

① 发酵液量　设发酵初糖和流加高浓糖最终发酵液总糖浓度为 220kg/m³，则发酵液

量为：

$$V_1 = \frac{1000}{220 \times 60\% \times 95\% \times 99.8\% \times 122\%} = 6.55 \quad (m^3)$$

式中，220 为发酵培养基终糖浓度，kg/m^3；60% 为糖酸转化率；95% 为谷氨酸提取率；99.8% 为除去倒罐率 0.2% 后的发酵成功率；122% 为味精对谷氨酸的精制产率。

② 发酵液配制需水解糖量为 $m_1 = 220V_1 = 1441$ （kg）（以纯糖算）。

③ 二级种液量为 $V_2 = 8\% V_1 = 0.524$ （m^3）。

④ 二级种子培养液所需水解糖量：

$$m_2 = 50V_2 = 26.2 \quad (kg)$$

式中，50 为二级种液含糖量，kg/m^3。

⑤ 生产 1000kg 味精需水解糖总量为 $m = m_1 + m_2 = 1467.2$ （kg）。

⑥ 100kg 淀粉转化生成葡萄糖量为 111kg，故耗用淀粉量为：

$$m_{淀粉} = \frac{1467.2}{80\% \times 108\% \times 111\%} = 1529.9 \quad (kg)$$

式中，80% 为淀粉原料含纯淀粉量；108% 为淀粉糖化转化率。

⑦ 液氨耗用量：发酵过程中用液氨调 pH 值和补充氮源，耗用 260～280kg；此外，提取过程耗用 160～170kg，合计每生产 1000kg 味精需消耗 420～450kg 液氨。

⑧ 甘蔗糖蜜耗用量：二级种液耗用糖蜜量为 $20V_2 = 10.48$ （kg）；发酵培养基耗糖蜜量为 $4V_1 = 26.2$ （kg）；则合计共耗糖蜜为 36.68 （kg）。

⑨ 氯化钾耗用量为 $m_{KCl} = 0.8V_1 = 5.24$ （kg）。

⑩ 磷酸二氢钾（$KH_2PO_4 \cdot 7H_2O$）耗用量为 $m_3 = 1.0V_2 = 0.524$ （kg）。

⑪ 硫酸镁（$MgSO_4 \cdot 7H_2O$）耗用量为 $m_4 = 0.6(V_1 + V_2) = 4.24$ （kg）。

⑫ 消泡剂（泡敌）耗用量为 $m_5 = 1.0V_1 + 0.6V_2 = 6.86$ （kg）。

⑬ 玉米浆耗用量（8g/L）为 $m_6 = 8V_2 = 4.19$ （kg）。

⑭ 生物素耗用量为 $m_7 = 0.002V_1 + 0.02V_2 = 0.0236$ （g）。

⑮ 硫酸锰耗用量为 $m_8 = 2V_2 = 1.048$ （g）。

⑯ 硫酸亚铁耗用量为 $m_9 = 2V_2 = 1.048$ （g）。

⑰ 磷酸耗用量为 $m_{10} = 0.2V_1 = 1.31$ （kg）。

⑱ 谷氨酸（麸酸）量：

发酵液谷氨酸含量 $= m_1 \times 60\% \times (1 - 0.2\%) = 862.9$ （kg）

实际生产的谷氨酸量（提取率 95%）$= 862.9 \times 95\% = 819.8$ （kg）

（4）年产 2 万吨味精工厂发酵车间的物料衡算表　根据上述生产 1000kg 味精的物料衡算结果，可进行年产 2 万吨味精工厂发酵车间的物料衡算，具体计算结果如表 4-7 所示。

表 4-7　年产 2 万吨味精工厂发酵车间的物料衡算表

物料名称	单位	生产 1t 味精所需消耗的物料量	年产 2 万吨味精所需消耗的物料量	每日物料量
发酵液量	m^3	6.55	1.31×10^5	436.7
二级种液量	m^3	0.524	1.05×10^4	34.9
发酵水解用糖量	kg	1441	2.88×10^7	9.61×10^4
二级种培养用糖量	kg	26.2	5.24×10^5	1.75×10^3
水解糖总量	kg	1467.2	2.93×10^7	9.78×10^4

物料名称	单位	生产1t味精所需消耗的物料量	年产2万吨味精所需消耗的物料量	每日物料量
淀粉用量	kg	1529.9	3.06×10^7	1.02×10^5
液氨用量	kg	420	8.40×10^6	2.80×10^4
糖蜜用量	kg	36.68	7.34×10^5	2.45×10^3
氯化钾用量	kg	5.24	1.05×10^5	349.3
磷酸二氢钾用量	kg	0.524	1.05×10^4	34.9
硫酸镁用量	kg	4.24	8.48×10^4	282.7
泡敌用量	kg	6.86	1.37×10^5	457.3
玉米浆用量	kg	4.19	8.38×10^4	279.3
生物素用量	g	0.0236	472	1.57
硫酸锰用量	g	1.048	2.10×10^4	69.9
硫酸亚铁用量	g	1.048	2.10×10^4	69.9
磷酸用量	kg	1.31	2.62×10^4	87.3
谷氨酸量	kg	819.8	1.64×10^7	5.47×10^4

4.2　热量衡算

4.2.1　概述

4.2.1.1　热量衡算的意义

在任何一个生产过程中能耗都是一项非常重要的经济技术指标，它是衡量生产工艺是否合理、先进的重要标志之一。热量衡算的意义在于以下几点：

① 通过热量衡算可以计算出生产过程能耗定额指标。应用蒸汽等热量消耗指标，可对工艺设计的多种方案进行比较，以选定先进的生产工艺；或对已投产的生产系统提出改造或革新，分析生产过程的经济合理性和过程的先进性，并找出生产上存在的问题。

② 热量衡算的数据是设备类型的选择及确定其尺寸、台数的依据。

③ 热量衡算是组织和管理、生产、经济核算和最优化的基础。热量衡算的结果有助于工艺流程和设备的改进，达到节约能源、降低生产成本的目的。

4.2.1.2　热量衡算的方法和步骤

热量衡算是在物料衡算的基础上依据能量守恒定律，定量求出工艺过程的能量变化，计算需要外界提供的能量或系统可输出的能量，由此确定加热剂或冷却剂的用量及其他能量的消耗、机泵等输送设备的功率，计算传热面积以选择换热设备的尺寸。

热量衡算的基本过程是在物料衡算的基础上进行单元设备的热量衡算（在实际设计中常与设备计算结合进行），然后再进行整个系统的热量衡算，尽可能做到热量的综合利用。如果发现原设计中有不合理的地方，可以考虑改进设备或工艺，重新进行计算。

（1）热量衡算的方法　热量衡算的基本方法主要有两种，即热量平衡法和统一基准焓平衡法。

① 热量平衡法　当体系确定后，热量平衡可用下式来表示：

$$Q_1+Q_2+Q_3=Q_4+Q_5+Q_6+Q_7+Q_8$$

式中，Q_1 为物料带入系统或设备的热量，kJ；Q_2 为由加热剂或冷却剂传给系统或设备及所处理的物料的热量，kJ；Q_3 为过程的热效应，包括生物反应热、溶解热、结晶热、搅拌热等，kJ；Q_4 为物料带出系统或设备的热量，kJ；Q_5 为加热设备所需要的热量，kJ；Q_6 为加热物料所需要的热量，kJ；Q_7 为气体或蒸汽带出的热量，kJ；Q_8 为损失的热量总和，kJ。

需注意的是，对于具体的系统或设备，式中的各项不一定都存在，故进行热量衡算时必须根据具体情况进行分析，切不可机械照搬。

② 统一基准焓平衡法　这是基于系统或设备的总焓变等于输出物料焓的总和与输入物料焓的总和之差，结合无做功过程，根据下式进行计算的：

$$\sum Q=\sum H_2-\sum H_1$$

式中，$\sum Q$ 为过程换热量的总和，包括热损失；$\sum H_1$ 为输入系统的各股物料焓的总和；$\sum H_2$ 为离开系统的各股物料焓的总和。

对于有相变化和复杂的化学反应过程，用统一基准焓平衡法是很简便的。但使用该方法时需注意两点：一是整个计算过程要使用同一焓值表上的数据，若焓值取自两个不同的表，必须明确两个表的基准状态和基准温度是否相同；二是计算焓变时，一定要用终态减去初态，然后求其代数和。

（2）热量衡算的步骤

① 单元设备的热量衡算　单元设备的热量衡算就是对一个设备根据能量守恒定律进行热量衡算，内容包括计算传入或传出的热量，以确定有效热负荷，然后根据热负荷确定加热剂或冷却剂的消耗量和设备必须满足的传热面积。具体步骤如下：

a. 画出单元设备的物料流向及变化示意图，同时还要在图上标明温度、压力、相态等已知条件。

b. 根据物料流向及变化，利用热量衡算的基本方法列出热量衡算方程式。

c. 搜集有关数据。主要搜集已知物料量、工艺条件（如温度、压力等）及相关的物性数据和热力学数据，如比热容、汽化潜热、标准摩尔生成焓等。这些数据可以从专门的手册上查阅，或取自工厂的实际生产数据，或根据实验研究结果选定。

d. 选取合适的计算基准。在进行热量衡算时，应确定一个合理的基准温度。若选取的基准温度不同，会导致计算获得的各项数据不同，因此必须保持每一股进出物料的基准温度一致。通常，取 0℃ 为基准温度，这样可简化计算。此外，为方便计算，可按 100kg 原料或成品、每小时或每批次处理物料量等作为计算基准。

② 具体热量的计算

a. 物料带入的热量 Q_1 和带出的热量 Q_4 可通过下式进行计算：

$$Q=\sum m_i C_{pi}\Delta t_i$$

式中，m_i 为物料的质量，kg；C_{pi} 为物料的比热容，kJ/(kg·K)；Δt_i 为物料进入或离开设备的温度与基准温度的差值，℃。

b. 过程热效应 Q_3 的计算。过程热效应主要由生物反应热 Q_B、搅拌热 Q_S 和状态热 Q_A（如汽化热、溶解热、结晶热等）构成。其中，Q_B 主要是指发酵热，要根据生产条件和环境进行计算；Q_A 的数据可以从相关的手册中查询，或从实际生产数据中获取，也可按照有关经验公式求取；搅拌热 Q_S 可按下式进行计算：

$$Q_S = 3600P\eta$$

式中，P 为搅拌功率，kW；η 为搅拌过程功热转化率，通常取 92%。

因此：

$$Q_3 = Q_B + Q_S + Q_A$$

c. 加热设备所需要的热量 Q_5 的计算。为了简化计算，设备不同部位的温度差异可以忽略不计，则加热设备所需要的热量 Q_5 可按照下式进行计算：

$$Q_5 = m_{设备}C_{设备}(t_{2设备} - t_{1设备})$$

式中，$m_{设备}$ 为设备总质量，kg；$C_{设备}$ 为设备材料比热容，kJ/(kg·K)；$t_{1设备}$ 和 $t_{2设备}$ 为设备加热前、后的平均温度，℃。

d. 加热物料消耗的热量 Q_6 的计算。计算加热设备消耗的热量 Q_6：

$$Q_6 = m_{物料}C_{物料}(t_{2物料} - t_{1物料})$$

式中，$m_{物料}$ 为物料总质量，kg；$C_{物料}$ 为物料比热容，kJ/(kg·K)；$t_{1物料}$ 和 $t_{2物料}$ 为物料加热前、后的平均温度，℃。

e. 气体或蒸汽带走的热量 Q_7 的计算。计算气体或蒸汽带出的热量 Q_7：

$$Q_7 = \sum m_{气体i}C_{气体i}t_{气体i}\sum m_{蒸汽i}\left[C_{液态i}t_{沸点i} + r_i + C_{气态i}(t_{气体i} - t_{沸点i})\right]$$

式中，$m_{气体i}$ 为离开设备的气态物料（如空气、CO_2 等）量，kg；$C_{气体i}$ 为离开设备的气态物料从 0℃升温至 $t_{气体i}$ 时的平均比热容，kJ/(kg·K)；$m_{蒸汽i}$ 为离开设备的蒸汽物料（如乙醇蒸气、水蒸气等）量，kg；$C_{液态i}$ 为离开设备的蒸汽物料蒸发前从 0℃升温至 $t_{沸点i}$ 时的平均比热容，kJ/(kg·K)；$C_{气态i}$ 为离开设备的蒸汽物料蒸发后从 $t_{沸点i}$ 升温至 $t_{气体i}$ 时的平均比热容，kJ/(kg·K)；$t_{气体i}$ 为气体或蒸汽物料离开设备时的平均温度，℃；$t_{沸点i}$ 为离开设备的蒸汽物料的沸点，℃；r_i 为离开设备的蒸汽物料的蒸发潜热，kJ/kg。

f. 设备向环境散热的热损失 Q_8 的计算。为了简化计算，设备壁面不同部位的温度差异可以忽略不计，则 Q_8 的计算公式为：

$$Q_8 = A\alpha_T(t_w - t_0)\tau$$

式中，A 为设备总表面积，m^2；α_T 为散热面对周围介质的传热系数，kJ/(m^2·h·K)；t_w 为设备壁的表面平均温度，℃；t_0 为周围介质的温度，℃；τ 为过程的持续时间，h。有时根据保温层的情况，Q_8 可按所需热量的 10% 左右进行估算，如果整个过程为低温运行，则热平衡方程式的 Q_8 为负值，此时表示冷量的损失。

当周围介质为空气，且呈自然对流状态，且壁面温度 t_w 为 50~350℃ 时，可按经验公式 $\alpha_T = 8 + 0.05(t_w + 273.15)$ 求取 α_T；当周围空气做强制对流时，可按经验公式 $\alpha_T = 5.3 + 3.6\omega$（空气流速 $\omega \leq 5m/s$ 时）或 $\alpha_T = 6.7\omega^{0.78}$（空气流速 $\omega > 5m/s$ 时）求取 α_T。

g. 加热或冷却介质向设备传入或传出的热量 Q_2 的计算。对于热量平衡计算任务，Q_2 是待求量，也称为有效热负荷。当 Q_2 求出之后，就可以进一步确定传热剂的种类、用量及设备所需的具体传热面积等。若 Q_2 为正值，则表示设备或系统需要加热；若 Q_2 为负值，表示需要从设备或系统内部移出热量，即冷却。

③ 列出热量平衡表　系统热量衡算是对一个换热系统、一个车间（工段）和全厂的热量衡算，其根据的基本原理仍然是能量守恒定律。通过计算各设备加热或制冷的用量，把各设备的水、电、汽、燃料的用量进行汇总，求出每吨产品的能量消耗定额，整理到表 4-8 中，在表中可以清晰地了解每小时、每天的最大消耗量及年消耗量。

表 4-8 能量消耗综合表

序号	动力名称	规格	每吨产品消耗定额	每小时消耗量		每天消耗量		每年消耗量	备注
				最大	平均	最大	平均		

能量消耗量根据设备计算的能量平衡部分及操作时间求出；消耗量的日平均值是以一年中平均每日消耗量计，小时平均值则以日平均值为准；每天与每小时最大消耗量是以其平均值乘上消耗系数求取，消耗系数须根据实际情况确定；动力规格是指蒸汽的压力、冷冻盐水的进出口温度等。

④ 系统热量衡算步骤　系统热量衡算步骤与单元设备的热量衡算步骤基本相同。

4.2.1.3 热量衡算中的一些注意事项

① 根据物料走向及变化具体了解和分析热量之间的关系，然后根据能量守恒定律列出热量关系式。由于热效应有吸热和放热，有热量损失和冷量损失，因此关系式中的热量将有正、负两种情况，故在列关系式时须根据具体情况进行分析。另外，计算过程中有些数值很小的衡算项，且对计算影响很小的值可以忽略不计。

② 弄清过程中存在的热量形式，不要漏掉相变热等潜热形式，确定需要搜集的数据。过程中的热效应数据（包括反应热、溶解热、结晶热等）可以直接从有关资料、手册中查取。

③ 计算结果是否符合实际情况，关键在于能否搜集到可靠的数据。

④ 在有相关条件约束，物料量和能量参数（如温度）对计算有直接影响时，宜将物料衡算和热量衡算联合进行，这样才能获得准确结果。

4.2.2　实例解析

年产 10 万吨啤酒厂糖化车间的热量衡算。

4.2.2.1 糖化工艺

二次煮出糖化法是啤酒生产常用的糖化工艺，以下针对此工艺进行糖化车间的热量衡算，其工艺流程如图 4-9 所示，其中的投料量为糖化一次的用料量。

4.2.2.2 热量衡算

（1）糖化用水消耗热量 Q_1 的计算　按图 4-9，糊化锅加水量为 $m_1 = (3704 + 740.8) \times 4.5 = 20001.6$（kg）。式中，3704kg 为糖化一次糊化锅加入的大米粉量；740.8kg 为糖化一次糊化锅加入的麦芽粉量（为大米粉量的 20%）。

糖化锅加水量为 $m_2 = 10379.2 \times 3.5 = 36327.2$（kg）。式中，10379.2kg 为糖化一次糖化锅加入的麦芽粉量，即 $11120 - 740.8 = 10379.2$（kg），而 11120 为糖化一次的麦芽粉定额量。

糖化总用水量为 $m_1 + m_2 = 20001.6 + 36327.2 = 56328.8$（kg）。

自来水平均温度通常取为 $t_1 = 18℃$，而糖化配料用水温度为 $t_2 = 50℃$，故耗热量为：

$$Q_1 = (m_1 + m_2)C_w(t_2 - t_1) = 56328.8 \times 4.18 \times (50 - 18) = 7.535 \times 10^6 (kJ)$$

式中，C_w 为水在该温度范围内的比热容，查数据手册，其取值为 4.18 [kJ/(kg·K)]。

（2）第一次米醪煮沸消耗热量 Q_2 的计算　由糖化工艺流程示意图（4-9）可知：$Q_2 = Q_2' + Q_2'' + Q_2'''$。

① 糊化锅内米醪由初温 t_0 加热至 100℃ 时消耗的热量 Q_2' 的计算，该计算过程经验式为

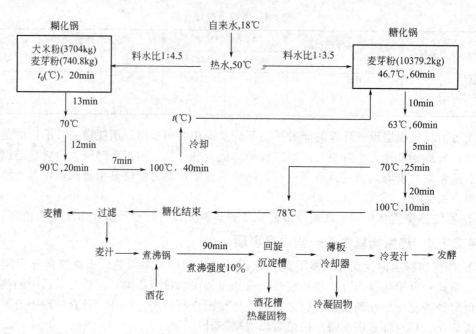

图 4-9　啤酒厂糖化工艺流程示意图

$Q_2' = m_{米醪} C_{米醪} (100 - t_0)$。

a. 米醪比热容 $C_{米醪}$ 的计算　米醪比热容 $C_{米醪}$ 可根据经验公式进行计算：

$$C_{谷物} = 0.01 [(100 - \omega) C_0 + 4.18 \omega]$$

式中，ω 为含水率，一般麦芽含水率为 6%，大米含水率为 13%；C_0 为谷物比热容，一般取值为 1.55 [kJ/(kg·K)]。则：

$$C_{麦芽} = 0.01 \times [(100 - 6) \times 1.55 + 4.18 \times 6] = 1.71 \ [kJ/(kg·K)]$$

$$C_{大米} = 0.01 \times [(100 - 13) \times 1.55 + 4.18 \times 13] = 1.89 \ [kJ/(kg·K)]$$

$$m_{米醪} = m_{大米} + m_{麦芽1} + m_1 = 3704 + 740.8 + 20001.6 = 24446.4 \ (kg)$$

$$C_{米醪} = \frac{m_{大米} C_{大米} + m_{麦芽1} C_{麦芽} + m_1 C_w}{m_{米醪}}$$

$$= \frac{3704 \times 1.89 + 740.8 \times 1.71 + 20001.6 \times 4.18}{24446.4} = 3.76 \ [kJ/(kg·K)]$$

b. 米醪的初温 t_0 的计算　设原料的初温为 18℃，而热水为 50℃，则：

$$t_0 = \frac{(m_{大米} C_{大米} + m_{麦芽1} C_{麦芽}) \times 18 + m_1 C_w \times 50}{m_{米醪} C_{米醪}}$$

$$= \frac{(3704 \times 1.89 + 740.8 \times 1.71) \times 18 + 20001.6 \times 4.18 \times 50}{24446.4 \times 3.76} = 47.1 \ (℃)$$

c. Q_2' 的计算

$$Q_2' = m_{米醪} C_{米醪} (100 - t_0) = 24446.4 \times 3.76 \times (100 - 47.1)$$

$$= 4.862 \times 10^6 \ (kJ)$$

② 煮沸过程中水蒸气带走的热量 Q_2'' 的计算　设煮沸时间为 40min，蒸发量为每小时 5%，则蒸发水分量为：

$$m_{V_1} = \frac{m_{米醪} \times 5\% \times 40}{60} = \frac{24446.4 \times 5\% \times 40}{60} = 814.88 \ (kg)$$

故：
$$Q_2'' = m_{V_1} r = 814.88 \times 2257.2 = 1.839 \times 10^6 \quad (\text{kJ})$$

式中，r 为煮沸温度（100℃）下水的汽化潜热，kJ/kg。

③ 热损失 Q_2''' 的计算　米醪升温和第一次煮沸过程的热损失约为前两次耗热量的 15%，即：
$$Q_2''' = 15\%(Q_2' + Q_2'') = 15\% \times (4.862 + 1.839) \times 10^6 = 1.005 \times 10^6 \quad (\text{kJ})$$

④ Q_2 的计算　由上述结果可知：
$$Q_2 = (4.862 + 1.839 + 1.005) \times 10^6 = 7.706 \times 10^6 \quad (\text{kJ})$$

（3）第二次蒸煮前混合醪升温至 70℃ 的耗热量 Q_3 的计算　根据糖化工艺，来自糊化锅的煮沸米醪与糖化锅中的麦醪混合后温度应为 63℃，故混合前米醪先从 100℃ 冷却到中间温度 t。

① 糖化锅中麦醪的初温 $t_{麦醪}$ 的计算　先求取糖化锅中麦醪的质量 $m_{麦醪}$ 及其比热容 $C_{麦醪}$，则：
$$m_{麦醪} = m_{麦芽2} + m_2 = 10379.2 + 36327.2 = 46706.4 \quad (\text{kg})$$
$$C_{麦醪} = \frac{m_{麦芽2}C_{麦芽} + m_2 C_w}{m_{麦醪}} = \frac{10379.2 \times 1.71 + 36327.2 \times 4.18}{46706.4} = 3.63 \quad [\text{kJ/(kg} \cdot \text{K)}]$$

已知麦芽粉初温为 18℃，用 50℃ 的热水配料，则麦醪温度为：
$$t_{麦醪} = \frac{m_{麦芽2}C_{麦芽} \times 18 + m_2 C_w \times 50}{m_{麦醪}C_{麦醪}} = \frac{10379.2 \times 1.71 \times 18 + 36327.2 \times 4.18 \times 50}{46706.4 \times 3.63}$$
$$= 46.7 \quad (℃)$$

② 米醪的中间温度 t 的计算　根据能量守恒定律，且忽略热损失，米醪与麦醪混合前后的焓不变，即：
$$m_{混合}C_{混合}t_{混合} = m_{米醪}C_{米醪}t + m_{麦醪}C_{麦醪}t_{麦醪}$$

则米醪的中间温度为：
$$t = \frac{m_{混合}C_{混合}t_{混合} - m_{麦醪}C_{麦醪}t_{麦醪}}{m_{米醪}C_{米醪}}$$

混合醪的比热容为：
$$C_{混合} = \frac{m_{麦醪}C_{麦醪} + m_{米醪}C_{米醪}}{m_{混合}} = \frac{46706.4 \times 3.63 + 24446.4 \times 3.76}{46706.4 + 24446.4} = 3.67 \quad [\text{kJ/(kg} \cdot \text{K)}]$$

则可得到米醪的中间温度为：
$$t = \frac{(46706.4 + 24446.4) \times 3.67 \times 63 - 46706.4 \times 3.63 \times 46.7}{24446.4 \times 3.76} = 92.84 \quad (℃)$$

米醪的中间温度 t 比煮沸温度稍低（低大约 7℃），考虑到米醪由糊化锅被输送到糖化锅的过程中，输送管路会有一些热损失，可不必加设中间冷却器。

③ Q_3 的计算　第二次煮沸前混合醪升温至 70℃ 的耗热量 Q_3 的计算结果如下：
$$Q_3 = m_{混合}C_{混合}(70 - 63) = (46706.4 + 24446.4) \times 3.67 \times 7 = 1.828 \times 10^6 \quad (\text{kJ})$$

（4）第二次煮沸混合醪的耗热量 Q_4 的计算　由糖化工艺流程示意图（图 4-9）可知，$Q_4 = Q_4' + Q_4'' + Q_4'''$。

① 混合醪加热至 100℃ 过程中的耗热量 Q_4' 的计算

a. 混合醪量的计算　经第一次煮沸后的米醪量 $m_{米醪}$，因第一次煮沸过程中，有部分水分蒸发，所以经第一次煮沸后的米醪量 $m_{米醪}'$ 为：
$$m_{米醪}' = m_{米醪} - m_{V_1} = 24446.4 - 814.88 = 23631.5 \quad (\text{kg})$$

故第二次煮沸的混合醪量为：

$$m'_{混合} = m'_{米醪} + m_{麦醪} = 23631.5 + 46706.4 = 70337.9 \text{（kg）}$$

b. Q'_4 的计算　根据工艺要求，糖化结束后醪温为78℃，因此只需抽取部分70℃的混合醪进行加热煮沸。设被加热的物料量为 m_{100}，其余物料为 m_{70}，平均比热容为 m_{70-100}。根据能量守恒定律，且忽略热损失，两股物流混合前后焓不变，即 $m_{78}C_{70-100}t_{78} = m_{70}C_{70-100}t_{70} + m_{100}C_{70-100}t_{100}$；且 $m_{78} = m_{70} + m_{100}$；则参与煮沸的混合醪量的比例为：

$$\frac{m_{100}}{m_{78}} \times 100\% = \frac{78-70}{100-70} \times 100\% = 26.7\%$$

故混合醪加热至100℃耗热量 Q'_4 的值为：

$$Q'_4 = 26.7\% m'_{混合} C_{混合}(100-70) = 26.7\% \times 70337.9 \times 3.67 \times 30 = 2.068 \times 10^6 \text{（kJ）}$$

② 二次煮沸过程水蒸气带走的热量 Q''_4 的计算　设煮沸时间为10min，蒸发量为每小时5%，则蒸发水分量为：

$$m_{V_2} = \frac{26.7\% \times 70337.9 \times 5\% \times 10}{60} = 156.5 \text{（kg）}$$

故 $Q''_4 = m_{V_2}r = 156.5 \times 2257.2 = 3.533 \times 10^5$ （kJ）。

③ 热损失 Q'''_4 的计算　混合醪第二次煮沸过程的热损失约为前两次耗热量的15%，即：

$$Q'''_4 = 15\%(Q'_4 + Q''_4) = 15\% \times (2.068 + 0.3533) \times 10^6 = 3.632 \times 10^5 \text{（kJ）}$$

④ Q_4 的计算　根据上述计算结果可求得：

$$Q_4 = Q'_4 + Q''_4 + Q'''_4 = (2.068 + 0.3533 + 0.3632) \times 10^6 = 2.785 \times 10^6 \text{（kJ）}$$

（5）洗糟水耗热量 Q_5 的计算　设洗糟水的平均温度为80℃，料水比为1∶4.5，则用水量为：

$$m_{洗糟} = (m_{大米} + m_{麦芽}) \times 4.5 = (3704 + 740.8 + 10379.2) \times 4.5 = 66708 \text{（kg）}$$

则洗糟水 Q_5 的值为：

$$Q_5 = m_{洗糟}C_w(80-18) = 66708 \times 4.18 \times 62 = 1.729 \times 10^7 \text{（kJ）}$$

（6）麦汁煮沸过程耗热量 Q_6 的计算　由图4-9可知：

$$Q_6 = Q'_6 + Q''_6 + Q'''_6$$

① 麦汁加热至沸点的耗热量 Q'_6 的计算

a. 麦汁比热容 $C_{麦汁}$ 的计算　设麦汁过滤后的温度为70℃，麦汁比热容可视为大米粉、麦芽粉与水混合后经过糊化、糖化等过程形成的混合物的比热容，根据前面的计算过程，麦汁中水的量大约为：

$$m_1 + m_2 - m_{V_1} - m_{V_2} = 20001.6 + 36327.2 - 814.88 - 156.5 = 55357.4 \text{（kg）}$$

忽略热损失，且混合前后焓保持不变，则麦汁的比热容 $C_{麦汁}$ 的值为：

$$C_{麦汁} = \frac{11120 \times 1.71 + 3704 \times 1.89 + 55357.4 \times 4.18}{11120 + 3704 + 55357.4} = 3.668 \text{ [kJ/(kg·K)]}$$

b. Q'_6 的计算　根据糖化工艺物料衡算结果，进入煮沸锅的麦汁量为85104kg，故麦汁加热至沸点的耗热量 Q'_6 的值为：

$$Q'_6 = m_{麦汁}C_{麦汁}(100-70) = 85104 \times 3.668 \times 30 = 9.365 \times 10^6 \text{（kJ）}$$

② 煮沸过程水蒸气带走的热量 Q''_6 的计算　设煮沸时间90min，煮沸强度（蒸发量）为每小时10%，则蒸发水分量为：

$$m_{V_3} = \frac{85104 \times 10\% \times 90}{60} = 12765.6 \text{（kg）}$$

故：

$$Q_6'' = m_{V_3} r = 12765.6 \times 2257.2 = 2.882 \times 10^7 \text{（kJ）}$$

③ 热损失 Q_6''' 的计算　煮沸过程的热损失约为前两次耗热量的 15%，即：

$$Q_6''' = 15\%(Q_6' + Q_6'') = 15\% \times (9.365 \times 10^6 + 2.882 \times 10^7) = 5.728 \times 10^6 \text{（kJ）}$$

④ Q_6 的计算　根据上述计算结果可求出：

$$Q_6 = Q_6' + Q_6'' + Q_6''' = 9.365 \times 10^6 + 2.882 \times 10^7 + 5.728 \times 10^6 = 4.391 \times 10^7 \text{（kJ）}$$

（7）糖化一次总耗热量 $Q_总$ 的计算　综合前面六项的计算结果，则糖化一次总耗热量 $Q_总$ 的值为：

$$Q_总 = \sum_{i=1}^{6} Q_i$$
$$= 7.535 \times 10^6 + 7.706 \times 10^6 + 1.828 \times 10^6 + 2.785 \times 10^6 + 1.729 \times 10^7 + 4.391 \times 10^7$$
$$= 8.105 \times 10^7 \text{（kJ）}$$

（8）糖化一次耗用蒸汽量 D 的计算　使用表压为 0.3MPa 的饱和蒸汽，$h = 2725.3 \text{kJ/kg}$，则糖化一次耗用蒸汽量 D 为：

$$D = \frac{Q_总}{(h-i)\eta} = \frac{8.105 \times 10^7}{(2725.3 - 561.47) \times 95\%} = 39428.1 \text{（kg）}$$

式中，i 为相应冷凝水的焓，一般为 561.47kJ/kg；η 蒸汽的热效率，一般为 95%。

（9）糖化过程中每小时最大蒸汽耗量 D_{max} 的计算　在糖化工艺各个操作步骤中，麦汁煮沸耗热量 Q_6 的值是最大的，且根据工艺要求煮沸时间为 90min，热效率为 95%。因此，过程中单位时间内的最大耗热量为：

$$Q_{max} = \frac{Q_6}{1.5 \times 95\%} = \frac{4.391 \times 10^7}{1.5 \times 95\%} = 3.081 \times 10^7 \text{（kJ/h）}$$

相应的最大蒸汽耗量为：

$$D_{max} = \frac{Q_{max}}{h-i} = \frac{3.081 \times 10^7}{2725.3 - 561.47} = 14238.6 \text{（kg/h）}$$

（10）蒸汽单耗　该工艺每年糖化次数为 1300 次，共生产 12°淡色啤酒 105248t。年耗蒸汽量为 39428.1×1300＝51256530（kg）；相当于每吨成品啤酒消耗蒸汽量为 51256530÷105248＝487.0（kg）；以每天糖化 6 次计，则每天消耗蒸汽量为 39428.1×6＝236568.6（kg）；至于糖化过程的冷却，如热麦汁被冷却成冷麦汁后才送入发酵车间，必须尽量回收其中的热量。

（11）热量衡算结束后，将计算结果列入总热量衡算表，见表 4-9。

表 4-9　年产 10 万吨啤酒厂糖化车间总热量衡算表（耗蒸汽量）

动力名称	压力 /MPa	每吨产品消耗 定额/kg	每小时最大 用量/kg	每天消耗量 /kg	年消耗量 /kg	备注
蒸汽	0.3（表压）	487.0	14238.6	236568.6	51256530	

4.3　用水量衡算

4.3.1　概述

4.3.1.1　用水量衡算的意义

在生物工厂生产过程中，水是必不可少的物质，且消耗量极大。例如，以淀粉为原料每生产 1t 燃料乙醇，用水量在 60t 以上；每生产 1t 啤酒，用水量也在 6～7t 以上（不包括麦芽生产）。生物工厂生产过程涉及的生物化学反应是以微生物或酶作为生物催化剂的，微生物和酶主要由蛋白质组成，它们的催化作用必须有水的参与，没有水的存在，酶就不能被激活，微生物也不能生长增殖。通常，在以糖为碳源、培养基含水 80% 以上的条件下，大多数微生物才能正常生长、增殖和代谢。

此外，在生物工厂生产中，原料处理、培养基制备过程中用到的加热蒸汽用水、冷却用水、配制冷冻盐水用水、设备清洗用水等都需要消耗大量的水。因此，没有水，就没有生物反应，生物工厂的生产也就无法进行。再者，无论是原料的蒸煮、糖化或发酵过程，都有最佳的原料配比和基质浓度范围，故加水量必须严格控制。例如，以糖蜜为原料生产乙醇，流加的发酵培养基含糖 17%～20% 时（其余主要是水），发酵生产效率和糖酒转化率均处于较高水平，如果水量过多或过少，效果都会下降。又如啤酒生产，麦芽和大米等糊化和糖化的料水比例也有较严格的定量关系，否则将会影响产品收率。

因为用水量的衡算与物料衡算、热量衡算等工艺计算及设备的计算和选型、产品成本、技术经济指标等均有着密切关系，生产过程中废水排放也与水的用量密切相关，所以，对于生物工厂生产，用水量衡算的计算是十分重要的设计步骤。

4.3.1.2　用水量衡算的步骤和方法

用水量衡算是在完成物料衡算的基础上与热量衡算同时展开的，其过程主要有以下四个步骤：

① 首先画出衡算范围的工艺流程示意图，注明每股物料的准确走向。

② 搜集列出必要的工艺技术指标及基础数据。

③ 针对衡算范围进行生化反应过程或加热、冷却等工艺过程的用水量衡算。

④ 将计算结果整理成用水量衡算表。

进行用水量衡算的过程中需注意以下两点：

① 生物工厂生产中很多操作都涉及水的应用，且水的消耗量比较大，计算时注意避免漏项。需要用水的操作一般包括原料的处理、培养基的配制、半成品或成品的洗涤、制冷过程、设备或管路的清洗等。

② 对于同一种产品，采用不同的生产流程、设备或生产规模，用水量也不同，有时差异非常大，而相同规模的工厂也会随着地理位置、气候等条件的不同，对用水量的要求也不同。因此在进行工厂设计时，必须周密考虑，合理用水，尽量做到一水多用和循环利用。

4.3.2　实例解析

年产 10 万吨燃料乙醇厂蒸馏车间用水量的衡算。

4.3.2.1　蒸馏工艺流程示意图

乙醇厂蒸馏工艺有双塔式、三塔式或多塔式流程，根据物料的过塔状态又分成气相过塔和液相过塔，不同的流程各有优缺点，产品品质也不尽相同。本实例以木薯为原料生产乙醇，采用常见的半直接式三塔蒸馏工艺和相应的脱水工艺，工艺流程见图 4-10。

4.3.2.2　工艺技术指标及基础数据

① 醛塔和精馏塔塔顶温度均为 78.5～79℃，塔顶蒸气的乙醇浓度为 95%～96%，第二分凝器温度为 40℃。

② 醛酒产量占成品总量的 2%。

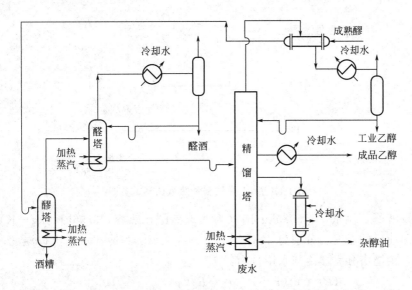

图 4-10　年产 10 万吨燃料乙醇厂蒸馏车间半直接式三塔蒸馏工艺流程示意图

③ 杂醇油提取温度为 25℃。

④ 取出杂醇油馏分的乙醇浓度为 42%~60%（体积分数），平均值为 50%（体积分数）。

4.3.2.3　蒸馏车间用水量的衡算

乙醇蒸馏采用三塔差压流程，95%（体积分数）气相分子筛选脱水，脱水损失取 1%，分子筛选脱水后冷凝，从过热温度 119℃（0.3MPa）降至 30℃。

（1）醛塔分凝器冷却用水量（W_1）的计算　工厂所处的地理位置或气候条件不同，或在不同的季节，冷却水温度可能存在较大差异。现假设所用的冷却水的初温 $t_{H_1}=25℃$，且冷却水以逆流串联的方式通过各分凝器，离开时终温 $t'_{H_1}=70℃$，则醛塔分凝器的冷却用水消耗量可通过以下计算求解。

根据有关物料衡算结果（表 4-5），95% 乙醇产量为 $P=13917÷0.99÷0.95=14797$（kg/h）；醛酒量为 $A=14797×2\%=295.9$（kg/h）。根据设计经验，醛塔回流 $R_1=195$，查表得 95% 乙醇蒸气的焓为 $h=1166kJ/kg$，则冷却水量为

$$W_1=\frac{AR_1h}{C_w(t'_{H_1}-t_{H_1})}=\frac{295.9×195×1166}{4.18×(70-25)}=357675.6（kg/h）$$

（2）醛酒冷却水用量（W_2）的计算　把醛酒从 $t_2=78.3℃$ 冷却到 $t'_2=25℃$ 冷却水使用 $t_{H_2}=20℃$ 的深井水，终温为 $t'_{H_2}=40℃$，逆流操作，则每小时耗水量为：

$$W_2=\frac{AC_A(t_2-t'_2)}{C_w(t'_{H_2}-t_{H_2})}=\frac{295.9×2.89×(78.3-25)}{4.18×(40-20)}=545.2（kg/h）$$

式中，C_A 为醛酒的比热容，2.89kJ/(kg·K)。

（3）精馏塔分凝器用水量（W_3）的计算　从精馏塔顶出来的酒气先经醪液预热器与冷成熟醪换热，酒气冷凝成饱和液体，物料和热量衡算示意图见图 4-11。

根据热量衡算有：

$$(R_2+1)(P+P_g)i_3=F_1C_F(t_{F_2}-t_{F_1})+W_3C_w(t'_{H_3}-t_{H_3})$$

式中，R_2 为精馏塔回流比，该值一般为 3~4，此处取为 3；P_g 为塔顶回流量，一般取 95% 乙醇 P 的 2%，故值为 295.9kg/h；i_3 为塔顶上升酒气的焓，为 1166kJ/kg；F_1 为成

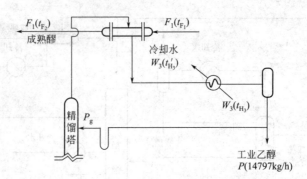

图 4-11　蒸馏塔物料和热量衡算示意图

熟醪（蒸馏发酵醪）流量，185686kg/h；C_F 为成熟醪比热容，3.96kJ/(kg·K)；t_{F_1}、t_{F_2} 为成熟醪加热前后的温度，分别为 32℃和 50℃；t_{H_3}、t'_{H_3} 为冷却水进出口温度，取 25℃和 70℃。因此，精馏塔分凝器冷却水用量为：

$$W_3 = \frac{(R_2+1)(P+P_g)i_3 - F_1 C_F(t_{F_2} - t_{F_1})}{C_w(t'_{H_3} - t_{H_3})}$$

$$= \frac{(3+1)(14797+295.9) \times 1166 - 185626 \times 3.96 \times (50-32)}{4.18 \times (70-25)}$$

$$= 303890.8 (\text{kg/h})$$

（4）精馏塔 95% 乙醇冷却水用量（W_4）的计算　95% 乙醇冷却须使用 20℃的深井水，根据热量衡算：

$$W_4 C_w(t'_{H_4} - t_{H_4}) = P C_P(t_P - t'_P)$$

式中，C_P 为乙醇比热容，2.89kJ/(kg·K)；t_P、t'_P 为 95% 乙醇冷却前后的温度，分别为 78.3℃和 30℃；t_{H_4}、t'_{H_4} 为深井冷却水的初温和终温，分别为 20℃和 40℃。因此，精馏塔 95% 乙醇冷却水的用量为：

$$W_4 = \frac{P C_P(t_P - t'_P)}{C_w(t'_{H_4} - t_{H_4})} = \frac{14797 \times 2.89 \times (78.3-30)}{4.18 \times (40-20)} = 24706.6 (\text{kg/h})$$

注意，如果是生产燃料乙醇，则不用此冷却操作，可将饱和蒸气直接引入分子筛脱水塔脱水。

（5）杂醇油分离稀释用水量（W_5）的计算　采用气相提油工艺，即在精馏塔加料板以下 2～6 块塔板处抽取酒气，经冷凝冷却，再用 20℃冷水稀释至含乙醇 10%（体积分数），经分离盐析精制而成。工艺流程见图 4-12。

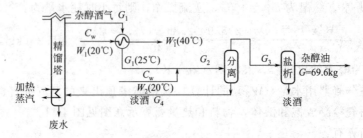

图 4-12　杂醇油提取工艺流程示意图

假定经分离和盐析后提取的杂醇油占从精馏板抽取总油量的 90%，其余 10% 随淡酒回流至塔底，针对上述工艺流程进行物料衡算，可求得从精馏塔抽取的杂醇油酒气量为：

$$G_1 = \frac{69.6}{20\% \times 90\%} = 386.7 \ (kg/h)$$

式中，20%为杂醇油酒气中杂醇油的含量。

相应地进入分离器的稀乙醇杂醇油溶液量为：

$$G_2 = \frac{G_1 \times 50}{10} = \frac{386.7 \times 50}{10} = 1933.5 \ (kg/h)$$

根据热量衡算，该过程冷却水用量为：

$$W_5' = \frac{386.7 \times [2042 + 4.0 \times (82.8 - 25)]}{4.18 \times (40 - 20)} = 10514.9 \ (kg/h)$$

式中，2042 为含 20%杂醇油酒气的冷凝热，kJ/kg；4.0 为含 20%杂醇油酒气的比热容，kJ/(kg·K)；82.8 和 25 分别为杂醇油酒气冷却前后的温度，℃；20 和 40 分别为冷却水的初温和终温，℃。

将 50%乙醇杂醇油溶液稀释至乙醇含量 10%的冷水用量为：

$$W_5'' = G_2 - G_1 = 1933.5 - 386.7 = 1546.8 \ (kg/h)$$

故杂醇油分离稀释总用水量为：

$$W_5 = W_5' + W_5'' = 10514.9 + 1546.8 = 12061.7 \ (kg/h)$$

注意，如果生产燃料乙醇，则不用分离杂醇油，也无该项水的消耗量。

(6) 分子筛选脱水后从过热温度 119℃降温至 30℃的冷水用量（W_6）的计算：

$$W_6 = \frac{13917 \times [853 + 2.69 \times (119 - 30)]}{4.18 \times (70 - 25)} = 80824.4 \ (kg/h)$$

式中，853 为乙醇的冷凝热，kJ/kg；2.69 为乙醇的比热容，kJ/(kg·K)；25 和 70 分别为冷却水的初温和终温，℃。

(7) 蒸馏车间总用水量（W）的计算　如果生产食用乙醇，总用水量为：

$$W = \sum_{i=1}^{5} W_i = 357675.6 + 545.2 + 303890.8 + 24706.6 + 12061.7 = 698879.9 \ (kg/h)。$$

如果生产燃料乙醇，总用水量为：

$$W = W_3 + W_6 = 303890.8 + 80824.4 = 384715.2 \ (kg/h)$$

将上述结果整理成用水量衡算表，见表 4-10。

表 4-10　年产 10 万吨燃料乙醇厂蒸馏车间的用水量衡算表

名称	规格	产品类型	每吨产品消耗量/t	每小时用量/kg	每天用量/t	年用量/t
冷水	自来水或深井水	食用乙醇	50.3	698879.9	16773.1	5031930
冷水	自来水或深井水	燃料乙醇	27.7	384715.2	9233.2	2769960

4.4　计算耗冷量

4.4.1　概述

4.4.1.1　计算耗冷量的意义

很多生物工厂中通常都有制冷系统。无论是菌种培养、发酵、有效成分的提取精制等操作，都可能要求在室温以下进行。例如，酶、疫苗、生物干扰素或者抗生素等许多生物活性物质，其发酵生产及提取精制过程都需要在较低温度下进行；植物细胞培养生产活性物质设计培养温度须在 22~24℃；啤酒生产过程中的主发酵温度一般在 6~10℃，过冷和后发酵过程在一1℃左右，大麦发芽适宜温度为 12~16℃。这些温度条件都需要制冷工艺予以满足。通过对相关操作的耗冷量进行计算，可以为选择制冷系统类型和冷冻压缩机的型号、规格提供依据。

4.4.1.2 计算耗冷量的步骤

通常，可以把生物工厂耗冷量分为工艺耗冷量（Q_t）和非工艺耗冷量（Q_{nt}）两大部分。其中，工艺耗冷量包括发酵培养基和发酵罐体的冷却降温，生物反应放热（发酵热）的移除等，非工艺耗冷量主要包括照明及用电设备放热量需降温的厂房围护机构，以及低温设备、管道的冷量散失等。计算耗冷量主要有以下 4 个步骤：

① 首先画出衡算范围的工艺流程示意图，注明每股物料温度变化。

② 搜集列出必要的工艺技术指标及基础数据。

③ 针对衡算范围进行各项耗冷量的计算。

④ 将计算结果整理成耗冷量衡算表。

4.4.1.3 计算耗冷量的方法

（1）培养基等物料及发酵罐体冷却至操作温度的耗冷量（Q_1）的计算 根据能量守恒定律，培养基等物料及发酵罐体冷却至操作温度的耗冷量 Q_1 的计算按 $Q_1=\dfrac{(m_M C_M+m_R C_R)(t_1-t_2)}{\tau}$ 进行计算。式中，m_M 为发酵培养基等物料的质量，kg；C_M 为发酵培养基等物料的比热容，kJ/(kg·K)；m_R 为发酵罐体的质量，kg；C_R 为发酵罐体的比热容，kJ/(kg·K)；t_1 为物料和罐体冷却前的温度，℃；t_2 为物料和罐体冷却后的温度，℃；τ 为冷却时间，h。

（2）发酵热（Q_2）的计算 根据实际情况，发酵热（Q_2）的计算可分为通气发酵过程热和厌气发酵过程热两种类型。

① 通气发酵过程热的计算 通气发酵过程中热的计算方法主要有三种：一是通过冷却水带走的热量计算；二是通过发酵液温度升高测定计算；三是应用生物化学反应热数据进行计算。其中，前两种是通过实验测定结果推算，第三种方法属于半经验计算法。关于第三种计算方法说明如下：

发酵热的半经验计算公式为：

$$Q_2=Q_b-Q_{st}-Q_\varepsilon$$

Q_b 指的是生物合成热，包括微生物细胞呼吸放热 Q_b' 和发酵放热 Q_b'' 两部分。其半经验计算公式为：

$$Q_b=\alpha Q_b'+\beta Q_b''$$

式中，Q_b' 为 15651kJ/kg（对葡萄糖）；Q_b'' 为 4953kJ/kg（对葡萄糖）；α 为细胞呼吸的耗糖量，kg/h；β 为发酵的耗糖量，kg/h。

Q_{st} 指的是机械搅拌产生的热量，其经验计算公式为：

$$Q_{st}=3600\eta P_{st}$$

式中，η 为搅拌功热转换系数，一般取值为 0.92；P_{st} 为搅拌轴功率，kW。

Q_ε 指的是排气使发酵液水分汽化带走的热焓，其经验计算公式为：

$$Q_\varepsilon=0.2Q_b$$

② 厌气发酵过程热的计算 乙醇、啤酒等的生产过程中涉及的发酵属于厌气发酵。以麦芽糖计算，发酵热为 $Q_2=613.6$kJ/kg（麦芽糖）。此外，工艺用无菌水的冷却耗冷量 Q_3 及种子培养耗冷量 Q_4 等的计算可以参照以上方法进行。

（3）照明和用电设备耗冷及其他操作过程耗冷量（Q_5）的计算

① 车间照明耗冷量（Q_5'）的计算　车间照明耗冷量可以按下式进行计算：

$$Q_5' = q_1 A$$

式中，q_1 为冷间单位面积照明放热量，$kJ/(m^2 \cdot h)$；A 为冷间面积，m^2。通常情况下，若使用荧光灯，车间照明标准为 $5W/m^2$，同时使用系数取 0.6，则 $q_1 = 5 \times 0.6 \times 3600 = 10.8$ $[kJ/(m^2 \cdot h)]$。

② 电机等用电设备运转耗冷量（Q_5''）的计算　电机等用电设备运转耗冷量可按下式进行计算：

$$Q_5'' = 3600 \eta P_\varepsilon$$

式中，η 为功热转换系数，一般取为 0.92；P_ε 为电机或其他用电设备的功率，kW。

③ 冷间房门开启耗冷量（Q_5'''）的计算　冷间房门开启耗冷量可按下式进行计算：

$$Q_5''' = q_2 A$$

式中，A 为冷间面积，m^2；q_2 为冷间单位面积开门耗冷量，根据开门的频繁程度和车间面积，其值在 $100 \sim 300 kJ/(m^2 \cdot h)$ 范围内选定。

④ 冷间内操作工人耗冷量（Q_5''''）的计算　冷间内操作工人耗冷量可按下式进行计算：

$$Q_5'''' = q_3 n$$

式中，n 为车间内操作工人数；q_3 为每个操作工人单位时间内的耗冷量，根据车间温度不同，其值在表 4-11 中查取。

表 4-11　不同车间温度下操作工人的耗冷量

冷间温度/℃	20	10	4	0	-7	-12	-18
每人耗冷量/(kJ/h)	400	774	900	1005	1108	1277	1381

因此，照明和用电设备耗冷及其他操作过程的耗冷量：

$$Q_5 = Q_5' + Q_5'' + Q_5''' + Q_5''''$$

（4）厂房围护结构耗冷量（Q_6）的计算　厂房围护结构耗冷量可按下式进行计算：

$$Q_6 = KA(t_a - t) + \sum_{i=1}^{n} K_i A_i \Delta t_i$$

式中，A 为围护结构的面积，m^2；A_i 为受太阳辐射的壁面面积，m^2；K、K_i 为围护结构的传热系数，一般取经验值 $0.5W/(m^2 \cdot K)$；t_a 为冷间外部环境计算温度，℃；t 为冷间室内温度，℃；Δt_i 为受太阳辐射而产生的昼夜温度差，℃。

冷间外部环境计算温度 t_a 可以按照经验公式 $t_a = 0.4 t_1 + 0.6 t_2$ 进行计算。式中，t_1 和 t_2 分别为当地 10 年内最热月份的平均温度和极端最高温度，℃。为简化计算，不同地区的 t_a 也可以参考表 4-12 选取。

表 4-12　我国部分主要城市室外计算温度

城市	t_a/℃	城市	t_a/℃	城市	t_a/℃
北京	34.1	沈阳	32.8	西安	35.2
上海	34.2	大连	29.8	石家庄	36.1
天津	33.8	乌鲁木齐	32.1	太原	31.4
重庆	35.5	兰州	32.6	济南	36.5
哈尔滨	31.0	银川	33.0	南京	34.0
长春	32.1	西宁	25.2	合肥	34.7

城市	t_a/℃	城市	t_a/℃	城市	t_a/℃
杭州	34.4	长沙	35.1	成都	32.1
福州	35.1	南昌	35.4	昆明	25.2
郑州	35.2	南宁	33.6	贵阳	26.2
武汉	34.4	广州	33.6	拉萨	24.0

此外，在计算太阳辐射热量时，只需考虑受太阳辐射最强的一堵外墙，如冷间处于顶层，则应加上屋顶部分的太阳辐射量，受太阳辐射而产生的昼夜平均温度差 Δt 值可根据表 4-13 中的数据选取。

表 4-13　围护结构外表太阳辐射昼夜平均温度差　　　　　单位：℃

纬度	围护结构名称	吸收率(P)	围护结构朝向					
			水平面	南	东南或西北	东或西	东北或西南	北
北纬23°	红砖墙面	0.75		3.1	4.6	5.0	4.3	2.4
	混凝土块砌、拉毛水泥、汰石子类粉刷墙面	0.65		2.7	4.0	4.3	3.7	2.1
	水泥或沙石类粉刷墙面	0.56		2.3	3.4	3.7	3.2	1.8
	石灰类粉刷墙面	0.48		2.0	2.9	3.2	2.7	1.5
	深色油毡屋面、沥青屋面	0.88	10.0					
	浅色油毡屋面、水泥屋面	0.72	8.0					
北纬30°	红砖墙面	0.75		2.9	4.4	5.1	4.0	2.3
	混凝土块砌、拉毛水泥、汰石子类粉刷墙面	0.65		2.5	3.8	4.4	3.5	2.0
	水泥或沙石类粉刷墙面	0.56		2.2	3.3	3.8	3.0	1.7
	石灰类粉刷墙面	0.48		1.9	2.8	3.2	2.6	1.5
	深色油毡屋面、沥青屋面	0.88	10.5					
	浅色油毡屋面、水泥屋面	0.72	8.5					
北纬35°	红砖墙面	0.75		3.6	4.7	5.2	4.2	2.8
	混凝土块砌、拉毛水泥、汰石子类粉刷墙面	0.65		3.1	4.1	4.5	3.6	2.5
	水泥或沙石类粉刷墙面	0.56		2.7	3.5	3.9	3.1	2.1
	石灰类粉刷墙面	0.48		2.6	3.2	3.6	2.7	1.8
	深色油毡屋面、沥青屋面	0.88	9.3					
	浅色油毡屋面、水泥屋面	0.72	7.6					
北纬40°	红砖墙面	0.75		4.1	5.0	5.3	4.2	2.8
	混凝土块砌、拉毛水泥、汰石子类粉刷墙面	0.65		3.5	4.3	4.6	3.6	2.4
	水泥或沙石类粉刷墙面	0.56		3.0	3.7	4.0	3.1	2.0
	石灰类粉刷墙面	0.48		2.6	3.2	3.4	2.7	1.8
	深色油毡屋面、沥青屋面	0.88	9.2					
	浅色油毡屋面、水泥屋面	0.72	7.5					

纬度	围护结构名称	吸收率(P)	围护结构朝向					
			水平面	南	东南或西北	东或西	东北或西南	北
北纬45°	红砖墙面	0.75		4.5	5.3	5.3	4.2	2.7
	混凝土块砌、拉毛水泥、汰石子类粉刷墙面	0.65		3.9	4.6	4.6	3.6	2.4
	水泥或沙石类粉刷墙面	0.56		3.3	4.0	4.0	3.1	2.0
	石灰类粉刷墙面	0.48		2.9	3.4	3.4	2.7	1.7
	深色油毡屋面、沥青屋面	0.88	9.0					
	浅色油毡屋面、水泥屋面	0.72	7.3					

（5）低温设备、管道的冷量散失（Q_7）的计算　由于环境温度高而使热量传入低温管路和设备内，从而造成的低温设备、管道的冷量散失 Q_7 的计算与 Q_6 的计算类似，即：

$$Q_7 = KA\Delta t$$

其中，总传热系数 K 可通过下式进行计算：

$$K\,[\mathrm{W/(m^2 \cdot K)}] = \cfrac{1}{\cfrac{1}{\alpha_1} + \cfrac{\delta_1}{\lambda_1} + \cfrac{\delta_2}{\lambda_2} + \cdots + \cfrac{1}{\alpha_2}}$$

式中，α_1 为空气对壁面的给热系数，一般取经验值 $11.6\mathrm{W/(m^2 \cdot K)}$；$\delta_1$，$\delta_2$，$\cdots$ 为各层材料厚度，m；λ_1，λ_2，$\cdots$ 为各层材料的导热系数，$\mathrm{W/(m^2 \cdot K)}$；α_2 为由内壁面对物料的给热系数，$\mathrm{W/(m^2 \cdot K)}$，可采用下列经验公式进行求取：

$$\alpha_2 = 23.2\beta\,\frac{W^{0.8}}{d^{0.2}}$$

式中，W 为介质运动速度，通常取经验值 $0.5 \sim 2.5\mathrm{m/s}$；d 为管线的外径，m；β 为介质的物理状态参数，对于水和与水近似的介质（如啤酒），可由 $\beta = 60 + t$ 来确定。其中，t 为介质温度，℃。

4.4.2　实例解析

年产 10 万吨啤酒厂发酵车间的耗冷量计算。

啤酒发酵工艺分为上面发酵和下面发酵两大类，下面发酵又有传统的发酵槽和锥形罐两种典型的发酵设备，不同的发酵工艺及设备，耗冷量也不同。此部分以国内应用最普遍的锥形罐发酵工艺为例，计算年产 10 万吨啤酒厂发酵车间的耗冷量。

4.4.2.1　画出相关的发酵工艺流程示意图

该发酵车间以 94℃ 热麦汁为原料，经冷却、发酵、过冷却、过滤等操作单元，得到清酒产品，相关工艺流程见图 4-13。

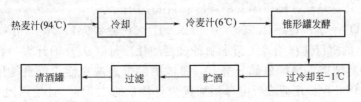

图 4-13　年产 10 万吨啤酒厂锥形罐发酵工艺流程示意图

4.4.2.2　工艺技术指标及基础数据

① 生产规模：年产 12°淡色啤酒 105248t。

② 糖化次数：旺季每天 6 次，淡季每天 4 次，全年 1300 次。

③ 主发酵时间：6d。

④ 锥形发酵罐容量：4 锅麦汁。

⑤ 12°麦汁平均比热容：4.0kJ/(kg·K)。

⑥ 麦芽糖厌氧发酵热：613.6kJ/kg。

⑦ 麦汁发酵度：60%。

⑧ 根据发酵车间耗冷性质，可分为工艺耗冷量和非工艺耗冷量两类，即 $Q=Q_t+Q_{nt}$。

4.4.2.3　发酵车间耗冷量的计算

（1）工艺耗冷量（Q_t）的计算　Q_t 包括锥形发酵罐每罐麦汁冷却耗冷量（Q_1）、每罐发酵耗冷量（Q_2）、每罐消耗的酵母洗涤用冷无菌水制备过程的耗冷量（Q_3）及每罐酵母培养耗冷量（Q_4）等 4 个方面的计算。

① 锥形发酵罐每罐麦汁冷却耗冷量（Q_1）的计算　近年来，普遍使用一段式串联逆流式麦汁冷却方法，使用的冷却介质为 2℃的冷冻水，出口温度为 85℃，糖化车间送来的热麦汁温度为 94℃，冷却至发酵起始温度 6℃。

通过啤酒生产过程的物料衡算可知，每糖化一次可产生 85040L 热麦汁，而相应的麦汁密度为 1048kg/m³，则热麦汁质量 $m=89122$kg。

又知 12°麦汁的比热容为 4.0kJ/(kg·K)，则在热麦汁冷却过程中，糖化一次所需的耗冷量为：

$$Q_{糖}=mC_{麦汁}(t_1-t_2)=89122\times4.0\times(94-6)=3.137\times10^7\ (kJ)$$

式中，t_1、t_2 为麦汁冷却前后的温度，℃。

根据设计要求，每个锥形发酵罐装 4 锅麦汁，则每罐麦汁冷却耗冷量为：

$$Q_1=4Q_{糖}=4\times3.137\times10^7=1.255\times10^8\ (kJ)$$

② 每罐发酵耗冷总量（Q_2）的计算

a. 发酵期间发酵放热量 Q_2' 的计算　假定麦汁固形物均为麦芽糖，麦芽糖的厌氧发酵放热量为 613.6kJ/kg，冷麦汁的密度取为 1.084kg/L，麦汁发酵度以 60%计，则 1L 12°麦汁发酵放热量为 $1.084\times613.6\times12\%\times60\%=47.89$（kJ）。

根据物料衡算可知，糖化一次得到的冷麦汁量为 82480L，每罐装 4 锅麦汁，则每罐麦汁发酵的放热量为：

$$Q_2'=47.89\times82480\times4=1.580\times10^7\ (kJ)$$

b. 发酵后期发酵液降温耗冷量 Q_2'' 的计算　主发酵后期，发酵液温度从 6℃缓慢降温至 −1℃，每罐发酵液降温耗冷量为：

$$Q_2''=4mC_{麦汁}[6-(-1)]=4\times82480\times1.084\times4.0\times7=1.001\times10^7\ (kJ)$$

c. 根据以上计算结果，则每罐发酵耗冷总量 Q_2 的值为：

$$Q_2=Q_2'+Q_2''=1.580\times10^7+1.001\times10^7=2.581\times10^7\ (kJ)$$

③ 每罐消耗的酵母洗涤用冷无菌水制备过程的耗冷量（Q_3）的计算　在锥形罐啤酒发酵过程中，主发酵结束后要排放部分酵母，排放的酵母经洗涤活化后重复用于新麦汁的发酵，一般重复使用 6 次。现假设湿酵母添加量为麦汁量的 1.0%，且使用温度为 1℃的无菌水洗涤，洗涤用无菌水量为酵母量的 3 倍，无菌水被冷却前的水温为 30℃。根据这些条件，

每天洗涤酵母需要使用无菌水用量为 $m_w = 82480 \times 6 \times 1.0\% \times 3 = 14846.4$ （kg）。

一般每天发酵罐的平均装罐量为 4.5 罐，每罐消耗酵母洗涤用冷无菌水制备过程的耗冷量 Q_3 的值为：

$$Q_3 = \frac{m_w C_w (t_1 - t_2)}{4.5} = \frac{14846.4 \times 4.18 \times (30-1)}{4.5} = 399929.0 \text{ （kJ）}$$

式中，C_w 为水的比热容，$kJ/(kg \cdot K)$；t_1、t_2 为无菌水被冷却前后的温度，℃。

④ 每罐酵母培养耗冷量（Q_4）的计算　根据工艺要求，每月需进行一次酵母纯培养，培养时间为 12d，即 288h。根据啤酒的生产经验，年产 10 万吨规模的啤酒厂酵母培养耗冷量约为 130000kJ/h，每年生产时间按 10 个月计，则相应的年耗冷量为 $130000 \times 288 \times 10 = 3.744 \times 10^8$ （kJ）。

根据工艺要求，每年糖化 1300 次，每个发酵罐装 4 锅麦汁，则每年发酵 325 罐，因此平均每罐酵母培养耗冷量 Q_4 的值为：

$$Q_4 = \frac{3.744 \times 10^8}{325} = 1.152 \times 10^6 \text{ （kJ）}$$

⑤ 发酵车间工艺耗冷量（Q_t）的计算　根据上述计算结果，该啤酒厂发酵车间发酵罐每罐工艺耗冷量为

$$Q_t = \sum_{i=1}^{4} Q_i = 1.255 \times 10^8 + 2.581 \times 10^7 + 399929.0 + 1.152 \times 10^6 = 1.529 \times 10^8 \text{ （kJ）}$$

（2）非工艺耗冷量（Q_{nt}）的计算　Q_{nt} 的计算包括因露天锥形罐冷量散失导致平均每罐耗冷量（Q_5）及因清酒罐、过滤机及其管道等冷量散失导致平均每罐耗冷量（Q_6）两大部分的计算。

① 因露天锥形罐冷量散失导致平均每罐耗冷量（Q_5）的计算　啤酒厂的发酵罐一般都置于露天环境下，不可避免会由于太阳辐射、对流传热和热传导等因素造成冷量损失，这部分冷量损失可以按照前面介绍的低温设备、管道的冷量散失（Q_7）的计算方法求取。为了简化计算，也可以根据经验数据求取。根据经验，年产 10 万吨啤酒的露天锥形发酵罐的冷量散失为每吨啤酒 13000~30000kJ，在我国南部地区的工厂，可取高值，在北部地区的工厂可适当取低值。以南部地区和北部地区的平均值估计，每年该规模啤酒厂露天锥形罐冷量散失值约为 $(13000+30000)/2 \times 105248 = 2.263 \times 10^9$ （kJ）。因露天锥形罐冷量散失导致平均每罐耗冷量 Q_5 的值则为：

$$Q_5 = \frac{2.263 \times 10^9}{325} = 6.963 \times 10^6 \text{ （kJ）}$$

② 因清酒罐、过滤机及其管道等冷量散失导致平均每罐耗冷量（Q_6）的计算　清酒罐滤机及其管道等冷量散失也可以按照前面介绍的低温设备、管道的冷量散失（Q_7）的计算方法求取，但因涉及的设备、管线很多，为了简化计算，也可以根据经验数据求取。通常，该部分冷量散失值被取为工艺耗冷量的 12%，则该规模啤酒厂因清酒罐、过滤机及其管道等冷量散失导致平均每罐耗冷量 Q_6 的值约为：

$$Q_6 = 12\% Q_t = 12\% \times 1.529 \times 10^8 = 1.835 \times 10^7 \text{ （kJ）}$$

③ 发酵车间非工艺耗冷量（Q_{nt}）的计算　根据上述计算结果，该啤酒厂发酵车间因设备管线冷量损失导致的每罐非工艺耗冷量为：

$$Q_{nt} = \sum_{i=5}^{6} Q_i = 6.963 \times 10^6 + 1.835 \times 10^7 = 2.531 \times 10^7 \text{ （kJ）}$$

4.4.2.4 年产 10 万吨啤酒厂发酵车间耗冷量衡算表

将上述计算结果整理成耗冷量衡算表，见表 4-14。

表 4-14　年产 10 万吨啤酒厂发酵车间耗冷量衡算表

耗冷分类	耗冷项目	每罐耗冷量/kJ	年耗冷量/kJ
工艺耗冷量	麦汁冷却耗冷量(Q_1)	1.255×10^8	4.079×10^{10}
	发酵耗冷总量(Q_2)	2.581×10^7	8.388×10^9
	无菌水冷却耗冷量(Q_3)	3.999×10^5	1.300×10^8
	酵母培养耗冷量(Q_4)	1.152×10^6	3.744×10^8
	工艺耗冷总量(Q_t)	1.529×10^8	4.969×10^{10}
非工艺耗冷量	锥形罐冷量散失(Q_5)	6.963×10^6	2.263×10^9
	管道等冷量散失(Q_6)	1.835×10^7	5.964×10^9
	非工艺耗冷总量(Q_{nt})	2.531×10^7	8.226×10^9
合计	总耗冷量(Q)	1.782×10^8	5.792×10^{10}
单耗		$5.503 \times 10^5 \, kJ/t$ 啤酒	

4.5　计算抽真空量

4.5.1　概述

4.5.1.1　计算抽真空量的意义

在生物药物、发酵食品、发酵饮料等生物化工生产过程中，经常涉及真空过滤、真空蒸发、真空冷却、减压蒸馏、真空干燥、真空输送等多种操作单元，因此抽真空操作广泛应用于这些领域。例如，乙醇发酵生产中淀粉蒸煮醪的真空冷却、味精生产中的真空煮晶、酶制剂生产中的酶液真空浓缩等。为了使操作设备达到和维持工艺要求的真空度，必须持续或间歇地抽真空。抽真空是一个耗能的过程，因此为了设计出合理的生产工艺，节省能耗，必须进行相关的抽真空量的计算。

4.5.1.2　计算抽真空量的步骤

① 首先画出衡算范围的物料、热量平衡图，注明每股物料的温度和数量变化。
② 针对衡算范围进行抽真空量的计算，确定真空设备的操作条件和负荷量。
③ 整理归纳计算结果。

4.5.1.3　计算抽真空量的方法

(1) 计算真空冷却器的抽真空量　在真空冷却过程中，被处理料液在真空冷却器内产生二次蒸汽，二次蒸汽量为：

$$W_1 = \frac{GC(t_1 - t_2)}{h - Ct_2}$$

式中，W_1 为单位时间内真空冷却器内产生的二次蒸汽量，kg/h；G 为单位时间内进入冷却器的物料流量，kg/h；C 为料液的比热容，kJ/(kg·K)；t_1、t_2 为设备入口处和出口处料液的温度，℃；h 为二次蒸汽的焓，kJ/kg。

为了简化计算，假定料液比热容 C 在冷却前后保持不变，即忽略了蒸发前后的浓度改变。因此，待求的抽真空量为：

$$B_1 = W_1 \nu$$

式中，B_1 为单位时间内因移除二次蒸汽产生的抽真空量，m^3/h；ν 为二次蒸汽的比容，m^3/kg，可通过查表获得。

因料液中含有空气等不凝性气体，若使用水喷射真空泵，水中不可避免会溶解少量空气，真空系统的管件、阀门等部位也可能会漏入空气，所以在进行抽真空量计算时还必须考虑移除这些不凝性气体所造成的抽真空量的增加。不凝性气体抽出量可按经验公式进行计算：

$$W_2 = 2.5 \times 10^{-5}(W_1 + W') + \alpha W_1$$

式中，W_2 为料液及水泵循环水中不凝气抽出量，kg/h；W' 为水喷射泵耗水量，kg/h；α 为空气渗漏系数；2.5×10^{-5} 为水中溶解的空气质量，kg。

所以，真空冷却器抽真空量为：

$$W = W_1 + W_2$$

（2）真空过滤消耗真空量的计算　真空过滤机是生物制药、食品等相关的生物行业中广泛应用的分离设备。设真空过滤面积为 A，则所需要的抽真空量为：

对于连续操作：

$$B_{连续} = \alpha A$$

对于间歇操作，每次操作的抽真空量为：

$$B_{间歇} = \alpha A \tau$$

则每天抽真空总量为：

$$B_{总} = B_{间歇} n$$

式中，$B_{连续}$ 为连续操作中抽真空量，m^3/h；$B_{间歇}$ 为间歇操作中每次抽真空量，m^3；$B_{总}$ 为间歇操作中，每天抽真空总量，m^3/d；α 为操作系数，通常取 $15\sim18$；A 为真空过滤面积，m^2；τ 为间歇操作中每次抽真空时间，h；n 为间歇操作中每天抽真空次数，次$/d$。

（3）真空输送料液消耗真空量的计算　在生物行业中料液的输送一般采用间歇操作，且液体可视为不可压缩流体，故每次操作抽真空量为：

$$B = V(-2.303 \lg P)$$

每天总抽真空量为：

$$B_{总} = Bn$$

抽真空速率为：

$$v = B/\tau$$

式中，B 为间歇输送料液过程中，每次抽真空量，m^3；$B_{总}$ 为间歇输送料液过程中，每天抽真空总量，m^3/d；V 为需要抽真空的设备容积，m^3；P 为需要抽真空的设备内残余压强，atm；τ 为间歇输送料液过程中，每次抽真空时间，h；n 为间歇输送料液过程中，每天抽真空次数，次$/d$；v 为间歇输送料液过程中抽真空速率，m^3/h。

（4）抽真空时间与真空泵的选择　对于指定的真空泵，在一定压强下相应有一定的抽真空速率，故对于指定容积的储罐，从初始压强（$P_{初}$）抽真空到终压强（$P_{终}$）时，一次操作所需的抽气时间为：

$$t = 2.303 \times \frac{V}{v} \times \lg \frac{P_{初}}{P_{终}}$$

式中，t 为指定条件下的间歇操作中，一次抽真空所需时间，h；V 为需抽真空储罐的容积，m^3；v 为真空泵有效抽真空速率，m^3/h；$P_初$ 为需抽真空储罐的初始压强，atm；$P_终$ 为需抽真空储罐的终压强，atm。

通常，抽真空时间 t 是由生产工艺决定的，则根据 t 可通过下式来确定真空泵的有效抽真空速率：

$$v = 2.303 \times \frac{V}{t} \times \lg \frac{P_初}{P_终}$$

这是根据工艺需要选择合适真空泵的重要参数。

当然，如果采用水喷射泵，则有效抽真空速率还与循环水的温度有关，水温越低，抽真空的速率就越高。

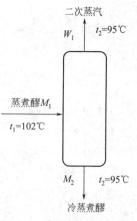

图 4-14 真空闪蒸冷却器
物料、热量平衡图

4.5.2 实例解析

年产 10 万吨燃料乙醇厂糖化车间抽真空量的计算。

在以淀粉为原料的燃料乙醇厂糖化车间，常采用真空冷却器使 100℃ 以上的成熟蒸煮醪迅速降温到 60℃ 的糖化温度，而本工艺采用的是先将蒸煮醪冷却至 95℃，在卧式隔板层流液化罐中继续液化反应一段时间后，经板式换热器冷却至糖化温度。采用这种工艺，糖化液质量好，且可以降低能耗，减少冷却水的使用。因此，在该工艺中，抽真空量的计算可归结为蒸煮醪的真空冷却过程的计算。

4.5.2.1 蒸煮醪真空冷却器物料、热量平衡图

真空闪蒸冷却器的物料、热量平衡图，如图 4-14 所示。

4.5.2.2 蒸煮醪真空闪蒸冷却器抽真空量的计算

（1）真空冷却过程产生的二次蒸汽量（W_1）的计算　根据图 4-14，列出年产 10 万吨燃料乙醇厂糖化车间真空闪蒸冷却器的物料衡算式 $M_1 = M_2 + W_1$ 和热量衡算式：

$$M_1 C t_1 = M_2 C t_2 + W_1 I$$

式中，I 为真空闪蒸冷却器出口温度下饱和水蒸气的焓，kJ/kg。联合上述两式，可进一步得出：

$$M_1 C (t_1 - t_2) = W_1 (I - C t_2)$$

根据物料衡算中有关蒸煮醪量的计算结果，可求出单位时间蒸煮醪的量为：

$$M_1 = \frac{13917 \times 9118.7}{1000} = 126904.9 \ (kg/h)$$

根据工艺要求，真空冷却前后蒸煮醪的温度分别为 $t_1 = 102℃$，$t_2 = 95℃$，蒸煮醪的比热容为 $C = 3.44kJ/(kg \cdot K)$，95℃ 饱和水蒸气的焓为 2681kJ/kg，则真空闪蒸冷却过程的二次蒸汽量为：

$$W_1 = \frac{126904.9 \times 3.44 \times (102 - 95)}{2681 - 3.44 \times 95} = 1298.1 \ (kg/h)$$

查表可知，95℃ 饱和蒸汽的密度为 $\rho = 0.5039 kg/m^3$，故二次蒸汽的体积流量为：

$$B_1 = \frac{W_1}{\rho} = \frac{1298.1}{0.5039} = 2576.1 \ (m^3/h)$$

（2）水喷射真空泵循环水量的计算　设真空泵循环水的初温为 34℃，终温为 42℃，水

的比热容取为 4.18kJ/(kg·K)，根据能量守恒定律，忽略热的损失，混合前后焓不变，则循环水量为：

$$W' = \frac{1298.1 \times (2681 - 4.18 \times 42)}{4.18 \times (42-34)} = 97258.1 \ (kg/h)$$

（3）抽气量验算　设水喷射泵吸入蒸汽压力为 84.556kPa，温度为 95℃，泵的循环水吸入口压力为 0.1MPa，排出压力为 0.4MPa，取系统空气渗漏系数 α 为 0.3%，则应排除的不凝性气体量为：

$$\begin{aligned} W_2 &= 2.5 \times 10^{-5}(W_1 + W') + \alpha W_1 \\ &= 2.5 \times 10^{-5} \times (1298.1 + 97258.1) + 0.3\% \times 1298.1 \\ &= 6.358 \ (kg/h) \end{aligned}$$

水喷射泵的引射系数为：

$$K = 0.85\sqrt{\frac{p_1 - p_2}{p_2 - p_s}} - 1 = 0.85\sqrt{\frac{0.4 - 0.1}{0.1 - 84.556}} - 1 = 2.746$$

式中，p_1 为泵排出压力（0.4MPa）；p_2 为泵吸入口压力（0.1MPa）；p_s 为泵吸入蒸汽压力（84.556kPa）。

水喷射泵排除的气体量为：

$$B'_\alpha = \frac{KW'}{\rho} = \frac{2.746 \times 97258.1}{1000} = 267.1 \ (m^3/h)$$

相当于质量流量为：

$$\frac{368B'_\alpha(p_s - p_w)}{(273 + t_4) \times 10^5} = \frac{368B'_\alpha(84556 - 8208)}{(273.15 + 42) \times 10^5} = 238.1 \ (kg/h) > W_2 = 6.358 \ (kg/h)$$

式中，t_4 为真空泵循环水的终温（42℃）；p_w 为水在 42℃ 所对应的饱和蒸气压（8208Pa）。

由计算结果可知，所设计的水喷射泵循环水量不低于 97258.1kg/h，泵的循环水吸入口压力为 0.1MPa，排出压力为 0.4MPa，相应循环水的进口温度为 34℃，出口温度为 42℃，在该条件下工作，可以实现预期的制冷效果。

4.6　计算无菌压缩空气消耗量

4.6.1　概述

4.6.1.1　计算无菌压缩空气消耗量的意义

大多数微生物的生长、增殖都需要氧，代谢和产物的生物合成过程也往往有氧参加。尤其是通气发酵生产，溶氧速率更显重要，有时甚至是发酵生产效率的制约因素。例如微生物增殖耗氧量，以葡萄糖为碳源时，每增殖 1kg 细胞（干基），大肠杆菌需消耗 1.5kg 溶解氧，面包酵母约需 1.1kg 溶解氧；若以甲醇为基质，则耗氧量比糖质原料更高得多。

在需氧发酵生产中，要使发酵液保持一定的溶氧浓度，必须向反应系统中通入大量无菌空气。但不同类型的发酵生产，适宜的溶氧浓度和耗氧速率往往不一样。而溶氧速率与反应器类型、通气速率、搅拌条件等有关。对同一类型的发酵反应，由于使用的发酵罐形式不同，通气速率即无菌压缩空气消耗量也不一样。此外，还常用无菌压缩空气压送培养基和其他料液，导致压缩空气的消耗量也不一样。故无菌压缩空气消耗量的计算是非常重要的设计任务。通过无菌压缩空气用量的计算，可确定配套的空气压缩机的选型和台数，并进行空气过滤除菌系统的设计。

4.6.1.2 计算无菌压缩空气消耗量的步骤和方法

压缩空气消耗量，通常用单位时间耗用的常压空气体积表示，即 m^3/h 或 m^3/min （10^5Pa）。所以在设计时，只需求出需用的压缩空气的体积和压强就可以了。

下面分别介绍通气发酵罐的通气量和压送液体物料所需的压缩空气消耗量的计算步骤和方法。

（1）计算通气发酵罐的通气量　对好氧发酵过程，合适的供氧速率，应通过试验确定。发酵系统处于稳定态时，溶氧速率与耗氧速率相等，即：

$$OTR=OUR$$

其中：

$$OTR=K_La(c^*-c)$$
$$OUR=q_{O_2}x$$

或

$$OUR=\frac{Q(c_{in}-c_{out})}{V}$$

式中，OTR 为溶氧速率，$molO_2/(m^3 \cdot h)$；OUR 为耗氧速率，$molO_2/(m^3 \cdot h)$；q_{O_2} 为微生物比呼吸速率，$molO_2/(kg \cdot h)$；x 为微生物活细胞浓度，kg/m^3；K_La 为体积溶氧系数，h^{-1} 或 s^{-1}；c^* 为与气相主流的氧分压平衡的饱和氧浓度，$molO_2/m^3$；c 为发酵液实际溶氧浓度，$molO_2/m^3$；Q 为通气量，m^3/h；c_{in}、c_{out} 分别为通入和离开发酵罐的空气氧浓度，$molO_2/m^3$；V 为发酵罐的装液量，m^3。

因此，可通过整合以上公式获得通气量的计算公式为：

$$Q=\frac{q_{O_2}xV}{c_{in}-c_{out}}$$

通常，c_{in} 就是大气的氧浓度，而 c_{out} 可根据氧利用率进行计算，且 $c_{out}=0.85-0.9c_{in}$；q_{O_2} 由小型发酵试验确定；x 和 V 可通过分析确定。

搅拌通风发酵罐的比拟放大设计主要有两个准则：其一是等 K_La 放大；另一个是等 P_0/V 放大准则。简要介绍如下：

① 等 K_La 放大准则计算 Q　对高耗氧的生物反应，如酵母培养和单细胞蛋白（SCP）生产，通常使用等 K_La 放大准则。根据 Aiba 等的研究，此时放大罐通气量 Q_2 与试验罐的 Q_1 的关系为：

$$Q_2=Q_1\times\frac{V_2}{V_1}\times\left(\frac{H_1}{H_2}\right)^{2/3}$$

式中，V_1 为试验罐的装液量，m^3；V_2 为放大罐的装液量，m^3；H_1 试验罐的装液高度，m；H_2 为放大罐的装液高度，m。其中，放大罐的 V_2 和 H_2 可根据试验罐的 V_1 和 H_1，通过几何相似准则放大计算求出。

② 等 P_0/V 放大准则　这是通风发酵罐放大设计过程中最常用的方法。生产实践和研究证明，对谷氨酸、柠檬酸及抗生素等发酵生产，尽管规模不同，但维持 P_0/V 不变，则生产结果相近。应用等 P_0/V 放大准则进行放大设计时，理论上通气量的计算可按空截面气速 V_s 维持恒定的原则，即放大罐的通气量为：

$$Q_2 = \frac{\pi}{4} D_2^2 v_{s_1}$$

式中，D_2 为放大罐的直径，m；v_{s_1} 为试验罐的空截面气速，m/s。

但通常放大后的混合情况会变差，故实际上放大罐的空截面气速往往比 v_{s_1} 大，最佳值应由试验研究后确定。根据工厂生产实践，目前谷氨酸发酵过程搅拌转速和通气比的范围如表 4-15 所示。

表 4-15 谷氨酸发酵常用的搅拌转速与通气比

发酵罐容量/m³	0.05	0.5	5.0	20	50	100	200	500
搅拌转速/(r/min)	600	350	230	180	150	135	125	110
通气比/VVM	0.80～1.50	0.50～0.80	0.40～0.65	0.35～0.55	0.30～0.50	0.25～0.48	0.20～0.45	0.18～0.35

（2）计算通风搅拌用压缩空气的压强　通气发酵罐或其他供搅拌用的压缩空气必须有足够的压强，以克服液柱阻力、空气分布器及其他管道阻力。其压强可按下式进行计算：

$$p = 10 \left[H \rho_L + \frac{\rho_a \omega^2}{2g} \left(1 + \sum \xi \right) + p_0 \right]$$

式中，p 为通风搅拌用的压缩空气的压强，Pa；H 为被搅拌液体的液柱高度，m；ρ_L 为被搅拌液体的密度，kg/m³；ρ_a 为通入空气的密度，kg/m³；ω 为管道中空气流速，m/s；g 为重力加速度，9.81 m/s²；$\sum \xi$ 为总阻力系数，包括空气分布器等阻力；p_0 为液面上的压强，Pa。

特殊地，对普通的液体搅拌，压强为 10^5 Pa 的空气消耗量为：

$$V = kA p \tau$$

式中，A 为液体容器的截面积，m²；k 为搅拌强度系数，对缓和搅拌 $k = 24$，剧烈搅拌 $k = 60$，中等搅拌 $k = 48$；τ 为每次搅拌所需的时间，h。

（3）计算压送培养基等液体物料时的无菌空气耗量　在发酵生产过程中，种液和经灭菌的消泡剂、尿素溶液等通常使用无菌压缩空气压送进入发酵系统。

① 所需压缩空气的压强 p　可按下式进行计算：

$$p = 10 \left[H \rho + \frac{\rho \omega^2}{2g} \left(1 + \sum \xi \right) + p_0 \right]$$

式中，ρ 为被输送液体的密度，kg/m³；H 为压送静压高度，即设备间液面垂直距离，m。

通常，压送高度 H 是已知的或可按下式进行估算：

$$\left(H + \sum \xi \right) \frac{\rho \omega^2}{2g} = 20\% \sim 50\% H \rho$$

② 压缩空气消耗量分下述两种情况进行计算

a. 设备中液体在一次操作中全部压完　一次操作消耗的压强为 1×10^5 Pa 的空气量为：

$$V = 1 \times 10^{-5} V_0 p$$

每小时压缩空气消耗量为：

$$V_1 = \frac{1 \times 10^{-5} V_0 p}{\tau}$$

式中，τ 为每次压送液体的操作时间，h；V_0 为设备容积，m³；p 为所需压缩空气的压强，Pa。

b. 设备中液体部分压出　对一次操作，折算成压强为 10^5 Pa 的压缩空气消耗量为：

$$V=\frac{[V_0(2-\varphi)+V_L]p\times10^{-5}}{2}$$

若每次压送时间为 τ（h），则每小时无菌空气的消耗量为：

$$V'=\frac{5\times10^{-6}[V_0(2-\varphi)+V_L]p}{\tau}$$

式中，V_0 为设备容积，m^3；φ 为设备装料系数；V_L 为一次压送出的液体体积，m^3。

4.6.2　实例解析

年产 2 万吨味精厂发酵车间无菌空气耗量的衡算。

4.6.2.1　谷氨酸发酵无菌空气平衡示意图

见图 4-15。

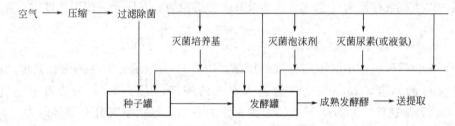

图 4-15　谷氨酸发酵无菌空气平衡示意图

4.6.2.2　发酵工艺技术指标及基础数据

年产 2 万吨味精厂发酵工艺技术指标及物料平衡计算结果详见本章第一节。根据表 4-6 和表 4-7 给出的基础数据及物料衡算结果，列出与空气消耗有关的基本数据有：

每日的发酵液量为 $436.7m^3$；

每日的二级种液量为 $34.9m^3$；

发酵时间为 32h；

发酵周期（含清洗、灭菌等）为 40h；

发酵罐公称容积为 $100m^3$（10 个），全容积为 $118m^3$；

发酵罐装料系数为 80%。

4.6.2.3　计算发酵过程中的无菌空气用量

发酵车间无菌空气消耗量主要用于谷氨酸发酵过程通风供氧，其次为种子培养的通气以及培养基压料输送。此外，还有因设备和管路、管件等的消毒吹干以及其他损耗构成的无菌空气耗用量。

（1）单罐发酵无菌空气的耗用量　根据表 4-15 可知，$100m^3$ 规模的通气搅拌发酵罐的通气比为 $0.25\sim0.48$VVM，取 0.35VVM 进行计算。

① 单罐发酵过程用气量（常压空气）$V=118\times80\%\times0.35\times60=1982.4$（$m^3/h$）。

② 单罐年用气量 $V_a=V\times32\times180=11418624$（$m^3$）。

式中，180 为每年单罐发酵批次。

（2）种子培养等其他无菌空气的耗用量　二级种培养是在种子罐中进行的，可根据接种量、通气速率、培养时间等进行计算。但通常的设计习惯是把种子培养用气、培养基压送及管路损失等算作一次，一般取这些无菌空气消耗量之和约等于发酵过程空气耗用量的 20%。

故这项无菌空气耗用量为：

$$V' = V \times 20\% = 396.48 \ (\text{m}^3/\text{h})$$

则单罐每年用气量为：

$$V'_a = V' \times 8 \times 180 = 570931.2 \ (\text{m}^3)$$

式中，8 为种子罐培养时间，h。

（3）发酵车间高峰无菌空气消耗量

$$V_{\max} = 10V + 5V' = 10 \times 1982.4 + 5 \times 396.48 = 21806.4 \ (\text{m}^3/\text{h})$$

式中，5 为种子罐个数。

（4）发酵车间无菌空气年耗用量

$$V_t = 10V_a + 5V'_a = 10 \times 11418624 + 5 \times 570931.2 = 117040896 \ (\text{m}^3)$$

4.6.2.4 发酵车间无菌空气单耗

根据设计，实际味精年产量为 $G = 20000\text{t}$。

故发酵车间无菌空气单耗为：

$$V_G = \frac{V_t}{G} = \frac{117040896}{20000} = 5852.0 \ (\text{m}^3/\text{t})$$

4.6.2.5 年产 2 万吨味精厂发酵车间无菌空气耗用量衡算表

根据上述计算结果，可得出年产 2 万吨味精厂发酵车间的无菌空气耗用量衡算表，如表 4-16 所示。

表 4-16　发酵车间无菌空气耗用量衡算表

酵罐公称容积 /m³	单罐通气量 /(m³/h)	种子培养耗气量 /(m³/h)	高峰空气耗量 /(m³/h)	年空气耗量 /m³	空气单耗 /(m³/t 味精)
100	1982.4	396.48	21806.4	117040896	5852.0

注：发酵罐装料系数为 80%，发酵周期为 40h，年生产天数为 300 天，实际生产能力 20000t/a，公称容积为 100m³，全容积为 118m³。

4.7　计算用电量

4.7.1　概述

4.7.1.1　计算用电量的意义

工厂内各车间的正常运行离不开公用工程的保障，公用工程中供电系统为各车间提供足够的电力，以满足各车间物料输送，维持适宜的压力、温度等工艺条件的要求。工艺专业在完成工艺流程、工艺设备布置后，要向电气专业提出一次条件，内容包括生产特性、负荷等级、设备一览表、连锁要求、用电设备情况等。电气专业接受工艺专业一次条件后，开始与工艺专业讨论相关问题，达成共识后，即开展电气设计。因此，工艺计算中有关电的计算，其意义在于向电气专业提供各车间的工艺用电量，即为获得并维持适宜的反应温度所需消耗的电能，尤其是在生物药物、食品、酶制剂等相关行业中，涉及大量的升温、制冷等操作，这些都需要消耗大量的电能。

4.7.1.2　计算用电量的步骤和方法

① 确定衡算范围　明确车间的工艺过程中，需要提供高温或低温的环节。

② 用电量的计算　针对衡算范围，首先求出升温过程及制冷过程所需要消耗的热量或冷量，并将相应的能量消耗数据转化成电能的消耗量，计算采用经验公式：

$$E = \frac{Q}{3600\mu}$$

式中，E 为电能的消耗量，kW；Q 为单位时间内由电热装置提供的热量，kJ/h；μ 为电热装置的电工效率，取值范围一般为 $0.85 \sim 0.95$；3600 为时间，s。

③ 列表将计算结果整理成用电量衡算表。

4.7.2　实例解析

年产 10 万吨啤酒厂糖化车间及发酵车间中相关耗热或耗冷过程的用电量计算。

4.7.2.1　年产 10 万吨啤酒厂糖化车间工艺用电量的计算

（1）确定衡算范围　该糖化工艺需要对物料进行加热，主要涉及糖化、洗涤物料和设备用水的加热，醪液与麦汁的升温与煮沸等过程都需要消耗电热设备所提供的热能。

（2）用电量的计算　每次糖化中，糖化用水耗热量、第一次米醪煮沸耗热量、第二次煮沸前混合醪升温耗热量、第二次煮沸混合醪耗热量、洗槽水耗热量、麦汁煮沸过程耗热量的计算见本章第二节。因生产旺季耗能较大，以生产旺季每天糖化 6 次，每次耗时 4h 计算能耗，按下式将能耗转化成用电量：

$$E = \frac{Q}{3600\mu}$$

式中，电工效率 μ 取 0.90。

（3）将计算结果整理成用电量衡算表　见表 4-17。

表 4-17　年产 10 万吨啤酒厂糖化车间工艺用电量衡算表

耗热项目	每次糖化耗热量/kJ	单位时间耗热量/(kJ/h)	用电量/kW
糖化用水（Q_1）	7.535×10^6	1.884×10^6	581.48
第一次米醪煮沸（Q_2）	7.706×10^6	1.927×10^6	594.75
第二次煮沸前混合醪升温（Q_3）	1.828×10^6	0.457×10^6	141.05
第二次煮沸混合醪（Q_4）	2.785×10^6	0.696×10^6	214.81
洗槽水（Q_5）	1.729×10^7	4.323×10^6	1334.26
麦汁煮沸（Q_6）	4.391×10^6	1.098×10^7	3388.89
合计	8.105×10^7	2.026×10^7	6253.09

4.7.2.2　年产 10 万吨啤酒厂发酵车间工艺用电量的计算

（1）确定衡算范围　该发酵工艺需要对物料及设备冷却，主要涉及麦汁、酵母洗涤用水、发酵罐体、过滤机械和相关管线的冷却，以及发酵热的移除需要制冷压缩机提供的冷量，从而产生用电量。

（2）用电量的计算　发酵车间的工艺及非工艺耗冷量的计算见本章第四节，该规模的啤酒厂每年糖化生产 1300 次，得到糖化液 1300 锅，每个发酵罐盛装 4 锅糖化液，则每年发酵 325 罐，每罐发酵的生产时间约为 16h，按经验公式 $E = Q/(3600\mu)$ 将耗冷量的计算结果转化成用电量，电工效率取 0.90。

（3）将计算结果整理成用电量衡算表　见表 4-18。

表 4-18 年产 10 万吨啤酒厂发酵车间工艺用电量衡算表

耗冷项目	每罐耗冷量/kJ	单位时间耗冷量/(kJ/h)	用电量/kW
麦汁冷却耗冷量(Q_1)	1.255×10^8	7.844×10^6	2420.99
发酵耗冷量(Q_2)	2.581×10^7	1.613×10^6	497.84
无菌水耗冷量(Q_3)	3.999×10^5	2.500×10^4	7.71
酵母培养耗冷量(Q_4)	1.152×10^6	7.200×10^4	22.22
工艺耗冷总量(Q_t)	1.529×10^8	9.556×10^6	2949.38
锥形罐冷量散失(Q_5)	6.963×10^6	4.352×10^5	134.32
管道等冷量散失(Q_6)	1.835×10^7	1.147×10^6	354.01
非工艺耗冷总量(Q_{nt})	2.531×10^7	1.582×10^6	488.27
合计	1.782×10^8	1.114×10^7	3438.27

第5章 工艺设备的设计与选型

5.1 概述

工艺设备的设计与选型是工艺设计的主体之一，它的任务是在工艺计算的基础上，确定车间内所有工艺设备的台数、类型和主要尺寸。据此，开始进行车间的布置设计，并为下一步施工图设计及其他非工艺设计项目（如设备的机械设计、土建、供电、供水、仪表控制设计等）提供足够的有关条件，为设备的制作、订购等提供必要的资料。

5.1.1 工艺设备的分类

用于生物产品生产过程的设备称为生物工程工艺设备，其大小、结构和类型多种多样，按照生物产品生产过程大致可分为4大类：

（1）生物质原料预处理设备 由于很多生物产品的生产都是以生物质为原料的，这些原料在进行生物反应之前都需要进行预处理，包括分级、除杂、粉碎、混合、培养基制备等过程，在此过程中所涉及的设备主要有筛选和分级设备、粉碎设备、混合设备和培养基制备设备等。

（2）生物反应设备 由于需要对生物反应过程的温度、pH、溶解氧等指标进行有效控制以保证最优的反应条件，因此生物反应过程需要在一定的设备中进行，这些设备主要以发酵罐等生物反应设备为代表。

（3）产物分离纯化设备 在生物反应结束后，需要对目标生物产品进行提取、分离和纯化，在此过程中主要涉及破碎、萃取、蒸发、蒸馏、干燥等设备。

（4）其他设备 主要是指物料输送设备、空气供给设备等。

此外，工艺设备还可分为标准设备（定型设备）和非标准设备（非定型设备）两类。标准设备是由设备厂家成批成系列生产的设备，可以买到成品，而非标准设备则是需要专门设计的特殊设备，是根据工艺要求，通过工艺及机械设计计算，然后提供给有关工厂制造。因此，在选择设备时，应尽量选择标准设备，标准设备可从产品目录、样本手册、相关手册、期刊杂志和网上查到其型号和规格。在设计非标准设备时，对于已有标准图纸的设备，设计人员只需根据工艺需要确定标准图图号和型号，不必自行设计，以节省非标准设备施工图设计的工作量。

5.1.2 工艺设备设计与选型的任务、原则和阶段

5.1.2.1 工艺设备设计与选型的任务

① 确定单元操作所用设备的类型。这项工作要根据工艺要求来进行，如在生物产品生

产过程中遇到的固液分离，须确定是采用过滤机还是离心机的选型问题。

② 根据工艺要求决定工艺设备的材料。

③ 确定标准设备型号或牌号以及台（套）数。

④ 对于已有标准图纸的设备，确定标准图图号和型号。

⑤ 对于非定型设备，通过工艺设计和计算，确定设备的主要结构和工艺尺寸，提出设备设计条件。

⑥ 编制工艺设备一览表。

当设备选择与设计工作完成后，将结果按定型设备和非定型设备来编制设备一览表（见表 5-1），作为设计说明书的组成部分，并为下一步施工图的设计以及其他非工艺设计提供必要的条件。

表 5-1　综合工艺设备一览表

设计单位	工程名称		编制		年 月 日		工程号		
	设计项目		校核		年 月 日		序号		
	设计阶段		审核		年 月 日		第　页		共　页

序号	设备分类	设备序号	设备名称	主要规格、型号、材料	面积/m^2（或容积/m^3）	附件	数量	单重/kg	单价/元	图纸图号或标准图号	设计或订购	保温		安装图号	制备厂家	备注
												材料	厚度			

5.1.2.2　工艺设备设计与选型的原则

工艺设备设计选型是否正确恰当，对工程项目的生产能力、操作可靠性、产品成本和质量等都有重大影响。因此，在选择设备时，要贯彻先进可靠、节能高效、经济合理、系统最优等基本原则。

① 保证工艺过程实施的安全可靠（包括设备材质对产品质量的安全可靠；设备材质强度的耐温、耐压、耐腐蚀等方面的安全可靠；生产过程中清洗、消毒的可靠性等）。

② 尽量做到经济上合理，技术上先进，操作上方便，环保上安全。经济上合理主要包括以下两个方面：a. 投资省、耗材料少、加工方便、采购容易；b. 运行费用低，水、电、气消耗少。技术上先进和操作上方便主要包括以下 4 个方面：a. 操作清洗方便、耐用、易维修、备品配件供应可靠、减轻工人劳动强度、尽量实现机械化和自动化；b. 设备结构紧凑，尽量采用经过实践经验证明确实是性能优良的设备；c. 设备故障及检修容易；d. 考虑到生产波动与设备平衡，要留有一定的余量和备用设备。环保上安全主要考虑噪声，应符合环保要求。

随着科学技术的进步，生物工程设备近年来发展很快，特别是从国外引进的一些新技术、新设备。例如：乙醇厂引进的循环粉碎新工艺设备；啤酒厂引进的湿粉碎技术，以及硅藻土过滤设备、膜过滤设备、全自动灌装包装设备等；味精厂引进的大容量新型发酵罐（500～1000m^3）、全自动高速离心机和计算机控制真空煮晶罐等。许多新工艺、新设备、新技术的引进，已经或正在被我国相关生物企业消化吸收并有所创新，促进了我国生物产业的蓬勃发展。因此，在进行设备设计选型时，要充分了解国内外本行业发展的动向和生物工程设备的发展现状，结合实际情况，遵循上述原则进行工艺设备的设计与选型。

5.1.2.3　工艺设备设计与选型的阶段

第一阶段的设备设计可在生产工艺流程草图设计前进行，内容包括：①计量和贮存设备容积的计算和选定；②某些容积型标准设备的选定；③某些容积型非标准设备的类型、台数和主要尺寸的计算和选定。

第二阶段的设备设计可在生产工艺流程草图设计中交错进行，着重解决生产过程的技术问题，如过滤面积、传热面积、干燥面积、蒸馏塔板数以及各种设备的主要尺寸等。至此，所有工艺设备的类型、主要尺寸和台数均已确定。

5.1.3　工艺设备设计与选型的流程

5.1.3.1　贮存容器设计与选型的流程

① 收集包括物料衡算和热量衡算、温度、压力、最大使用压力、最高（低）使用温度、腐蚀性、毒性、蒸气压、进出量、工艺方案等数据资料。

② 对有腐蚀性的物料可选用不锈钢等金属材料作为贮存容器的材料，在温度、压力允许时可考虑非金属材料、搪瓷或钢制衬胶、衬塑等。

③ 应尽量选择已经标准化、系列化的贮存容器。

④ 贮存容器的容积可用下式计算：

$$容积 = \frac{物料流量 \times 停留时间（贮存周期）}{装料系数}$$

⑤ 各类容器都有通用设计图系列，在有关手册中查出与之符合或基本相符的标准型号。若不使用标准型号，就要确定贮存容器的基本尺寸，根据计算结果选择合适的长径比，一般长径比为（2~4）：1，并根据物料密度、卧式或立式的基本要求和安装场地的大小，进一步确定贮存容器的基本尺寸。

⑥ 在选择标准图纸之后，要设计并核对设备的管口。在设备上考虑进料、出料、温度、压力（真空）、放空、液面计、排液、放净以及人孔、手孔、吊装等装置，并留有一定数目的备用孔。当标准图纸的开孔及管口方位不符合工艺要求，而又必须重新设计时，可以利用标准系列型号在订货时加以说明，并附有管口方位图。

⑦ 绘制设备草图（条件图），标注尺寸，提出设计条件和订货要求。

5.1.3.2　生物反应设备设计与选型的流程

发酵罐是生物反应设备的典型代表之一。在操作条件上，有的是高温高压，有的则须减压真空，有的要防燃、防爆，有的须防毒、防腐蚀等，所以在设计和制造各种发酵罐时，都必须分别满足工艺条件及安全操作条件。此外，还要考虑到技术经济指标和结构条件的要求。下面以发酵罐为例介绍生物反应设备设计与选型的流程。

① 根据工艺要求确定发酵罐的操作方式。

② 通过工艺计算确定生产能力、转化率、反应时间、装料系数、操作温度、压力、比热容等。

③ 收集包括反应物料、生成物以及其他组分等的物性数据。

④ 根据下式计算发酵罐的容积：

$$V = \frac{V_1 t}{24\xi}$$

式中，V 为设备总体积，m^3；V_1 为每日加工品或半成品的体积，m^3；t 为操作周期，包括预备时间、操作和清洗等辅助操作规程时间，h；ξ 为填充系数，一般情况下，装有搅拌和冷却装置的或产生泡沫多的物料，$\xi=0.6\sim0.8$，乙醇发酵罐取 $\xi=0.8\sim0.85$，气液分离器取 $\xi=0.7$ 等。

⑤ 如果是标准设备即可满足生产要求，将上式求得的发酵罐容积 V 尽可能圆整到国内常用的公称容积系列，具体可查阅《化工工艺设计手册》。注意从手册上选定的公称容积要略大于计算容积 V，同时应该进行传热面积的校核。若所需传热面积小于选定的设备实际传热面积，则可直接根据手册确定其他设备技术尺寸。

⑥ 发酵罐的个数可由下列公式求出：

$$N=\frac{Zt}{mr} \qquad \text{或} \qquad N=\frac{V_1 t}{24V_2 \xi}$$

式中，N 为设备的操作台数（不含备用）；Z 为每日加工原料和半成品的质量，t；t 为设备的 1 个操作周期，h；m 为每日设备操作有效量，t；r 为每日设备操作的时间，h；V_1 为每日加工的原料、半成品的容量，m^3；V_2 为每台设备的容量，m^3；ξ 为设备的填充系数。

⑦ 在确定发酵罐的主要尺寸时，通常根据已知容量 V 及高径比、封头高度（折算成相同直径筒高），列出数学方程求出。计算出直径后，应将其值圆整到接近的公称直径系数（查《化工工艺设计手册》确定）；此外，可根据关系求出其他尺寸。

⑧ 绘制设备草图（条件图），标注尺寸，提出设计条件和订货要求。

5.1.4　工艺设备装配图的绘制

对于非定型工艺设备，完成设计计算后需要依据工艺人员提供的"设备设计条件单"绘制设备的装配图，绘制步骤如下：

① 确定设备主体结构形式、零部件的规格尺寸、内部附件的结构及尺寸、接管方位等，对绘制的工艺设备做到心中有数，才能合理确定表达方案及合理布局。

② 根据所绘制工艺设备的结构特点，合理确定表达方案。这里，贮罐采用主视图和俯视图表达。主视图上采用多次旋转的局部剖视图，俯（左）视图为基本视图；对于细微部分（如焊缝接头、未表达清楚的接管等）可采用局部放大图；未表达清楚部分（如空气分布器、支座与地基的连接部分）采用局部放大图另图表达。

③ 根据选定的图幅及设备的总体尺寸，选择绘图比例。

④ 从主视图开始，先画主体结构（即罐体、封头等主体部分），在完成壳体主件后，按装配关系依次绘制其他有关零部件的投影，最后画局部剖视图。画好底稿后，需经过仔细校核，修正无误后，即可标注尺寸。

⑤ 在装配图上逐一标注特性尺寸、安装尺寸、装配尺寸、总体尺寸。

⑥ 填表编写零部件及管口序号，填写明细栏及管口表。

5.2　专业设备的设计与选型

5.2.1　专业设备设计与选型的依据、内容和特点

5.2.1.1　专业设备设计与选型的依据

① 由工艺计算确定的成品量、物料量、耗汽量、耗水量、耗风量、耗冷量等参数。

② 工艺操作的最适外部条件（温度、压力、真空度等）。

③ 设备构造的类型和性能。

5.2.1.2 专业设备设计与选型的内容

① 确定设备所担负的工艺操作任务、工作性质和工作参数。

② 评价设备选型及该型号设备的性能和特点。

③ 设备生产能力、所需设备数量（考虑设备使用维修及必需的裕量）、设备主要尺寸、设备化工过程（换热、过滤、干燥面积、塔板数等）、设备传动搅拌和动力消耗、设备壁厚、设备材质和用量等的计算和选择。

④ 设备结构的工艺设计。

⑤ 支撑方式的计算选型。

⑥ 其他特殊问题的考虑。

5.2.1.3 专业设备设计与选型的特点

生物产业涉及多种生物产品的生产，由于不同产品在具体生产过程中的要求不一样，因此在设计计算和选型过程中就会有很大差异。应当在对各种生物产品生产全过程充分认识了解的基础上着手进行设计。其中主要考虑各种产品的生产特点、原料性质和来源、现阶段生产水平可能达到的技术经济指标、有效生产天数、各个生产环节的周期等因素。例如，关于生产天数的确定，各种生物产品的生产就有很大差异。葡萄酒生产有很强的季节性，一般说来，全年产量所需要的葡萄汁要集中在短短的一两个月左右的时间内制得。而在葡萄收获的季节，一天之中也只能工作几个小时，因此在计算时就必须注意到上述特点。在设备选型时，要保证除梗、破碎和压榨设备有足够大的生产能力。而全厂贮酒罐的容积就决定了一个葡萄酒厂的生产能力。啤酒、味精、白酒和有机酸等产品生产的主要环节是间歇式操作，乙醇、甘油等产品的生产连续性较强，大部分环节能做到连续生产。由此可见，不同产品的生物工厂，其专业设备的设计选型差距很大，即使同一生物工厂，由于采用连续或间歇操作，其专业设备的设计选型也不一样。

5.2.2 实例解析

5.2.2.1 年产 2 万吨、纯度为 99% 的味精发酵罐的设计与选型

（1）发酵罐的选型　评价好氧发酵罐技术性能的主要指标是体积溶氧系数 K；评价经济性能的依据是溶氧效率 g。当然从实践性上还要考虑发酵罐已实践过的最大容积和放大性能等是否适合某种发酵醪的液体特性等。当前，我国谷氨酸发酵占统治地位的发酵罐仍是机械涡轮搅拌通风发酵罐，即大家常说的通用罐。选用这种发酵罐的原因主要是：历史悠久，资料齐全，在比拟放大方面积累了较丰富的成功经验，成功率高。因此，现以此类发酵罐为例进行设计与选型。

（2）发酵罐生产能力、数量和容积的确定

① 生产能力的计算　每生产 1t、纯度为 100% 的味精需浓度为 22% 的糖液量为：

$$V_{糖} = 1000 \div (220 \times 60\% \times 95\% \times 99.8\% \times 122\%) = 6.55 \ (m^3)$$

式中，220 为糖液密度，kg/m^3；60% 为糖酸转化率；95% 为谷氨酸提取率；99.8% 为除去倒罐率 0.2% 后的发酵成功率；122% 为味精对谷氨酸的精制产率。因此，生产 2 万吨、纯度为 99% 的味精，需要的发酵糖液量为 $6.55 \times 20000 \times 99\% = 129690 \ (m^3)$；假设每年生产 300 天，则每天需要的发酵糖液量为 $129690 \div 300 = 432.3 \ (m^3)$；若取发酵罐的填充系数

$\xi=80\%$，则每天需要的发酵罐总容量 $432.3\div80\%=540.4$（m^3）。

② 发酵罐容积的确定 随着科学技术的发展，生产发酵罐的专业厂家越来越多，现有的发酵罐容量系列有 $5m^3$、$10m^3$、$20m^3$、$50m^3$、$60m^3$、$75m^3$、$100m^3$、$120m^3$、$150m^3$、$200m^3$、$250m^3$、$500m^3$、$550m^3$、$600m^3$ 和 $780m^3$ 等。究竟选择多大容量的？一般来说，单罐容量越大经济性能越好，但风险也越大，要求技术管理水平也越高；另外，属于技术改造适当扩建的项目，考虑原有规模发酵罐的利用和新增发酵罐的统一管理，可取与原有发酵罐相同的容积，而新建的单位和车间，应尽量减少设备数量，在技术管理水平允许的范围内，尽量取较大容量的发酵罐。因此，可选单罐公称体积为 $50m^3$ 或 $100m^3$ 的机械涡轮搅拌通风发酵罐，前者为老厂改造用，后者为新建工厂用。

③ 发酵罐个数的确定 计算发酵罐容积时有几个名称需明确。装液高度系数，是指圆筒部分高度系数，封底则与冷却管、辅助设备体积相抵消；公称容积，是指罐的圆柱部分和底封头容积之和，并圆整为整数，上封头因无法装液，一般不计入公称容积；罐的全容积，是指罐的圆柱部分和两封头容积之和。

现选用单罐公称容积为 $100m^3$ 的机械涡轮搅拌通风发酵罐，其全容积为 $118m^3$，则每天需要的发酵罐个数为 $540.4\div118=4.58\approx5$（个）。

因谷氨酸发酵周期为 48h（包括发酵罐清洗、灭菌、进出物料等辅助操作时间），因此，共需要的发酵罐个数为：

$$N=\frac{V_1 t}{24V_2\xi}=\frac{432.3\times48}{24\times118\times0.8}=9.16\approx10\text{（个）}$$

因此，该工厂共需 10 个公称容积为 $100m^3$ 的机械涡轮搅拌通风发酵罐，每天应有 5 罐出料，每年工作 300d。

实际产量验算：

$$\frac{118\times0.8\times5}{6.55\times99\%}\times300=21836.7\text{（t/a）}$$

富裕量：

$$\frac{21836.7-20000}{20000}\times100\%=9.2\%$$

能满足生产要求。

（3）主要尺寸的计算 现按公称容积 $100m^3$ 的发酵罐举例进行计算：$V_全=V_筒+2V_封=118$（m^3），封头折边忽略不计，以方便计算。则有：

$$V_全=V_筒+2V_封=\frac{\pi D^2\times H}{4}+2\times\frac{\pi D^3}{24}=118\text{（m^3）}$$

假设： $$H=2D$$

解方程得：

$$1.57D^3+0.26D^3=118$$

$$D=4.009\text{（m）}$$

现取 $D=4m$，$H=2D=8m$ 来验证发酵罐的全容积。

① 圆柱部分体积为 $3.14\times4^2\times8\div4=100.48$（$m^3$）。

② 上、下封头体积分别为 $3.14\times4^3\div24=8.37$（m^3）。

③ 发酵罐全容积为 $100.48+8.37+8.37=117.22$（m^3）。

因此，全容积为 $118m^3$ 的发酵罐完全符合要求。

（4）冷却面积的计算 影响发酵罐冷却面积的因素很多，诸如：不同的菌种系统、基质浓度、材质、冷却水温、水质、冷却水流速等。确定发酵罐冷却面积的方法有经验值计算法和传热公式计算法。

① 经验值计算法 在不同容量发酵罐中生产不同产品的冷却面积经验值见表5-2。

表 5-2 不同容量发酵罐冷却面积的经验值

发酵产品	装料体积/m³	冷却面积/m²	冷却面积/发酵液体积/(m²/m³)
谷氨酸	40	60	1.5
酵母	50	40	0.8
柠檬酸	40	16～20	0.4～0.5
酶制剂	20	10～20	0.5～1
抗生素	40	40～60	1～1.5

谷氨酸发酵罐冷却面积/发酵液体积可取 $1.5m^2/m^3$；对于公称容量为 $100m^3$ 的发酵罐，每天装 5 罐，每罐实际装液量为 $432.3 \div 5 = 86.46$（m^3），根据冷却面积的经验值，则该发酵罐所需的换热面积为 $86.46 \times 1.5 = 129.69$（$m^2$）。

② 传热公式计算法 为了保证发酵在最旺盛、微生物消耗基质最多及环境气温最高时也能冷却下来，必须在发酵生成热量高峰、一年中最热的半个月的气温以及冷却水可能达到的最高温度的恶劣条件下，设计冷却面积。

计算冷却面积使用牛顿传热定律公式，即：

$$A = \frac{Q_{总}}{K \Delta t_m}$$

发酵过程的热量计算有许多方法，但在工程计算时更可靠的方法仍然是实际测得的每立方米发酵液在每小时传给冷却器的最大热量；而对新开发的发酵产品，可通过生物合成进行计算。对谷氨酸发酵而言，每立方米发酵液、每小时传给冷却器的最大热量约为 $4.18 \times 6000kJ/(m^3 \cdot h)$。

采用竖式列管换热器，取经验值 $K = 4.18 \times 500kJ/(m^2 \cdot h \cdot ℃)$，平均温差 Δt_m 为：

$$\Delta t_m = \frac{\Delta t_1 - \Delta t_2}{\ln \frac{\Delta t_1}{\Delta t_2}}$$

发酵液温度 32℃→20℃；冷却水温度 32℃→27℃；则 $\Delta t_1 = 12$（℃），$\Delta t_2 = 5$（℃），代入得：

$$\Delta t_m = \frac{12 - 5}{\ln \frac{12}{5}} = 8 \text{（℃）}$$

对公称容量 $100m^3$ 的发酵罐，每天装 5 罐，每罐实际装液量为 $432.3 \div 5 = 86.46$（m^3），则需换热面积为：

$$A = \frac{Q_{总}}{K \Delta t_m} = \frac{4.18 \times 6000 \times 86.46}{4.18 \times 500 \times 8} = 129.69 \text{（}m^2\text{）}$$

利用以上两种方法所计算的结果基本一致。

（5）搅拌器设计 机械搅拌通风发酵罐的搅拌涡轮有三种类型，可根据发酵特点、基质及菌体特性选用。由于谷氨酸发酵过程有中间补料操作，对混合要求较高，因此选用六弯叶涡轮搅拌器。该搅拌器的简图如图 5-1 所示。

该搅拌器的各部尺寸与罐径 D 有一定比例关系，现将主要尺寸列出。

搅拌器叶径：$D_i = D/3 = 4/3 = 1.33$（m）

叶宽：$B = 0.2D_i = 0.2 \times 1.33 = 0.27$（m）

弧长：$l = 0.375D_i = 0.375 \times 1.33 = 0.50$（m）

底距：$C = D/3 = 4/3 = 1.33$（m）

盘径：$d_i = 0.75D_i = 0.75 \times 1.33 = 1.0$（m）

图 5-1　六弯叶涡
轮搅拌器简图

叶弦长：$L = 0.25D_i = 0.25 \times 1.33 = 0.33$（m）

叶距：$Y = D = 4$（m）

弯叶板厚：$\delta = 12$（mm）

取两挡搅拌，搅拌转速 N_2 可根据 50m³ 罐，搅拌器直径 1.05m，转速 $N_1 = 110$r/min，以等 P_0/V 为基准放大求得：

$$N_2 = N_1\left(\frac{D_{i-50}}{D_{i-100}}\right)^{2/3} = 110 \times \left(\frac{1.05}{1.33}\right)^{2/3} = 94\ (\text{r/min})$$

（6）搅拌轴功率的计算　通风搅拌发酵罐，搅拌轴功率的计算有许多种方法，现用修正的迈凯尔（Michel）公式求搅拌轴功率，并由此选择电机。计算步骤如下：

① 计算雷诺数（Re）

$$Re = \frac{D_i^2 n\rho}{\mu}$$

式中，D_i 为搅拌器直径，$D_i = 1.33$m；n 为搅拌器转速，$n = 94/60 = 1.57$r/s；ρ 为醪液密度，$\rho = 1050$kg/m³；μ 为醪液黏度，$\mu = 1.3 \times 10^{-3}$（N·s）/m²。将数代入上式可得：

$$Re = \frac{1.33^2 \times 1.57 \times 1050}{1.3 \times 10^{-3}} \approx 2.24 \times 10^6 > 10^4$$

因此可视为湍流，则搅拌功率准数 $N_p = 4.7$。

② 计算不通风时的搅拌轴功率 P_0　首先计算单只涡轮在不通风时的搅拌轴功率：
$P_0' = N_p n^3 D_i^5 \rho$，即 $P_0' = 4.7 \times 1.57^3 \times 1.33^5 \times 1050 = 79.5 \times 10^3$（W）$\approx 80$（kW），则两挡涡轮在不通风时的搅拌轴功率为 $P_0 = 2P_0' = 2 \times 80 = 160$（kW）。

③ 计算通风时的轴功率 P_g

$$P_g = 2.25 \times 10^{-3} \times \left(\frac{P_0^2 n D_i^3}{Q^{0.08}}\right)^{0.39}$$

式中，P_0 为不通风时的搅拌轴功率，kW；n 为搅拌轴转速，$n = 94$r/min；D_i 为搅拌器直径，cm；Q 为通风量，mL/min，设通风比 $v_m = 0.11 \sim 0.18$VVM，取低限，如通风量变大，P_g 会小，为安全起见，现取 v_m 为 0.11VVM。则

$$Q = 86.46 \times 0.11 \times 10^6 = 9.51 \times 10^6\ (\text{mL/min})$$

$$P_g = 2.25 \times 10^{-3} \times \left(\frac{P_0^2 n D_i^3}{Q^{0.08}}\right)^{0.39} = 2.25 \times 10^{-3} \times \left(\frac{160^2 \times 94 \times 133^3}{9510000^{0.08}}\right)^{0.39} = 128.3\ (\text{kW})$$

④ 求电机功率 $P_电$

$$P_电 = 1.01 \times \frac{P_g}{\eta_1 \eta_2 \eta_3}$$

采用三角带传动 $\eta_1 = 0.92$；滚动轴承 $\eta_2 = 0.99$；滑动轴承 $\eta_3 = 0.98$；断面密封增加的

功率为 1%；代入公式数值得

$$P_电 = 1.01 \times \frac{128.3}{0.92 \times 0.99 \times 0.98} = 145.2 \text{（kW）}$$

根据计算结果查手册选取合适的电机即可。

（7）设备结构的工艺设计 设备结构的工艺设计是将设备的主要辅助装置的工艺要求交代清楚，供制造加工和采购时获得资料依据，其内容包括：空气分布器、挡板、密封方式、搅拌器及冷却管布置等。现分别简述如下：

① 空气分布器 对于好氧发酵罐，空气分布器主要有两种形式，即多孔（管）式和单管式。对通风量较小（如 $Q = 1.2 \sim 30 \text{mL/min}$）的设备，应加环型或直管型空气分布器；而对通风量大的发酵罐，则使用单管通风，由于进风速度高，又有涡轮板阻挡，叶轮打碎，溶氧是没有问题的。本罐使用单管进风。

② 挡板 挡板的作用是加强搅拌强度，促进液体上下翻动和控制流型，防止产生涡旋而降低混合与溶氧效果。如罐内有相当于挡板作用的竖式冷却蛇管、扶梯等也可不设挡板。为减少泡沫，可将挡板上沿略低于正常液面，利用搅拌在液面上形成的涡旋消泡。本罐因有扶梯和竖式冷却蛇管，故不设挡板。

③ 密封方式 随着技术的进步，机械密封已在发酵行业普遍采用，本罐拟采用双面机械密封方式，处理轴与罐的动静问题。

④ 冷却管布置 对于容积小于 5m^3 的发酵罐，为了便于清洗，多使用夹套冷却装置。随着发酵罐容量的增加，比表面积变小，夹套形成的冷却面积已无法满足生产要求，于是使用管式冷却装置。蛇管因易沉积污垢且不易清洗而不采用；列管式冷却装置虽然冷却效果好，但耗水量过多；因此目前广泛使用的是竖直蛇管冷却装置。在环境温度较高的地区，为了进一步增加冷却效果，也有利用罐皮冷却的。值得一提的是，为了保证发酵罐的冷却，单是计算出冷却面积是不够的，还要有足够的管道截面积，以供足够的冷却水通过。管道截面太大，管径太粗不易弯制，且冷却水不能充分利用；管道截面太小，则会使冷却水在流经管路一半不到时，冷却水的温度就已与料温相当，后续不能起到冷却效果。

a. 最高热负荷下的耗水量

$$W = \frac{Q_总}{C_p(t_2 - t_1)}$$

式中，$Q_总$ 为每立方米醪液在发酵最旺盛时 1h 的发热量与醪液总体积的乘积；C_p 为冷却水的比热容，$C_p = 4.18 \text{kJ/(kg·K)}$；$t_1$ 为冷却水初温，$t_1 = 20℃$；t_2 为冷却水终温，$t_2 = 27℃$。

$$Q_总 = 4.18 \times 6000 \times 86.46 = 2.17 \times 10^6 \text{（kJ/h）}$$

将各值代入上式，得：

$$W = \frac{2.17 \times 10^6}{4.18 \times (27-20)} = 7.42 \times 10^4 (\text{kg/h}) = 20.61 (\text{kg/s})$$

因此，冷却水体积流量 W 为 $2.06 \times 10^{-2} \text{m}^3/\text{s}$；假设冷却水在竖直蛇管中的流速 v 为 1m/s，根据流体力学方程式，则冷却管的总截面积 $S_总$ 为：

$$S_总 = \frac{W}{v} = \frac{2.06 \times 10^{-2}}{1} = 2.06 \times 10^{-2} \text{（m}^2\text{）}$$

进一步可计算出进水总管直径 $d_总$：

$$d_{总} = \sqrt{\frac{4S_{总}}{\pi}} = \sqrt{\frac{4 \times 2.06 \times 10^{-2}}{\pi}} = 0.162 \text{ (m)}$$

b. 冷却管组数和管径 设冷却管总表面积为 $S_{总}$，管径 d_0，组数为 x，则：

$$S_{总} = x \frac{\pi}{4} d_0^2$$

竖直蛇管的组数 x，根据罐的大小一般取 3、4、6、8、12……组。通常每组管圈数不超过 6 圈，增加组数可排下更多冷却管；管与搅拌器的最小距离不应小于 250mm；每圈管子的中心距为 $2.5 \sim 3.5 D_{外}$，管两端"U"形或"V"形弯管，可弯制或焊接。安装时每组竖直蛇管用专用夹板夹紧，悬挂在托架上。夹板和托架则固定在罐壁上。管子与罐壁的最小距离应大于 100mm，主要考虑便于安装、清洗和良好传热。现根据本罐情况，取 $x=8$，求管径，由上式得：

$$d_0 = \sqrt{\frac{4 \times S_{总}}{x\pi}} = \sqrt{\frac{4 \times 2.06 \times 10^{-2}}{8 \times \pi}} = 0.057 \text{ (m)}$$

根据金属材料表，选取 $\Phi 63 \times 3.5$ 的无缝管，其 $d_{内} = 56\text{mm}$，$g = 5.12\text{kg/m}$，$d_{平均} = 60\text{mm}$，可认为该无缝管可满足要求。

现取竖直蛇管圈端部"U"形弯管曲径为 250mm，则两直管距离为 500mm，两端弯管总长度为 l_0，则 $l_0 = 500 \times \pi = 1570 \text{ (mm)}$。

c. 冷却管总长度 L 由前述可知冷却管总面积 $A = 129.69\text{m}^2$；现取无缝管 $\Phi 63 \times 3.5$，每米长冷却面积为 $A_0 = \pi \times 0.06 \times 1 = 0.19\text{m}^2$，则冷却管总长度为：

$$L = \frac{A}{A_0} = \frac{129.69}{0.19} = 682.6 \text{ (m)}$$

冷却管占有体积 $V = \frac{\pi}{4} \times 0.063^2 \times 682.6 = 2.13 \text{ (m}^3\text{)}$。

d. 每组管长 L_0 和管组高度 如上所述，取冷却管组 $x=8$，则：

$$L_0 = \frac{L}{x} = \frac{682.6}{8} = 85.3 \text{ (m)}$$

另需连接管 8m，则实际需要的冷却管总长度为 $682.6 + 8 = 690.6 \text{ (m)}$。

可排竖直蛇管的高度设为静液面高度，蛇管下部可伸入封头 250mm。设发酵罐内附件占有体积为 0.5m³，则总占有体积为：

$$V_{总} = V_{液} + V_{管} + V_{附件} = 86.46 + 2.13 + 0.5 = 89.1 \text{ (m}^3\text{)}$$

则筒体部分液深为：

$$H_{液} = \frac{V_{总} - V_{封}}{S_{截}} = \frac{89.1 - 8.37}{\frac{\pi}{4} \times 4^2} = 6.42 \text{ (m)}$$

竖直蛇管总高：

$$H_{管} = 6.42 + 0.25 = 667 \text{ (m)}$$

两端弯管总长 l_0 为 1570mm，两端弯管总高为 500mm，则直管部分高度 $h = H_{总} - 0.5 = 6.17 \text{ (m)}$，则一圈管长 $l = 2h + l_0 = 2 \times 6.17 + 1.57 = 13.91 \text{ (m)}$。

e. 每组管子圈数 n_0

$$n_0 = \frac{L_0}{l} = \frac{85.3}{13.91} = 6.13 \text{ (圈)}$$

可取 6 圈。

现取管间距为 $2.5 D_{外} = 2.5 \times 0.063 = 0.16 \text{ (m)}$，竖直蛇管与罐壁的最小距离为

0.15m。如发现现有设计无法安排下这么多冷却管，则应考虑增大管径或增加冷却管组数，以便得到合适的安排。

f. 校核布置后冷却管的实际传热面积

$$A_{实}=\pi d_{平均}L_{实}=3.14\times0.06\times690.6=130.1\ （m^2）$$

而前有 $A=129.69\ （m^2）<A_{实}=130.1\ （m^2）$，表明该设计可满足冷却要求。

（8）设备材料的选择　生物工程设备材质的选择，优先考虑的是满足工艺要求，其次是经济性。例如，激素、抗生素、有机酸发酵等，考虑到对产品质量和产量的影响、安全性、后道工艺除铁困难或腐蚀性强等，则必须使用加工性能好、耐酸腐蚀的不锈钢，如采用 1Cr18Ni9Ti 等制作发酵设备。为了降低造价也可在碳钢设备内衬薄的不锈钢板。而像谷氨酸发酵则可以用碳钢制作发酵设备，精制时用除铁树脂除去铁离子，当然如果企业实力雄厚，也可用不锈钢制作发酵设备。随着科学技术的进步，会出现一些复合材料、喷涂金属和耐腐蚀涂料等的新材料、新技术，这将会进一步降低设备投资费用。本设备选用 A₃ 钢制作，以降低设备投资费用。

（9）发酵罐壁厚的计算　确定发酵设备壁厚的方法可用公式计算也可用查表法。后者是前人用公式计算的结果，为我们提供了方便，但查表时要注意选用材质和工作条件相应的表格。

① 计算法确定发酵罐的壁厚 $H_{壁}$

$$H_{壁}=\frac{PD}{2\sigma\phi-P}+C$$

式中，P 为设计压力，取最高工作压力的 1.05 倍，现取 $P=0.4MPa$；D 为发酵罐内径，$D=400cm$；σ 为 A₃ 钢的许用应力，$\sigma=127MPa$；ϕ 为焊缝系数，根据焊接情况和探伤的程度，查相应表可知其范围为 0.5～1，现取 $\phi=0.7$；C 为壁厚附加量，cm。

$$C=C_1+C_2+C_3$$

式中，C_1 为钢板负偏差，视钢板厚度查表确定，其范围为 0.13～1.3mm，现取 $C_1=0.8mm$；C_2 为腐蚀裕量，单面腐蚀取 1mm，双面腐蚀取 2mm，现取 $C_2=2mm$；C_3 为加工减薄量，对冷加工 $C_3=0$，热加工封头 $C_3=1mm$；现取 $C_3=0$。代入上式：

$$C=0.8+2+0=2.8\ （mm）=0.28\ （cm）$$

$$H_{壁}=\frac{0.4\times400}{2\times127\times0.7-0.4}+0.28=1.18\ （cm）$$

选用 12mm 厚的 A₃ 钢板制作。由此推算可知，直径 4m，厚 12mm，筒高 8m，每米高重 1186kg，则 $M_{筒}=1186\times8=9488\ （kg）$。

② 封头壁厚计算　标准椭圆封头的厚度计算公式如下：

$$H_{封}=\frac{PD}{2\sigma\phi-P}+C$$

式中，$P=0.4MPa$；$D=400cm$；$\sigma=127MPa$；$\phi=0.7$；$C=C_1+C_2+C_3=0.8+2+1=3.8\ （mm）=0.38\ （cm）$。

$$H_{封}=\frac{0.4\times400}{2\times127\times0.7-0.4}+0.38=1.28\ （cm）$$

查钢材手册可将封头壁厚圆整为 $H_{封}=14mm$，此时 $M_{封}$ 为 2005kg。

（10）接管设计

① 接管长度 h 的设计　各接管的长度 h 根据直径大小和有无保温层，一般取 100～

200mm 即可，其具体值见表 5-3。

表 5-3　接管长度 h　　　　　　单位：mm

公称直径 D_g	不保温设备接管长	保温设备接管长	适用公称压力/MPa
≤15	80	130	≤40
20~50	100	150	≤16
70~350	150	200	
70~500			≤10

② 接管直径的确定　接管直径主要根据流体力学方程式进行计算。已知物料的体积流量，又知各种物料在不同情况下的流速，即可求出管道截面积，计算出管径。计算出的管径再圆整到相近的钢管尺寸即可。也可用图算法求管径。

现以排料管（也是通风管）为例计算其管径。该罐实装醪量为 86.46m³，设 2h 之内排空，则物料的体积流量为 86.46÷2=43.23（m³/h）=0.012（m³/s）；若发酵醪流速 v 取 1m/s，则排料管截面积为 $A_排$=0.012÷1=0.012（m²）。由此可计算排料管管径 $d_排$：

$$d_排=\sqrt{\frac{4A_排}{\pi}}=\sqrt{\frac{4\times0.012}{3.14}}=0.124（m）$$

取无缝管 $\phi133\times4$，其管内径为 133−2×4=125mm，与此设计的排料管管径 124mm 接近，可采用该无缝管作为排料管。

若按通风管计算，压缩空气在 0.4MPa 下，支管气速为 20~25m/s。现通风比 v_m 为 0.11~0.18VVM，常温 20℃，0.1MPa 的情况下，风量 Q_1 取大值，则 Q_1 为 86.46×0.18=15.6（m³/min）=0.26（m³/s）。

利用气态方程式计算 30℃、0.4MPa 工作状态下的风量 Q_f：

$$Q_f=Q_1\times\frac{P}{P'}\times\frac{T'}{T}=0.26\times\frac{0.1}{0.4}\times\frac{273+30}{273+20}=0.067（m³/s）$$

取风速 $v_风$ 为 25m/s，则风管截面积 $A_风=\dfrac{Q_f}{v_风}=\dfrac{0.067}{25}=0.0027（m²）$

则通风管直径 $d_风=\sqrt{\dfrac{4\times0.0027}{\pi}}=0.06（m）$

因通风管也是排料管，故取两者的大值。因此，取无缝管 $\Phi133\times4$，可满足工艺需求。

排料时间复核：物料流量为 0.012m³/s，流速为 1m/s；管道截面积为 0.125²×π÷4=0.0123（m²），在相同流速下，流过物料因管径较原来计算结果大，则相应流速比为 0.012÷0.0123÷1=0.98，则采用 $\Phi133\times4$ 无缝管作为排料管后，排料时间为 2×0.98=1.96（h），与最初设计的 2h 内排空物料接近。

(11) 支座选择　生物工厂设备常用的支座可分为卧式支座和立式支座，其中卧式支座又分为支腿型、圈型和鞍型三种；立式支座也分为三种，即悬挂式、支撑式和裙式。对于 100m³ 以上的发酵罐，由于设备总重量较大，应选用裙式支座。因此，本设计选用裙式支座。

5.2.2.2　某厂内盛 12t 糖化醪的糖化锅的设计与选型

(1) 糖化锅的选型　糖化锅一般为立式圆柱形，底部为圆锥形或球形，锅的顶部是平的。为减少搅拌功率的消耗，常使锅的高度比直径小。表 5-4 为某厂使用的糖化锅规格，供读者参考。

表 5-4　糖化锅规格

容积 /m³	直径 /m	高度 /m	冷却面积 /m²	搅拌功率 /kW	转速 /(r/min)	径高比 (D/H)	重量 /t
7.7	2.6	1.35	20	4	90～100	2	3
9	3.2	1.45	22	7	90～100	2.2	4.7
12	3.4	1.67	28.7	9	90～100	2	6
19	4	1.88	44.8	10	90～100	2.1	7.7

（2）糖化锅基本尺寸的计算

① 糖化锅的有效容积

$$V_1 = \frac{m}{\rho}$$

式中，m 为糖化醪液的质量，kg；ρ 为糖化醪液的密度，kg/m³，$\rho = 1.075 \times 10^3 \, \text{kg/m}^3$，则 $V_1 = 12000 \div 1075 = 11.16$（m³）。

② 糖化锅的总容积

$$V = \frac{V_1}{\varphi}$$

式中，V_1 为糖化锅的有效容积，m³；φ 为糖化锅的装填系数，$\varphi = 0.75 \sim 0.85$，取 φ 为 0.75，则 $V = 11.16 \div 0.75 = 14.88$（m³）。

底部为圆锥形的糖化锅的容积为

$$V = \frac{\pi D^2 H}{4} + \frac{\pi D^2 h}{12}$$

式中，D 为圆柱形部分的直径，m；H 为圆柱形部分的高度，m；h 为锥形底部的高度，m。在设计糖化锅时采用的各种基本尺寸的比例关系可参考下式确定：

$$H = (0.35 - 0.8)D$$
$$h = (0.1 \sim 0.2)D$$

取 $H = 0.35D$，$h = 0.15D$，代入上式可得：

$$14.88 = \frac{\pi \times D^2 \times 0.35D}{4} + \frac{\pi \times D^2 \times 0.15D}{12}$$

则 $D = 3.62$（m），$H = 1.27$（m），$h = 0.54$（m）。

（3）糖化锅的材料和厚度　糖化锅一般用钢板焊接而成。圆柱部分的板厚 6～8mm，底部厚 8～10mm，盖厚 5～6mm。

（4）糖化锅冷却面积　糖化锅内有两次冷却过程，一次是将糊液的温度冷却至糖化温度，另一次是将糖化完毕的糖液冷却至发酵温度。因此，在设计糖化锅的冷却面积时应考虑这两次冷却中哪一次所需的冷却面大的就采用哪次的工艺要求进行计算。实际上，将糊液冷却至糖化温度的过程的散热多借助排气进行，同时，此过程的热流体的温度远较空气及冷水的温度高，传热的推动力大，降温容易。而将糖化后的温度降低至发酵所需温度则主要靠冷却水的冷却，且因随着过程的进行，热、冷流体的温度相差渐小，使得冷却较难进行。所以，在计算糖化锅所需冷却面积时，多以糖化后糖液冷却至发酵温度所需的冷却面积为代表。

① 糖液的比热容

$$C = C_g \frac{\omega}{100} + C_水 \frac{100 - \omega}{100}$$

式中，ω 为糖液中干物质的百分数；C_g 为干物质的比热容，kJ/(kg·K)；$C_水$ 为水的比热容，kJ/(kg·K)。取水的比热容 $C_水 = 4.187$kJ/(kg·K)，干物质的比热容 $C_g = C_水 \times 0.37$kJ/(kg·K)，$\omega = 18\%$，代入上式得：

$$C = 4.187 \times 0.37 \times \frac{18}{100} + 4.187 \times \frac{100-18}{100} = 3.71 \ [\text{kJ/(kg·K)}]$$

② 通过冷却器传递的热量

$$Q = GC(T_1 - T_2)$$

式中，G 为被冷却的糖化醪液量，kg；C 为糖化醪的比热容，kJ/(kg·K)；T_1 为冷却开始时糖化醪的温度，K；T_2 为冷却终了时糖化醪的温度，K。已知：$T_1 = 333$K，$T_2 = 301$K，$G = 12000$kg，代入上式得 $Q = 12000 \times 3.71 \times (333-301) = 1.43 \times 10^6$（kJ）。

此项热量有一部分是通过辐射或排气管等方式散失出去的，约占总热量的 8%，故实际通过冷却蛇管而交换的热量为 $Q_实 = 1.43 \times 10^6 \times (1-0.08) = 1.32 \times 10^6$（kJ）。

③ 平均温度差　间歇式糖化的糖液冷却过程属于不稳定传热过程，即热量的传递随时间而变，热流体的温度随时间而变，平均温度差的计算本应按不稳定传热时的公式计算，但因其计算复杂，常采用下式进行近似计算：

$$\Delta t_m = \frac{(T-t_1)-(T-t_2)}{\ln \dfrac{T-t_1}{T-t_2}}$$

式中，T 为糖化醪的平均温度，℃；t_1 为冷却水的进口温度，℃；t_2 为冷却水的出口温度，℃。已知糖化温度为 60℃，糖化完毕糖液的温度降至 28℃ 再输送至发酵罐，冷却水初温 20℃，要求冷却水流出时的平均温度不超过 40℃。则：$T = \dfrac{60+28}{2} 44$（℃），$t_1 = 20$℃，$t_2 = 40$℃。

$$\Delta t_m = \frac{(44-20)-(44-40)}{\ln \dfrac{44-20}{44-40}} = 11.2 \ （℃）$$

④ 传热系数　按工厂查定数值的经验值，取传热系数 K 为 2.09×10^3 [kJ/(m²·h·K)]。

⑤ 计算冷却面积

$$F = \frac{Q_实}{K \Delta t_m}$$

式中，F 为糖化锅所需的冷却面积，m²；$Q_实$ 为实际通过冷却器传递的热量，kJ/h；K 为传热系数，kJ/(m²·h·K)；Δt_m 为在整个冷却期间内的平均温度差，℃（或 K）。设冷却时间为 1h，则：

$$F = \frac{1.32 \times 10^6}{2.09 \times 10^3 \times 11.2 \times 1} = 56.4 (\text{m}^2)$$

⑥ 蛇管的尺寸　冷却蛇管常用铜管或钢管制成，此处选用 $\Phi76/70$mm 的铜管作为蛇管，则管子的平均直径为：

$$d_m = \frac{0.076+0.070}{2} = 0.073 \ （\text{m}）$$

则蛇管全长为：

$$l = \frac{F}{\pi d_m} = \frac{56.4}{3.14 \times 0.073} = 246.1 \ （\text{m}）$$

若糖化锅共安装三层蛇管，每层蛇管圈径分别为 $D_1=3.5$m，$D_2=3.3$m，$D_3=3.1$m，蛇圈的垂直高度为 $h=0.16$m，则每层蛇管的圈数为

$$n==\frac{l}{\sqrt{(\pi D_1)^2+h^2}+\sqrt{(\pi D_2)^2+h^2}+\sqrt{(\pi D_3)^2+h^2}}$$

$$=\frac{246.1}{\sqrt{(3.14\times3.6)^2+0.16^2}+\sqrt{(3.14\times3.3)^2+0.16^2}+\sqrt{(3.14\times3.0)^2+0.16^2}}$$

$$=7.92（圈）$$

选用 8 圈，则蛇管层的全高为 $(8-1)\times0.16+0.076=1.196$（m）。

蛇管层的全高必须小于糖化锅圆柱形部分的高度，现 $H=1.27$m>1.196m，因此 $\Phi76/70$mm 的铜管比较适合作为该糖化锅的蛇管，可在该糖化锅内装冷却蛇管三层，每层 8 圈。此外，如果糖化锅内糖液容量多，而冷却水的温度又较高时，为保证迅速冷却，冷却水常分 2～3 段进入冷却蛇管；有时还需加有外冷却水管沿锅外壁喷淋，确保冷却要求的速度和效果。

（5）糖化锅的排气管　由于糊液从高压蒸煮锅过来，压力和温度的降低会产生自蒸发现象而有热气跑出，故糖化锅顶部必须安装排气管。排气管的直径常为 0.5～0.7m，高度是 8～12m，某些糖化锅还有抽风设备或专门用蒸汽喷射抽真空以增加排气的效果。此外，为使糊液进入糖化锅后广泛分散、散热快，常在进入糖化锅的糊液管出口处设扩散装置。

（6）糖化锅的糖液排出口和废水排出口　糖化锅底部装有糖液排出口和废水排出口，由闸阀控制。

（7）糖化锅搅拌器的功率消耗　为帮助和加速冷却均匀及控制糖化温度均匀一致，糖化锅内常安装搅拌器，其搅拌叶常用旋桨式或平桨式，共 2～3 对，转速为 100～120r/min，搅拌转轴悬挂在装置于糖化锅盖中心的轴承上，轴的另一端则装在锅底部的止推承轴里，搅拌轴由皮带传动或通过减速器直接传动。

桨叶运转时，所消耗的功率 N_p 一般按下式计算：

$$N_p=Eu_M d^5 n^3 \rho$$

式中，Eu_M 为搅拌的欧拉数；d 为搅拌器的直径，m；n 为搅拌器的转速，r/s；ρ 为被搅拌液体的密度，kg/m³。由此可知，Eu_M 与液体的流动情况有关，即与搅拌的雷诺数 Re 有关，根据实验结果知：

$$Eu_M=\frac{A}{Re^m}$$

$$Re=\frac{nd^2\rho}{\mu}$$

式中，μ 为被搅拌液体的黏度，(N·s)/m²；A、m 为由实验求得的常数［平直双桨叶式，其 A 和 m 分别为 6.8 和 0.2；倾斜双桨叶式(倾斜45°)，其 A 和 m 分别为 4.1 和 0.2］。因此，$N_p=Ad^{5-2m}n^{3-m}\rho^{1-m}\mu^m$。

取 $d=0.8$m、$n=120/60=2$r/s、$\mu=1.15\times10^{-3}$Pa·s，代入上式可得：

$$N_p=6.8\times0.8^{5-2\times0.2}\times2^{3-0.2}\times1075^{1-0.2}\times(1.15\times10^{-3})^{0.2}=1166.47（W）$$

因常数 A、m 值是在一定的设备几何尺寸比例条件下实验得出的，对于桨式搅拌器，当它们的尺寸比例关系为：$D/d=2.5～4.0$，$Z/D=0.6～1.6$，$y/d=0.2～0.33$ 时，由上式计算得出的 N_p 还须乘上一个校正系数 f，即：

$$N'_p = f \cdot N_p$$

$$f = \left(\frac{D}{3d}\right)^{1.1}\left(\frac{Z}{D}\right)^{0.6}\left(\frac{4y}{d}\right)^{0.3}$$

式中，N'_p 为校正后的运转功率，W；D 为糖化锅的直径，m；Z 为受搅拌的液体深度，m；y 为搅拌桨叶的高度，m；d 为搅拌器的直径，m。

如果忽略搅拌器几何尺寸的影响，即 $f=1$。此外，当糖化锅内有温度计插管时，N'_p 需增加 10%；当装有挡板（或冷却蛇管）时，N'_p 增加 1～2 倍。

因此，$N'_p = 1166.47 \times 2 = 2332.94$（W）。

进一步电机功率 $N_{电机}$ 可按下式求出：

$$N_{电机} = K\frac{N'_p}{\eta}$$

式中，K 为附加消耗功率系数，$K=1.4～1.6$；η 为传动效率，$\eta=0.9$；则 $N_{电机} = 1.4 \times 2332.94 \div 0.9 = 3629.02$（W）$= 3.63$（kW）。

因此，为此糖化锅选配 4kW 的电机即可。

5.3　通用设备的设计与选型

属于通用设备的内容很多，本节仅介绍与生物产品生产密切相关的液体输送设备、气体输送设备和固体输送设备的设计与选型。

5.3.1　液体输送设备选型

液体输送设备，主要是各种类型的泵，当然还有如压力输送等设备，但以下仅讨论泵类的选型。

5.3.1.1　泵的分类和特点

生物工厂中使用的泵，按其结构特征和工作原理，可以分为以下基本类型：

（1）叶片式泵　依靠高速旋转的叶轮对被输送液体做功的机械。属于这一类型的泵有离心泵、轴流泵、旋涡泵等。

（2）往复式泵　利用泵体内往复运动的活塞或柱塞的推挤对液体做功的机械。属于这一类型的泵有活塞泵、柱塞泵、隔膜泵等。

（3）旋转式泵　依靠做旋转运动的转子的推挤对液体做功的机械。属于这一类型的泵有齿轮泵、罗茨泵、螺杆泵、滑片泵等。

后两类泵又有其原理上的同一性，即均以动件的强制推挤作用达到输送液体的目的，又称为正位移式泵或容积式泵。生物工厂中，目前使用最广泛的是离心泵，因为它体积小、效率高、控制方便。

5.3.1.2　泵的选择

（1）泵的选择原则

① 流量　设计生物工厂的装置时，要留有一定的富裕能力。在选择泵时，应按设计要求达到的能力确定泵的流量，并使之与其他设备能力协调平衡。另外，泵流量的确定也应考虑适应不同的原料或不同产品的要求等因素，因此要综合考虑下列两点：一是装置的富裕能力及装置内各设备能力的协调平衡，二是工艺过程影响流量变化的

范围。

② 扬程　考虑到工艺设计中管路系统（包括设备）压力降计算比较复杂，泵的扬程需要留有适量余地，一般为正常需要扬程的 1.05～1.1 倍。实际上，如有经验数据，应尽量采用经验数据，这样可以减少选泵的工作量。

③ 装置（系统）的有效气蚀余量　装置的有效气蚀余量应大于泵所需的允许气蚀余量。对于进口侧物料处于减压状态或操作温度接近汽化条件时，泵的气蚀安全系数适宜取较大值，如减压塔的塔压泵，气蚀安全系数取大于 1.3。

④ 液面　介质液面高于泵中心者，应取最低液面；介质液面低于泵中心者，也应取最低液面。

（2）选泵的一般程序

① 选泵前的准备工作

a. 收集物性数据资料　在操作条件下泵的使用参数，如温度、压力、流量等的变化情况；输送物料的性质，如密度、黏度、蒸气压、化学腐蚀性等，特别要注意液体的黏度及化学性能；了解泵的安装位置及所处的环境。

b. 确定泵的性能参数　扬程，用 m 液柱来表示；流量，一般以 m^3/h 或 L/s 表示；允许气蚀余量及泵的允许吸上真空高度；泵效率，指有效功率与泵轴输入功率的比值。以上指标均可在泵样本及说明书中查到。

② 选泵的步骤

a. 根据要求确定所需输送液体的流量及扬程量。

b. 根据工艺要求和输送液体物料性质来初选泵的类型。如当工艺要求连续化操作、流量要求均匀时，可选用离心泵；当要求流量小而扬程大时，可选用往复泵；当要求流量大而扬程不大时，可选用离心泵；当要求精确进料时，可选用比例泵；当工艺要求间歇操作，可不考虑流量的均匀性，可选用适合工艺流程的泵即可。此外，从输送物料的性质考虑：输送悬浮液时，可选用隔膜式往复泵；输送黏度大的液体、胶体溶液或糊状物时，可选用齿轮泵，也可用螺杆泵或高黏度泵；输送易燃易爆有机液体时，可选用防爆电机驱动的离心式油泵；输送一般溶液时，可选用任何类型的泵。待泵的类型选定后，再根据流量及扬程选出泵的型号，确定材质并确定台数。

③ 核算泵的性能　根据实际情况对泵的性能进行核算。

④ 确定泵的安装高度　原则是使泵在指定操作条件下能正常运行且不发生气蚀。

⑤ 计算泵功率和选定电动机功率　泵功率有三种表示方法，计算公式如下：

a. 有效功率 P_e 或称理论功率：

$$P_e = \frac{QH\rho}{102}$$

b. 轴功率 $P_{轴}$：

$$P_{轴} = \frac{QH\rho}{102\eta}$$

c. 电动机功率 $P_{电机}$：

$$P_{电机} = K\frac{P_{轴}}{\eta_{传}}$$

式中，Q 为泵流量，m^3/s；H 为泵扬程，m 液柱；ρ 为泵输送液体密度，kg/m^2；K 为附加消耗功率系数，$K = 1.4～1.6$；η 为泵效率；$\eta_{传}$ 为电动机传动效率，当采用弹性联轴节直联传动时，$\eta_{传}=1$，当采用皮带轮传动时，$\eta_{传}=0.95$。

5.3.1.3 泵选型过程中的计算

（1）流量的确定和计算 工艺条件中如已有系统可能出现的最大流量，选泵时以最大流量为基础；如果数据是正常流量，则应根据工艺情况可能出现的波动、开车和停车的需要等，在正常流量的基础上乘以一个安全系数，一般可取这个安全系数为 1.1~1.2，特殊情况下，还可以再加大。

（2）扬程的确定和计算 首先计算出所需要的扬程，即用来克服两端容器的位能差，两端容器上静压力差，两端全系统的管道、管件和装置的阻力损失及两端（进口和出口）的速度差引起的动能差别。泵的扬程的计算，将泵和进出口设备作一个系统研究，以物料进口和出口容器的液面为基准，根据伯努利方程就可很方便地算出泵的扬程。

（3）换算泵的性能 对于输送水或类似于水的泵，将工艺上正常的工作状态对照泵的样本或产品记录上该类泵的性能表或性能曲线，看正常工作点是否落在该泵的高效区，如校核后发现性能不符，就应当重新选择泵的具体型号。

（4）泵的几何安装高度 根据泵的样本上规定的允许吸上真空高度或允许气蚀余量，核对泵的安装几何高度，使泵在给定条件下不发生气蚀。

（5）校核泵的轴功率 离心泵在输送液体过程中，当外界能量通过叶轮传给液体时，会有能量损失，即由电动机提供给泵轴的能量不能全部为液体所获得，通常用效率（以 η 表示）来反映能量的损失。

5.3.1.4 泵的选型实例

以年产 2 万吨、纯度为 99% 的味精发酵车间中连消泵的选型为例进行介绍。

① 选泵前的准备工作

a. 收集物性数据资料 连消泵输送的是密度为 1050kg/m³ 的水解糖液，其黏度范围在 $(1.3\sim0.5)\times10^{-3}$Pa·s，温度在 115℃ 以下。介质中无固体颗粒、澄清、透明、基本上无气体。

b. 操作条件 温度为 60~70℃。压力：进口侧靠调浆罐液位压送，出口侧设备压力为 0.4~0.5MPa。流量：最大流量 $Q_{max}=120$m³/h，最小流量 $Q_{min}=100$m³/h，正常流量 $Q=110$m³/h。

c. 泵的安装位置 连消泵一般设在车间或泵房中，进口侧泵在液面之下。

根据上述资料，查有关图表，可确定选择离心式泵，即可满足生产要求。

② 初选泵 现选用 IS125-100-200，该产品的转速 2900r/min，流量 200m³/h，扬程 50m。为保证连续生产，考虑设备用泵 1 台，基本可满足工艺生产要求。

③ 核算泵的性能 每天需要输送 22% 的糖液量为 432.3m³，该泵的流量为 200m³/h，则每天仅需 2.16h 即可完成输送任务。

泵的功率及电动机功率核算，由上述公式计算可知，该泵的有效功率为：

$$P_e=200\div3600\times50\times1050\div102=28.6 \text{（kW）}$$

其轴功率为：

$$P_{轴}=P_e\div\eta=28.6\div0.95=30.1 \text{（kW）}$$

则电动机功率为：

$$P_{电机}=K\frac{P_{轴}}{\eta_{传}}=1.4\times\frac{30.1}{0.95}=44.4 \text{（kW）}$$

经核算，该离心泵符合工艺要求。

5.3.2 气体输送设备选型

5.3.2.1 气体输送设备的类型和特点

(1) 气体输送设备的类型　气体输送设备的类型、种类要比液体输送设备复杂得多，根据结构和操作原理，气体输送设备可分为以下几类（表 5-5）。一般中小流量广泛采用活塞式输送设备，大流量则采用离心式输送设备。

表 5-5　气体输送设备分类表

气体输送设备	容积式	往复式	活塞式
			膜式
		回转式	滑片式
			螺杆式
			转子式
	速度式	轴流式	
		离心式	
		混流式	

气体输送设备又可按终压或压缩比来进行分类。终压是指气体输送设备出口气体的压强，压缩比是指气体出口压力与进口压力的比值，可分类如下：

① 通风机　终压不大于 15kPa（表压），压缩比为 1～1.15。

② 鼓风机　终压为 15～300kPa（表压），压缩比小于 4。

③ 压缩机　终压大于 300kPa（表压），压缩比大于 4。

④ 真空泵　终压为当时当地的大气压力，其压缩比由真空度决定，一般较大。

(2) 气体输送设备的特点　生物工厂常用的气体输送设备为低压空气压缩机、送风机和真空泵，下面简述常用气体输送设备的特点。

① 空气压缩机　在生物工厂中，要求提供 0.2～0.3MPa（表压）的压缩空气，故常采用涡轮式空气压缩机或经过改装的往复式空气压缩机作为空气压缩的主要供气设备。将空气压缩到一定压力，通过空气除菌系统，得到具有一定压力的无菌空气，供深层培养之用。

a. 涡轮式空气压缩机　涡轮式空气压缩机的特点是供气量大、出口压力稳定、输出的压缩空气不含油雾；与往复式空气压缩机相比，功率消耗较小，结构紧凑，占地面积较小，但其技术管理要求较高。国产涡轮式空气压缩机的型号有 DA 型和 SA 型。"D" 代表单吸，"S" 代表双吸，"A" 代表涡轮压气机，其后面的数字分别代表供气量和出口压力及设计序号，如 DA350-41，即表示单吸涡轮空气压缩机，公称供气量 350m³/min，出口压力 0.4MPa（绝对压力），此机系第一次设计。在生物工厂中常用的是低压涡轮空气压缩机，其出口压力为 0.25～0.55MPa（表压），容量一般都大于 100m³/min，每分钟压缩 1m³ 空气时，配备的电机功率为 3.5～5kW。

b. 往复式空气压缩机　往复式空气压缩机的结构和工作原理类似于往复泵，但因气体密度小，可压缩，所以在结构上要求吸入阀和压出阀更加轻便灵活，易于起闭。往复式空气压缩机在操作时，气体受压发热，故汽缸外需要有冷却装置。冷却装置有水冷和风冷之分，一般需要连续供气的场合都选择水冷式空气压缩机。往复式空气压缩机的优点是容量范围广，价格较便宜，操作和维修比较方便；其缺点是出口流量不稳定，而且压出气体中夹带油雾，给后道工序（空气除菌等）带来一定困难。往复式空气压缩机按其汽缸排列的位置不同，有 V 型、W 型、L 型等之分。按排气压力不同可分为高压（5.0～10.0MPa）、中压（1.0～5.0MPa）和低压（小于 1.0MPa）三类。国内的低压往复式空气压缩机多为双缸二级压缩式，在生物工厂中常用的是 L 型空气压缩机，如 4L-20/8 型空气压缩机，即表示两缸呈 L 型排列，额定排气量为 20m³/min，排气压力为 0.8MPa。L 前面的 4 表示该系列空气压缩机的序号。由于二级空气压缩机的出口压力为 0.8MPa（表压），对一般生物工厂而言，这个压力过高，为此，一些生物工厂将二级空气压缩机进行改装，把原来两个串联的汽缸改为并联汽缸，即同时吸气和排气，这样空气出口压力可降到 0.2MPa 左右，而排气量增加 30%～40%。此外，为了解决往复式空气压缩机的出口空气中含有油雾的缺点，目前有些厂采用含有 MoS_2 的氟塑料制成的活塞环代替空气压缩机中原来的金属环作无油润滑，使用效果很好，既有利于后续的空气净化，又节约了润滑油，但由于氟塑料环弹性差，故汽缸泄漏量增加，使排气量减少 10% 左右。

② 旋转压缩机　旋转压缩机类似于液体输送中的旋转泵，没有活塞和活门装置。因而与往复式空气压缩机相比，它排出的气体是连续而均匀的。此外，旋转压缩机中的旋转部分可与电动机直接连接，效率高。此外，旋转压缩机具有构造简单而紧凑的特点，特别适合于现代化生物工厂的要求，可用于输送或压缩空气及排放其他气体。其主要缺点是压缩比值不大，其终压一般不高于 0.4MPa（表压），效率也较往复式空气压缩机低。

③ 送风机　也称通风机。送风机所产生的压强差不大。送风机的类型繁多，但生物工厂中采用最多的是离心式和轴流式两类，轴流式也称旋桨式。轴流式送风机较离心式送风机效益高些，但产生的压头（压头系指高于大气压的压力而言）很小，一般不超过 250Pa。

a. 离心式送风机　依照产生压头的大小，离心式送风机可分为以下三种：低压离心式送风机，压头 800～13332Pa；中压离心式送风机，压头 13332～26664Pa；高压离心式送风机，压头 26664～133322Pa。

b. 轴流式送风机　轴流式送风机的类型很多，其效率一般较高，为 60%～65%，适用于在低的压头（通常在 250Pa 以下，但也可以高到 1000Pa，皆指超过大气压而言）下输送大量的空气。轴流式送风机的生产能力，可小到满足一个实验室的通风，大到生产过程中 3000m³/min 的通风。当生产能力和压头已知时，轴流式送风机的功率仍可依照离心式送风机的公式进行计算。

④ 真空泵　生物工厂中的某些生产过程如真空浓缩、真空干燥等都须在低于大气压的情况下操作。真空泵就是为获得低于大气压的压力而设计的设备，大致可分两大类：干式真空泵和湿式真空泵。干式真空泵只从容器中抽出气体，效率较高，可达 96%～99.9% 的真空度；湿式真空泵在抽吸气体的同时，还带走较多水汽，它只能产生 85%～90% 的真空度。真空泵按其结构又可分为往复式真空泵、回转式（水环式和滑板式）真空泵、蒸汽喷射真空泵和水力喷射真空泵等数种。

现将生物工厂中常用的各种类型的真空泵介绍如下：

a. 往复式真空泵　生物工厂中常用的是 W 型真空泵，它是一种卧式单缸往复式真空泵，国内已有 W_1～W_5 五种主要规格，它们的抽气速率为 60～770m³/h，其极限真空度可达 333.22Pa（绝对压力）。

b. 水环式真空泵　水环式真空泵属于湿式真空泵，最高真空度可达 83.4kPa，它也可作鼓风机用，但产生的表压强不超过 98.07kPa。这种泵的结构简单、紧凑，没有活门，易于制造和维修,由于旋转部分没有机械摩擦,使用寿命长,操作可靠。生物工厂中常用的水环式真空泵系列代号为 SZ,通常用于抽吸设备中的空气或其他无腐蚀性、不溶于水和不含固体颗粒的气体,而对抽吸有水蒸气的气体效果也很好。

c. 蒸汽喷射真空泵　蒸汽喷射真空泵是利用蒸汽流动时发生静压能与动压能的相互转化,以吸入并排出气体。这种泵的用途很多,如作为小型锅炉的注水器,用于生物产品的减压蒸发、减压蒸馏及真空冷却、余热回收等方面。

d. 水力喷射真空泵　水力喷射真空泵属于抽真空设备,由于它兼有产生真空和冷凝蒸汽的双重作用,因此在生物工厂中得到了广泛的应用,如酒精厂糖化前后的真空冷却,味精厂、抗生素厂的真空蒸发等。水力喷射真空泵的效率通常在 30% 以下,一般只能达到 93.3kPa 左右的真空度。其能达到的真空度,除与结构、水压有关外,还受水温、用水量等的影响。一般而言,水温越低,用水量越大,则获得的真空度越高。此外,在操作过程中,保持水温不变,对于保证真空操作平衡尤为重要。

5.3.2.2　气体输送设备的选择

由于气体输送设备种类较多,压力和风量范围较大,在相关《生物工程设备》教材中有所讲解,因此气体输送设备的选择,在此只作简单的论述。

① 列出基本数据　包括气体的名称、特性、湿含量、固形物含量、菌体含量、是否易燃易爆及有无毒性等;操作条件,如温度、进出口压力、流量等;设备所处的环境及对电机的要求等。

② 确定生产能力及压头　在确定生产能力时,应选择最大生产能力,并取适当安全系数;压头的选择应按工艺要求分别计算通过设备和管道等的阻力,并考虑增加 1.05~1.1 倍的安全系数。

③ 选择设备型号　根据生产特点计算出的生产能力、压头及实际经验或中试经验,查询产品目录或手册,选出具体型号并记录该设备在标准条件下的性能参数,配用电机辅助设备等资料。

④ 设备性能核算　对已查到的设备,要列出性能参数,并核对是否满足生产要求。

⑤ 确定安装尺寸。

⑥ 计算轴功率、电动机功率等。

⑦ 确定冷却剂消耗量。

⑧ 选定电机。

⑨ 确定设备备用台数。

⑩ 填写设备规格表。

5.3.2.3　气体输送设备的选型实例

以年产 2 万吨、纯度为 99% 的味精发酵车间中空气压缩机的选型为例进行介绍。

确定生产能力及压头。

(1) 生产能力　通过计算可知年产 2 万吨、纯度为 99% 的味精厂高峰时的无菌空气消耗量为 363.4m³/min,考虑余量 10%,则需生产能力为 $363.4 \times 1.1 = 399.7$ m³/min。

如果每台空气压缩机同时给 2 个发酵罐供气,则每台空气压缩机所需供气量:

$$Q_0 = 399.7 \div 10 \times 2 = 79.94 \ (\text{m}^3/\text{min})$$

每台空气压缩机所需排气量 Q_n(生产能力):

$$Q_n = Q_0 \frac{p_0 \times T_1}{p_1 \times T_0} = 79.94 \times \frac{0.1 \times (273+25)}{0.1 \times 273} = 87.26 \ (\text{m}^3/\text{min})$$

式中，p_0、T_0 为标准状态下的空气压力、温度，分别为 0.1MPa 和 273K；p_1、T_1 为进口状态下的空气压力、温度，分别为 0.1MPa 和 $273+t_1$K。

（2）压头　根据计算，总过滤器压力降 $\Delta P_1=0.036$MPa；分过滤器压力降 $\Delta P_2=2.0\times10^{-4}$MPa；液深压力降 $\Delta P_3=0.098$MPa；其他压力降 $\Delta P_4=0.02$MPa；则总压力降 $\Delta P=\Delta P_1+\Delta P_2+\Delta P_3+\Delta P_4=0.036+2.0\times10^{-4}+0.098+0.02=0.154$（MPa）。考虑到压头余量增加 1.1 倍，则总压头为 $0.154\times1.1=0.169$（MPa）。取压头为 0.2MPa。

因此，可根据排气量 87.26m^3/min 和压头 0.2MPa 查相关空气压缩机手册，选择生产能力和压头高于这两个数值的空气压缩机即可。

5.3.3　固体输送设备选型

在生物产品生产过程中，会遇到固体原料、中间产品和最终产品的输送问题。众所周知，固体物料的输送比流体输送困难得多。常用的固体输送设备分类如表 5-6 所示。

表 5-6　固体输送设备分类表

		带式输送机
固体物料输送设备	机械输送设备	斗式提升机
		螺旋输送机
		刮板输送机
	流体输送设备	气流输送设备
		液体输送设备

5.3.3.1　带式输送机

带式输送机又称皮带运输机，是各行业通用的运输设备，主要用于水平移送物料或有定向倾角地移送物料。它可以输送松散的或成包成件的物件，且可做成固定位置或移动式运输机，使用非常方便，操作连续性强，输送能力较强，在运送相同距离和重量的物料时，带式输送机的动力消耗最小。由于该设备具有以上优点，因此在生物工厂中得到了广泛应用，如谷类成包原料的卸车或堆垛、成箱啤酒的入库等。带式输送机的选型流程如下：

（1）原始参数的收集　①被输送物料的名称；②物料特性，包括物料松散密度 ρ（t/m^3）或者成件物品的重量、物料的粒度（mm）、含水率、黏度、摩擦性及腐蚀性等及其比率或成件物品的规格尺寸；③输送的倾斜度和长度等、实际输送量 Q（m^3/h）、需要提升的高度 H（m）。

（2）带式输送机的相关计算

① 输送散状物料的输送能力

$$Q=3600KB^2v\rho C$$

式中，Q 为输送能力，kg/h；v 为带速，m/s；ρ 为物料密度，kg/m^3；C 为输送机倾斜度修正系数，当倾角 $\beta=0°\sim7°$ 时，$C=1$；当倾角 $\beta=8°\sim15°$ 时，$C=0.95\sim0.90$；当倾角 $\beta=16°\sim20°$ 时，$C=0.90\sim0.80$；当倾角 $\beta=21°\sim25°$ 时，$C=0.80\sim0.75$；B 为带宽，m；K 为断面系数，见表 5-7。

已知输送量求带宽可用下式：

$$B=\sqrt{\frac{Q}{3600Kv\rho C}}$$

式中，如对带式输送机作不均匀给料时，应将 Q 乘以供料不均匀系数（1.5～3.0）。

表 5-7　断面系数 K

物料在带上的动态堆积角(θ)		10°	20°	25°	30°	35°
K	槽形输送带	316	385	422	458	496
	平形输送带	67	135	172	209	249

② 输送成件物品时的输送能力

$$Q=3600\frac{Gv}{l}$$

式中，Q 为输送能力，kg/h；G 为单件物品质量，kg；v 为带速，m/s；l 为单件物品在输送带上的间距，m。

每小时输送的件数：

$$Q=\frac{3600v}{l}$$

输送成件物品时，输送带的宽度比成件物品的横向尺寸大 50～100mm。

③ 输送机功率的计算　输送机的功率主要消耗在克服带在各区段运行时的阻力。根据上述计算求出驱动滚筒上带的绕入点和绕出点的拉力后，即可求出电动机功率：

$$P=\frac{F_t v}{\eta}=\frac{(F_{\max}-F_1)v}{\eta}$$

式中，F_t 为驱动滚筒的有效圆周力，N；v 为带速，m/s；η 为传动系统机械效率，%；$F_{\max}$、F_1 为驱动滚筒上带的绕入点和绕出点的拉力，N。

5.3.3.2　螺旋输送机

螺旋输送机又称绞龙，在生物工厂中常用来输送潮湿的或松散的物料；因其密闭性好，故又常用于粉尘大的物料或同时用来输送和混料等场合。目前，我国生物工厂使用的螺旋输送机有些是根据工艺需要而设计的非定型设备，有些则是采用专业厂生产的标准化设备。螺旋输送机的选型流程如下：

（1）原始参数的收集　① 被输送物料的名称；② 物料特性，包括物料松散密度 ρ（t/m³）、物料的最大粒度（mm）及其比率、一般物料的粒度（mm）、温度（℃）、含水率、黏度、摩擦性及腐蚀性等；③ 实际输送量 Q（m³/h）；④ 需要提升的高度 H（m）。

（2）螺旋输送机的相关计算　在进行螺旋输送机的设计计算时，必须先确定设计的原始条件，包括输送能力、物料的性质、工作环境、输送机布置形式等。

① 生产能力计算　$G=3600Av\rho=3600\frac{\pi D^2}{4}\varphi C\frac{tn}{60}\rho=60\frac{\pi D^2}{4}tn\varphi\rho C$

对于带式螺旋 $t=D$ 时，则：

$$G=15\pi D^3 n\varphi\rho C$$

对于实体螺旋 $t=0.8D$ 时，则：

$$G=12\pi D^3 n\varphi\rho C$$

式中，A 为料槽内物料的断面积，m²；v 为物流速度，m/s；ρ 为物料的堆积密度，t/m³；D 为螺旋输送机的螺旋直径，m；φ 为物料的填充系数，某些物料的 φ 见表 5-8；C 为与输送机倾角有关的系数，见表 5-9；n 为螺旋轴的转速，r/min。

表 5-8 物料综合特性推荐系数

物料的块度	物料的摩擦性	推荐的填充系数 φ	推荐的螺旋面类型	K	B
粉状	无摩擦性、半摩擦性	0.30～0.40	实体	0.0415	75
粉状	无摩擦性、半摩擦性	0.25～0.35	实体	0.0190	50
粉状	摩擦性	0.20～0.30	实体	0.0600	30
固状	黏性易结块	0.125～0.20	带体	0.0710	20

表 5-9 与输送机倾角有关的系数

输送机的水平倾角 β	0°	5°	10°	15°	20°
C	1.0	0.9	0.8	0.7	0.65

② 螺旋直径和转速的确定 从螺旋输送机的工作原理可知，要使物料平稳地在料斗内被螺旋推移前进而不被螺旋所抛起，必须保证物料所受的切向力小于物料重力和对壁的摩擦力，否则物料会被抛起，磨损增大。切向力的大小又直接与转速有关。因此，螺旋的转速不能过高，根据实验得出，螺旋轴的极限转速为：

$$n = \frac{B}{\sqrt{D}}$$

式中，D 为螺旋直径，m；B 为物料综合特性系数，见表 5-8。

设计时，螺旋输送机的直径可用下式计算：

$$D = K^{2.5}\sqrt{\frac{G}{\varphi \rho C}}$$

式中，K 为经验系数，见表 5-8。

计算时先根据物料特性从表 5-8 中选取 K，按上式求出螺旋直径 D，然后圆整为标准螺旋直径。我国标准螺旋直径系列为 150mm、200mm、250mm、300mm、400mm、500mm和 600mm。

③ 螺旋节距的确定 实体型螺旋的节距取 $t=0.8D$；带式螺旋的节距取 $t=D$；叶片面型螺旋的节距取 $t=1.2D$。

④ 输送功率的计算 螺旋输送机的运动阻力包括物料对料槽的摩擦阻力、物料对螺旋面的摩擦阻力、中间轴承和末端轴承的摩擦阻力及其他附加阻力。附加阻力包括物料在中间轴承的堆积，物料被搅拌，以及螺旋与料槽间隙内物料的摩擦等。

水平式螺旋输送机的功率计算式：

$$P_0 = \frac{GLW_0}{367}$$

倾斜式螺旋输送机的功率计算公式：

$$P_0 = \frac{G}{367}(LW_0 \pm H) \quad \text{或} \quad P_0 = \frac{GL}{367}(W_0 \pm \sin\beta)$$

式中，G 为螺旋输送机的生产能力，t/h；W_0 为物料的阻力系数，见表 5-10；L 为螺旋输送机的水平投影长度，m；H 为螺旋输送机的垂直投影高度（向上运输取正值，向下运输取负值），m；β 为螺旋输送机的倾角。

电动机所需额定功率

$$P_{电} = K_{电}\frac{P_0}{\eta}$$

式中，$K_电$ 为功率备用系数，$K = 1.2 \sim 1.4$；η 为传动效率，$\eta = 0.90 \sim 0.94$。

表 5-10　物料的阻力系数

物料特性	物料的典型例子	W_0
无摩擦性、干性	粮食、谷物、面粉	1.2
无摩擦性、湿性	棉籽、麦芽、糖块	1.5
半摩擦性	苏打、食盐	2.5
强烈的摩擦性、黏性	砂糖	4.0

5.3.3.3　斗式提升机

斗式提升机常用于将物料垂直提升到一定高度，以便使物料借重力自流加工。目前我国生产的斗式提升机的类型有 D 型、HL 型和 PL 型。D 型是采用橡胶带为牵引构件，HL 型是采用锻造的环形链条为牵引构件，PL 型是采用板链为牵引构件。生物工厂中最常用的是采用橡胶带牵引的 D 型斗式提升机。

斗式提升机的选型流程如下：

（1）原始参数的收集　①物料名称；②物料特性，包括粒度（mm）、松散密度ρ（t/m³）、温度、湿度、黏度、摩擦性等；③实际输送量 Q（m³/h）；④需要提升的高度 H（m）。

（2）斗式提升机的相关计算

① 输送量的计算

$$Q = 3.6 \frac{i_0}{a} v \rho \varphi$$

式中，Q 为输送量，t/h；i_0 为料斗容积，L；a 为料斗间距，m；v 为提升速度，m/s；φ 为填充系数，见表 5-8；ρ 为物料松散密度，t/m³。

② 料斗的计算　在斗式提升机选型设计时，可根据不同规格、型号的斗式提升机的特性表，查到斗式提升机的输送量、料斗容量及料斗间距，因此不需要进行料斗的计算。

当进行非标准斗式提升机设计时，如需进行料斗计算，可由下式求得料斗容积和料斗间距的比值：

$$\frac{i_0}{a} = \frac{Q}{3.6 v \rho \varphi}$$

根据计算所得的比值 i_0/a，先设定料斗的间距，算出料斗容积，再按物料特性，查得料斗的类型。

③ 功率的计算

斗式提升机的轴功率：

$$P_0 = \frac{Fv}{1000}$$

斗式提升机的电动机功率：

$$P_电 = K_电 \frac{P_0}{\eta}$$

式中，P_0 为轴功率，kW；$P_电$ 为电动机功率，kW；$K_电$ 为功率备用系数，$K_电 = 1.1 \sim 1.2$；η 为传动效率，一般取 $\eta = 0.85$。

5.3.3.4　刮板输送机

刮板输送机是一种借助刮板链条的运动及物料的内摩擦力，在封闭的机槽中使物料整体运动向前输送的机械。刮板输送机在水平输送时，被输送的物料受到刮板链条在运动方向的压力和自身重量的作用下，在物料间产生了内摩擦力，这种物料之间的内摩擦力，使物料堆形成稳定状态。同时，这种内摩擦力足以克服物料在机槽内移动时机槽对物料的外摩擦阻力，使物料成为连续整体的料流而被输送。刮板输送机在垂直段提升物料时，物料受到刮板链条在运动方向（向上）的压力，物料间产生内摩擦力。同时，刮板输送机的下水平段不断加料，使下部物料相继对上部的物料产生推动力。这种内部摩擦力和推动力，足以克服物料自身的重量和在机槽内移动时机槽壁对物料的外摩擦力，使物料呈连续整体状的物料流而被提升。刮板输送机按结构可分为五类：水平型（S）、垂直型（L）、Z 型（Z）、扣环型（K）和 U 型（U）。

刮板输送机的选型流程如下：

（1）原始参数的收集　①物料特性，包括物料粒度组成、松散密度、静堆积角或动堆积角、温度、黏度及相对湿度、磨损性、腐蚀性和其他特殊性质；②输送机的输送量，有最大输送量和平均输送量，如需调节输送量，应指明速度的变化范围；③给料点、卸料点的数目和位置；④工作制度及工作条件，年工作日数，一昼夜的工作时数，安装地点（露天、厂房内或走廊），工作环境（干燥、潮湿、尘埃多少等）。

（2）刮板输送机的相关计算

① 输送量的计算

$$Q = 3600Bhvr\eta$$

式中，Q 为输送量，t/h；B 为机槽宽度，m；h 为机槽有效高度，m；v 为刮板链条速度，m/s；r 为物料容重，t/m³；η 为输送效率。

② 功率的计算

$$P = K_1 \frac{Tv}{1000\eta}$$

式中，P 为电机功率，kW；K_1 为储备系数，$K_1 = 1.15 \sim 1.2$；η 为传动装置效率；T 为输送机牵引力，N。

5.3.3.5　气流输送

气流输送比机械输送相同物料所消耗的能量要大得多，但是由于它有很多优点，因此在生物工厂输送固体物料时仍有许多厂家使用。

（1）气流输送的优点　①采用负压进料，可实现风选，去除铁、石等重杂质；②输送系统密闭，防止物料损失，改善劳动环境；③能较好地实现均匀定量输送，方便操作；④设备投资费用较少；⑤设备布置简捷、方便。

（2）气流输送的设计选型流程　①确定要输送物料的特性参数、种类、粒度、密度、摩擦性等；②需要输送的物料量；③输送系统工艺流程设计；④输送物料的气速和混合比的选定；⑤计算需要的空气量，并考虑漏风等；⑥计算系统的压力损失，并考虑未计算部分；⑦根据空气量与压力损失，查表选择适当的风机型号，确定风机台数；⑧电机及传动方式选择。

5.3.4　通用设备的选型注意事项

5.3.4.1　液体输送设备的选型注意事项

关于泵的选型，前面已有详细叙述，在此针对生物工厂的特殊性，提出几点需要注意的问题。

① 泵的选型　首先根据输送物料的特性和输送要求考虑，然后再根据输送流量、总扬程，泵的效率等，选择具体型号。

生物工厂生产的产品门类多，所输送物料的性质及输送要求各不相同，在选择泵型时，应区别对待。例如：乙醇厂连续蒸煮用泵所输送的粉浆固形物含量高、黏度大，输送压头高，流量要求稳定，应选择双缸双动往复泵或三缸往复泵，可保证不堵塞、高压头和稳流量。同样，输送蒸煮醪、发酵醪均应选择电动往复泵（乙醇厂称泥浆泵），流量用调速电机调节。啤酒厂糖化车间选择醪泵时，应选择全开叶或半开叶、低转速（850～960r/min）、大流量、低扬程离心泵。选择煮沸麦汁输送泵时，因麦汁中含有已经絮凝的蛋白质，为了防止絮凝蛋白质被打破，应选择低转速（850r/min）的涡轮泵，用大流量、变形（变直径）来达到高扬程。如果认为麦汁是清液，选用高转速的清水泵，达到高扬程，这在工艺上是欠妥的。

② 对于间歇操作的泵选择时，注意在满足压头、耐腐蚀、防爆等方面要求的前提下，可把生产能力选得大些，尽可能快地将物料输送完，尽快腾出设备，节约人力。

③ 对于连续操作的泵，在考虑输送物料特性、压头、安全等方面要求的同时，则应选择流量略高于工艺要求的泵，以便留有调节余地，保证生产均衡进行。例如，用于连消和蒸煮时，多使用容积式泵，如往复泵、螺杆泵、TS连消泵等。为保证生产连续进行，设备宜备用一台泵。

5.3.4.2　气体输送设备选型注意事项

生物工厂用于深层发酵的，如机械搅拌罐和各种新型生化反应器等的送风设备，主要采用往复式空气压缩机、涡轮空气压缩机；用于酵母培养和麦汁生产的设备主要是罗茨式和高压鼓风机；用于固体厚层通风培养、气流输送、气流干燥、气体输送的则是离心通风机；车间通风换气，一般使用轴流式风机。连续操作的多有备用设备。

5.3.4.3　固体输送设备选型注意事项

① 如无特殊需要，应尽量选用机械提升设备，因其能耗，视不同类型，比气流输送要低3～10倍。

② 皮带输送机、螺旋输送机，以水平输送为主，也可以有些升扬，但倾角不应大于20°，否则效率大大下降，甚至造成失误。

5.3.4.4　在通用设备选型时应注意，不要选择已淘汰老产品

原国家经委、原机械工业部等有关部门，自1983年以来先后淘汰了许多耗能高的机电产品，如JO系列电机、8-18系列风空压机、1-10/8空压机、BA系列清水泵等，代之以节能型新产品。

5.4　非标准设备的设计与选型

生物工厂中的非标准设备，是指生产车间中除专业设备和通用设备之外的用于与生产配套的贮罐、中间料池、计量罐等设备和设施。

5.4.1　非标准设备的类型

非标准设备按其作用特点大体上可分为三类。

（1）起贮存作用的非标准设备　如乙醇生产的中间醪池、味精生产的尿素贮罐、贮油罐

及啤酒麦汁的暂贮罐等。

（2）起混合调量灭菌作用的非标准设备　如乙醇生产的拌料罐、味精生产的调浆池等。

（3）起计量作用的非标准设备　如味精生产的油计量罐、尿素溶液计量罐等。

5.4.2　非标准设备设计与选型的流程

5.4.2.1　收集物性数据

物性数据包括温度、压力、相态、密度、腐蚀性、毒性等。

5.4.2.2　选择材质

材质的选择主要取决于所装物料的化学性质、温度、压力等因素。对于有腐蚀性的物料，应选用不锈钢等耐腐蚀金属材料，在温度压力允许的条件下也可使用非金属材料如聚氯乙烯等塑料。特殊物料还可用有衬里的钢制压力容器，衬里包括橡胶、聚四氟乙烯、辉绿及搪瓷等。具体选用可参考专业设计资料。选择材质时主要考虑选择合适的材质、相应的容量，以保证生产的正常运行。在此前提下，尽量选用比表面积小的几何形状，以节省材料、降低投资费用。球形容器当然是最省料的，但加工较困难。因此多采用正方形和直径与高度相近的筒形容器。

5.4.2.3　确定物料存贮数量及装料系数

（1）原料、产品贮罐　以存贮功能为主，容器体积较大，原料贮罐的容积大小及个数取决于存储量的多少。全厂性的原料贮罐一般至少有 1 个月的用量贮存；车间的原料贮罐一般考虑至少半个月的用量贮存；中间贮罐一般考虑一昼夜的产量或发生量的贮存；液体产品贮罐一般设计至少有 1 周的产品产量。若为厂内使用的产品，可视下工段或车间 1~2 月的消耗量来考虑贮存量；若是出厂终端产品，作为待包装产品，其贮存量不宜超过半个月产量。不挥发性液体贮罐的装料系数通常可达 80%~85%，易挥发性液体贮罐的装料系数通常为 70%~75%。气柜一般可设计得稍大些，可以达两天或略多时间的产量，因气柜不宜持久地贮存，当下一个工序停止使用时，前一个产气工序应考虑提前停车。

（2）计量罐、回流罐　以计量功能为主，容器体积不大，但要求计量准确，因此应采用立式结构，高径比应选择大一些。装料系数为 60%~70%，保证计量液位高度在罐的直筒位置。计量罐间歇操作时，装料量为一批生产使用量；连续操作时，物料的停留时间一般为 10~20min。精馏塔的回流罐中，液体停留时间一般取 5~10min，为使计量结果尽量准确，通常这类设备的高径比（或高宽比）都选得比较大（如取 $H/D=3~4$）。这样，当变化相同容量时，在高度上的变化较灵敏。

（3）中间产品贮罐　以贮存功能为主，主要用于各设备、工序或车间产品数量之间平衡关系的协调、易发生事故设备的产品的暂时存放、工艺流程中要求的切换等，如间歇操作与连续操作之间产品数量的平衡、不同操作周期的间歇操作之间的产品数量的平衡等。贮存量可根据实际情况进行计算，中间产品贮罐的装料系数与一般原料或产品贮罐相同。

（4）配料罐、混合罐　以混合功能为主，有气体鼓泡或有搅拌装置的贮罐，装料系数约为 70%。在实际反应过程中，经常是多种反应物反应，同时还需加入催化剂、各种助剂、溶剂等。这些原料需事先在配料罐中按比例混合均匀，然后加入反应器中反应，通常配料罐需安装搅拌装置。间歇操作时，一次可配制一批或一天生产需用原料量。连续操作应根据物料的混合性质决定物料在配料罐中的停留时间。

（5）气体缓冲罐　设置气体缓冲罐的目的是使气体有一定数量的积累，保持操作压力比较稳定，以保证气体流量稳定，其气体容量通常是下游设备 5～15min 的用量。气体缓冲罐的装料系数应为 100%。

5.4.2.4 贮罐容积及个数的计算

根据物料存贮数量及容器的装料系数计算贮罐的容积，若物料存贮数量较大，可采用多个体积相同的贮罐并联使用。

5.4.2.5 贮罐外形尺寸的确定（可参考反应器釜体几何尺寸的计算方法）

① 确定贮罐是卧式结构还是立式结构。
② 选择封头类型及封头与直筒部分的连接方式。
③ 选择适当的高径比。
④ 计算贮罐直径，选择适当的标准化直径。
⑤ 计算贮罐直边高度。
⑥ 计算最高液位、最低液位。

5.4.2.6 计算工艺管口

通常贮罐的工艺管口有进料口、出料口、溢流口、放净口、放空口、液位计口、测温口、测压口、备用口等，必要时还要开设人孔、视镜等。不同管口须设置在贮罐的不同部位。

5.4.3 非标准设备的设计与选型实例

现以年产 2 万吨、纯度为 99% 的味精发酵车间的泡敌贮罐、消泡敌罐（泡敌计量罐）的计算为例，介绍非标准设备的设计与选型方法。

5.4.3.1 设备容量的确定

（1）泡敌消耗量　由物料衡算知，每生产 1t 味精需 6.55kg 泡敌，若每年生产 300 天。则：

泡敌每天的消耗量 $Q_d = 6.55 \times 20000 \div 300 = 436.7$（kg）。
每小时消耗泡敌 $Q_h = 436.7 \div 24 = 18.2$（kg）。
每月消耗泡敌 $Q_m = 436.7 \times 30 = 13101$（kg）$= 13.1$（t）。

（2）泡敌贮罐总容积的计算　设每一个泡敌贮罐可供正常生产使用一个月，泡敌的相对密度为 0.985～0.995，约为 1t/m³，取填充系数 $\varphi = 0.8$，则每个贮罐总体积 $V_0 = 13.1 \div 0.8 = 16.4$（m³）；圆整为 20m³。

（3）泡敌杀菌（计量）罐容积的计算　若每班杀菌一次，两个泡敌罐交替使用，取填充系数 $\varphi = 0.8$，则每个泡敌灭菌罐的体积 $V = 18.2 \times 8 \div 0.8 \div 1000 = 0.182$（m³）。

5.4.3.2 泡敌贮罐的设计

（1）材质选择　泡敌无腐蚀性，可使用碳钢制作贮罐，以节约投资。
（2）几何尺寸的确定　贮存罐可取 $H/D = 2.0$，取平底、锥形封头结构。

$$V_0 = \frac{\pi D^2}{4} \times 2.0D = 20 \text{（m}^3\text{）}$$

得 $D = 2.34$（m）。
取 $D = 2.5$m，罐高 $H = 2.0D = 5$（m）。

5.4.3.3 泡敌灭菌（计量）罐的设计

由于消泡剂添加总量不大，取消泡剂灭菌罐作计量罐两用，用无菌空气将灭过菌的泡敌压入发酵罐。进罐管上设视镜以便观察进料情况。

（1）材质选择　虽然消泡剂无腐蚀，但考虑到在杀菌时碳钢会生锈，内筒仍使用不锈钢，外筒用碳钢制作。

（2）几何尺寸的确定　考虑到作为计量之用，取 $H/D = 2.5 : 1$；锥底，椭圆封头，夹套加热冷却。

主要尺寸计算结果如下：罐径 $D = 0.46$（m）；罐高 $H = 1.15$（m）；可装容积 $V = 0.191$（m³）。

5.5　生物工厂中常用的工程材料

工程材料是指用于机械、车辆、船舶、建筑、化工、能源、仪器仪表、航空航天等工程领域的材料。工厂设计对设备及管道材质的要求是：凡是水、气系统中的管道、管件、过滤器、喷针等都应采用优质奥氏体不锈钢材料；选用其他材料必须耐腐蚀、不生锈。通常，在各类工程中使用的材料按化学组成可分为四类，即金属材料、非金属材料、高分子材料和复合材料。

5.5.1　工程材料的分类

5.5.1.1　金属材料

金属材料是重要的工程材料，包括金属和以金属为主的合金。工业上把金属和其合金分为两大部分。

（1）黑色金属材料　黑色金属材料是铁和以铁为主的合金（钢、铸铁和铁合金），是目前应用最广的工程材料。以铁为主的合金材料占整个结构材料和工具材料的90.0%以上。黑色金属材料的工程性能比较优越，价格也较便宜，因此得到了广泛应用。

（2）有色金属材料　有色金属材料是黑色金属以外的所有金属及其合金。有色金属按照性能和特点又可分为：轻金属、易熔金属、难熔金属、贵金属、稀土金属和碱土金属。它们是重要的有特殊用途的材料。

5.5.1.2　非金属材料

非金属材料也是重要的工程材料，包括耐火材料、耐火隔热材料、耐腐蚀（酸）非金属材料和陶瓷材料等。

（1）耐火材料　是指能承受高温作用而不易损坏的材料，它是炼钢、炼铁、熔化铁及其他冶炼炉和加热炉炉衬的基础材料之一。常用的耐火材料有耐火砌体材料、耐火水泥及耐火混凝土。

（2）耐火隔热材料　又称耐热保温材料，它是各种工业用炉（冶炼炉、加热炉、锅炉炉膛）的重要筑炉材料。常用的隔热材料有硅藻土、蛭石、玻璃纤维（又称矿渣棉）、石棉及其制品。

（3）耐腐蚀（酸）非金属材料　其组成主要是金属氧化物、氧化硅和硅酸盐等，它们的耐腐蚀性高于金属材料（包括耐酸钢和耐腐蚀合金），并具有较好的耐磨性和耐热性能，在某些情况下它们是不锈钢和耐腐蚀合金的理想代用品。常用的非金属耐腐蚀材料有铸石、石墨、耐酸水泥、天然耐酸石材和玻璃等。

（4）陶瓷材料　主要是以黏土为主要成分的烧结制品，它具有结构致密、表面平整光洁、耐酸性能良好等特点，常用的有日用陶瓷、电器绝缘陶瓷、化工陶瓷、结构陶瓷和耐酸陶瓷等。

5.5.1.3　高分子材料

高分子材料为有机合成材料，也称聚合物。它具有较高的强度、良好的塑性、较强的耐腐蚀性能，很好的绝缘性和质量轻等优良性能，在工程上是发展最快的一类新型结构材料。高分子材料的种类很多，通常根据机械性能和使用状态将其分为三大类。

（1）塑料　主要是指强度、韧性和耐磨性较好，可制造某些机器零件或构件的工程塑料，一般分为热塑性塑料和热固性塑料两种。

（2）橡胶　通常是指经硫化处理后弹性特别优良的聚合物，有通用橡胶和特种橡胶两种。

（3）合成纤维　指由单体聚合而成且强度很高，通过机械处理所获得的聚合物纤维材料。

5.5.1.4　复合材料

复合材料就是用两种或两种以上不同材料组合而成的材料，其性能是其他单质材料所不具备的。复合材料可以由各种不同种类的材料复合组成。它在强度、刚度和耐腐蚀性方面比单纯的金属、陶瓷和聚合物都优越，是特殊的工程材料，具有广阔的发展前景。

5.5.2　工程材料的性能

在选用材料时，首先必须考虑材料的有关性能，使之与构件的使用要求匹配。材料的性能可分为力学性能、使用性能和工艺性能三类，材料的力学性能是工程材料在外力作用下所表现出来的性能；使用性能是工程材料在使用过程中所表现出来的性能；工艺性能是工程材料在加工过程中所表现出来的性能。

5.5.2.1　力学性能

材料的力学性能是指材料在不同环境因素（温度、压力、介质）条件下，承受外加负荷作用时所表现出的行为，这种行为通常表现为材料的变形和断裂。因此，材料的力学性能可以理解为材料抵抗外加负荷所引起的变形和断裂的能力。当外加负荷的性质、环境温度与介质等外在因素不同时，对材料要求的力学性能指标也不相同，室温下常用的力学性能指标有强度、硬度、弹性、塑性、冲击韧性等，这些性能指标是进行设备材料选择及计算时决定许用应力的依据。

（1）强度　材料的强度是指材料抵抗外加负荷而不致失效破坏的能力。按所抵抗外力作用的形式可分为：抵抗外力的静强度、抵抗冲击外力的冲击强度、抵抗交变外力的疲劳强度。按环境温度可分为：常温下抵抗外力的常温温度、高温或低温下抵抗外力的高温强度或低温强度等。材料在常温下的强度指标有屈服强度和抗拉强度。但对于工程使用的金属材料而言，大部分没有明显的屈服现象。而部分低塑性材料甚至没有缩颈现象，最大的力即为断裂时的外力。

通常随着温度升高，金属材料的强度降低而塑性增加。金属材料在高温下长期工作时，在一定的应力条件下，会随着时间的延长，缓慢并且不断地发生塑性变化，称为蠕变现象。例如，高温高压蒸汽管道，虽然其承受的应力远小于工作温度下材料的屈服点，但在长期的使用过程中则会产生缓慢而连续的变形使管径日趋增大，最后可能导致破裂。

对于长期承受交变应力作用的材料，还要考虑疲劳破坏。所谓的疲劳破坏是指材料在小于屈服强度极限的循环负荷长期作用下发生破坏的现象。疲劳断裂与静负荷下断裂不同，无论在静负荷下显示脆性或韧性的材料，在疲劳断裂时，都不产生明显的塑性变形，断裂是突然发生的，因此具有很大的危险性，常造成严重的事故。

（2）硬度　硬度是反应材料软硬程度的一种性能指标，它表示材料表面局部区域内抵抗变形或破裂的能力。它采用不同的实验方法来表征不同的抗力。硬度不是独立的基本性能，而是反映材料弹性、强度与塑性等的综合性能指标。一般情况下，硬度高的材料强度高，耐磨性能较好，但切削加工性能较差。在工程技术中应用最多的压入硬度，常用的指标有布氏硬度（HB）、洛氏硬度（HRC、HRB）和维氏硬度（HV）等，所得到的硬度值的大小实质是表示金属表面抵抗压入物体（钢球或锥体）所引起局部塑性变形的抗力大小。

（3）塑性　材料的塑性是指材料受力时，当应力超过屈服点后，能产生显著变形而不立即断裂的性质。塑性指标在设备设计中具有重要意义，有良好的塑性才能进行成形加工，如弯卷和冲压等；良好的塑性性能可使设备在使用中产生塑性变形而避免发生突然的断裂。但过高的塑性常常会导致强度降低。

（4）冲击韧性　在一定温度下，材料在冲击负荷作用下抵抗破坏的能力称为冲击韧性。材料的冲击韧性为其强度和塑性的综合指标，反义为脆性。材料的抗冲击能力常以使其破坏所消耗的功或吸收的能除以试件的截面积来衡量，称为材料的冲击韧度。冲击韧度以 α_K 表示，单位为 J/cm^2。

冲击韧性可理解为材料在外加动载荷突然袭击时的一种及时并迅速塑性变形的能力。冲击韧性高的材料一般有较高的塑性指标，但塑性指标较高的材料，却不一定具有较高的冲击韧性，原因是在静载下能够缓慢塑性变形的材料，在动载下不一定能迅速地塑性变形。冲击韧性不可直接用于零件的设计与计算，但可用于判断材料的冷脆倾向和不同材质的材料之间冲击韧性的比较，以及评定材料在一定工作条件下的缺口敏感性。

5.5.2.2　物理性能

材料的物理性能有密度、热学性能（熔点、比热容、热膨胀性、导热性等）、电学性能（热导性、导电性、压电性、铁电性、光电性、磁电性等）、磁学性能及光学性能等。下面介绍在选择和应用工程材料时常需考虑的几种物理性能。

（1）密度　单位体积物质的质量称为密度。一般把小于 $5g/cm^3$ 的金属称为轻金属（铝、镁、钛等），反之称为重金属（铁、铬、镍等）。密度是计算设备重量的常数。

（2）熔点　材料从固态向液态转变时的平衡温度称为熔点。熔点低的金属和合金，其铸造和焊接加工都较容易，常用于制造熔断器等零件；熔点高的合金则可用于制造要求耐高温的零件。

（3）热膨胀性　金属及合金受热时，一般都会有不同程度的体积膨胀，因此，双金属材料的焊接，要考虑它们的线膨胀系数是否接近，否则会因膨胀量不等而使容器或零件变形或损坏。有些设备的衬里及其组合的线膨胀系数应和基本材料相同，以免受热后因膨胀量不同而松动或破坏。

（4）导热性　表征材料热传导性能的指标有热导率 λ，也称导热系数。金属中银和铜的导热性最好，其次为铝；纯金属的导热性比合金要好，而非金属材料导热性能差。导热性对制订金属的加热工艺也很重要，如合金钢导热比碳钢差，其加热速度就要慢一些。

（5）导电性　材料传导电流的能力称为导电性，用电阻率来衡量。合金的导电性一般比纯金属差。纯铜、纯铝的导电性好，可用于输电线；Ni-Cr 合金材料、Fe-Mn-Al 合金材料、

Fe-Cr-Al 合金材料的导电性差而电阻率较高，可用作电阻丝。一般而言，塑料、陶瓷的导电性很差，常作为绝缘体使用，但部分陶瓷为半导体，少数陶瓷材料在特定条件下可作为超导体。

（6）磁学性能　磁学性能是材料被外界磁场磁化或吸引的能力。金属材料可分为铁磁性材料（在外磁场中能强烈地被磁化，如铁、钴、镍等）、顺磁性材料（在外磁场中只能微弱地被磁化，如锰、铬等）和抗磁性材料（能抗拒或削弱外磁场对材料本身的磁化作用，如锌、铜、银、铝、奥氏体钢，还有高分子材料、玻璃等）三类。铁磁性材料可用于制造变压器、电动机、测量仪表中的铁芯等。对于铁磁性材料，当温度升高到一定数值时，磁畴被破坏，可变为顺磁性材料。

（7）光学性能　光学性能是指材料对光的辐射、吸收、透射、反射和折射的能力。某些材料可以产生激光，玻璃纤维可用作光通信的传输介质，此外，还有用于光电转换的光电材料。

5.5.2.3　化学性能

材料的化学性能是指材料抵抗各种化学介质作用的能力，包括溶蚀性、耐腐蚀性、抗渗入性、抗氧化性等，可归结为材料的化学稳定性。对于常用的结构材料，最常考虑的化学性能指标主要有耐腐蚀性和抗氧化性。

（1）耐腐蚀性　金属和合金对周围介质，如大气、水汽、各种电解液侵蚀的抵抗能力称为耐腐蚀性或抗腐蚀性能。常用腐蚀速度来评价材料的耐腐蚀性。金属被腐蚀后，其重量、厚度、力学性能等都会发生变化，它们的变化率可用来表示金属的腐蚀速度。在均匀腐蚀的情况下，通常用重量指标［单位时间内在单位金属表面上由腐蚀引起的重量变化，单位为 $g/(m^2 \cdot h)$］和深度指标（单位时间内的腐蚀深度，单位为 mm/a）来表示金属的腐蚀程度。

金属材料常见的腐蚀形态有均匀腐蚀和局部腐蚀，以及应力腐蚀、磨损腐蚀、氢腐蚀等。材料的耐腐蚀性对机械的使用与维护意义重大，各种与化学介质相接触的零件和容器都要考虑腐蚀问题。金属腐蚀最严重的几个领域为石油化工、航天航空、船舶制造、核能等现代工业领域，如井下油管、海洋采油平台、船载电子装备等的主要损坏形式即为腐蚀。

（2）抗氧化性　在高温下，钢铁不仅与自由氧发生氧化腐蚀，使钢铁表面形成结构疏松、容易剥落的氧化皮；还会与水蒸气、二氧化碳、二氧化硫等气体产生高温氧化与脱碳作用，使钢的力学性能下降，特别是降低了材料的表面硬度和抗疲劳强度。

5.5.2.4　加工工艺性能

材料的加工性能是指在制造工艺过程中材料适应加工的能力，反映了材料加工的难易程度。对于金属材料，主要为铸造性、可锻性、焊接性、可切削加工性和热处理工艺性等。这些性能直接影响设备和零部件的制造工艺方法和质量。

（1）铸造性　铸造性主要是指液体金属在型腔中的流动性和凝固过程中的收缩和偏析倾向（合金凝固时化学成分的不均匀析出称为偏析）。流动性好的金属能充满铸型，故能浇铸较薄的与形状复杂的铸件。铸造时，熔渣与气体较易上浮，铸件不易形成夹渣与气孔，且收缩小。铸件中不易出现缩孔、裂纹、变形等缺陷，偏析小，铸件各部位成分较均匀，这些都使铸件质量有所提高。合金钢与高碳钢比低碳钢偏析倾向大，因此，铸造后要用热处理方法消除偏析。常用的金属材料中，灰铸铁和锡青铜铸造性能较好。

（2）可锻性　可锻性是指金属适应锻、轧等压力加工的能力。可锻性包括金属的塑性与变形抗力两个方面。塑性好的材料，锻压所需外力小，可锻性好。低碳钢的可锻性比中碳钢及高碳钢好；碳钢的可锻性比合金好。铸铁是脆性材料，目前尚不能锻压加工。

（3）焊接性　焊接性是指金属材料对焊接成形的适应性，也就是指在一定的焊接工艺条件下金属材料获得优质焊接头的难易程度。焊接性好的金属材料易于采用一般的焊接方法与工艺进行焊接，不易形成裂纹、气孔、夹渣等缺陷，焊接接头强度与母材相当。焊接性能差的金属材料要采用特殊的焊接方法与工艺才能进行焊接。金属的焊接性很大程度上受金属本身材质（如化学成分）的影响。低碳钢具有优良的焊接性，而铸铁、铝合金等焊接性较差。

（4）可切削加工性　可切削加工性是指金属材料被切削加工的难易程度。切削加工性能好的金属材料切削时消耗的功率小，刀具寿命长，切削易于折断脱落，切削后表面光洁。灰铸铁、碳钢都具有较好的切削性。

（5）热处理工艺性　热处理工艺性是指材料接受热处理的难易程度和产生热处理缺陷的倾向，可用淬硬性、回火脆性、氧化脱碳倾向、变形开裂倾向等指标进行评价。

5.5.3　几种常见的工程材料

5.5.3.1　金属材料

（1）碳钢和铸铁　碳钢和铸铁是工程应用最广泛、最重要的金属材料。它们是由95%以上的铁和0.05%～4%的碳及1%左右的杂质元素所组成的合金，称为铁碳合金。由于碳钢和铸铁具有优良的力学性能，资源丰富，与其他金属相比其价格又较便宜，而且还可以通过采用各种防腐措施，如衬里、涂料、电化学保护等来防止介质对金属的腐蚀，因此在工厂中，选用金属材料时首先要考虑用碳钢或铸铁，只有当它们不适用时，才考虑选用其他金属材料。

工业上常用的铸铁，其含碳量（质量分数）一般在2%以上，并含有S、P、Si、Mn等杂质。与钢相比，铸铁的力学性能通常较低，特别是塑性、韧性较差。但铸铁生产工艺简单，具有优良的铸造性能、可切削加工性能，较好的耐磨性能及减振性能等优点。因此，铸铁广泛地用于机械制造、冶金、矿山及交通运输等工业部门。此外，高强度铸铁和特殊性能的合金铸铁还可代替部分昂贵的合金钢和有色金属材料。铸铁通常可分为灰铸铁、可锻铸铁、球墨铸铁和特殊性能铸铁等。

（2）不锈钢　不锈钢是以不锈性、耐腐蚀性为主要特性的铬含量高（≥12%）的钢种。不锈钢的种类多、性能差异大，分类方法较多。按国际通用分类方法可以将不锈钢分为五类：铁素体不锈钢、马氏体不锈钢、奥氏体不锈钢、双相不锈钢及沉淀硬化不锈钢。

① 铁素体不锈钢一般不含镍，碳含量低于0.2%，铬含量为10.5%～27%。430是通用性铁素体不锈钢，可用于腐蚀、装饰场合，如用于汽车饰品。409L是产量最大和廉价的铁素体不锈钢，主要用于制造汽车排气管和催化器外壳。

② 马氏体不锈钢为获得马氏体而特意添加碳，通过淬火和回火热处理调整其力学性能，主要用于制作涡轮机组叶片、餐具和刀片等。在各类不锈钢中，马氏体不锈钢的耐腐蚀性最差，但强度和硬度最高。国内常用马氏体不锈钢牌号有410S、440、1Cr13、2Cr13、3Cr13、4Cr13和9Cr18。

③ 奥氏体不锈钢是指基体以面心立方晶体结构的奥氏体组织为主，无磁性，可通过冷加工使其强化（并可能导致一定的磁性）的不锈钢。这类钢的特点是，具有优异的综合性能，包括优良的力学性能，冷、热加工和成形性，可焊性和在许多介质中的良好耐腐蚀性，是目前用来制造各种贮槽、塔器、反应釜、阀件等设备的最广泛的一类不锈钢材料。

④ 双相不锈钢是基体兼有奥氏体、铁素体两相，有磁性，经过冷加工使其强化的不锈钢，主要用于加工工业和海水应用领域。双相不锈钢较奥氏体不锈钢具有更好的强度和应力腐蚀开裂能力。

⑤ 沉淀硬化不锈钢指基体为马氏体或奥氏体组织，并能通过沉淀硬化使其硬化的不锈钢。沉淀硬化不锈钢在航空与运动领域有广泛的应用。630是最常用的沉淀硬化不锈钢型号。

5.5.3.2 有色金属材料

钢铁以外的金属及其合金统称为有色金属，同时把密度低于 $5g/cm^3$ 的金属称为轻金属。有色金属及其合金具有很多钢铁材料不具备的特殊性能，比如强度高、导电性好、耐腐蚀性和耐热性高等性能，因此在航空、航天、航海、机电等工业中发挥着重要作用。在工业中应用最广泛的是铝合金、铜合金、钛合金及其轴承合金。有色金属及其合金种类很多，常用的有铝、铜、钛等。

（1）铝及其合金　与钢相比，低密度和高强度是铝合金用作结构材料的关键因素，使其在航空航天、交通运输等领域比钢铁材料具有更大的应用优势。铝的缺点是硬度低，易磨损，熔点低，不宜在高温下工作；一些铝合金具有应力腐蚀开裂倾向。

（2）铜及其合金　铜具有极高的热导率与电导率，是抗磁材料。纯铜的热导率为 $401W/(m \cdot K)$、电阻率为 $16.78n\Omega \cdot m$。铜还具有较高的塑性和耐腐蚀性，高的弹性极限和疲劳强度；铜容易冷热成型，并具有较高的循环再利用性。铜无同素异构转变，故纯铜不能通过热处理强化，但可通过冷塑性变形来强化，强化后其塑性会明显降低。工业上常对纯铜作合金化处理，可加入 Zn、Ni、Sn、Al、Mn 等合金元素，从而获得强度和韧性都满足要求的铜合金。

（3）钛及其钛合金　与钢相比，钛具有优异的耐腐蚀性和高温性能，高的比强度和优良的耐腐蚀性能是钛作为重要结构材料的关键因素。钛的密度为 $4.5g/cm^3$，热导率约为 $21.9W/(m \cdot K)$，熔点为 $1668℃$，线膨胀系数为 $10.2 \times 10^{-6}/℃$，其热导率和线膨胀系数较低。然而，钛合金的工艺性能较差，切削加工困难，硬度低，抗磨性差。钛合金主要应用在航空航天领域。由于钛合金的密度、强度和使用温度介于铝和钢之间，并具有优异的抗海水性能、生物相容性和超低温性能，因此，钛合金的应用范围越来越广，如在海洋、化工、高尔夫球头、关节置换等领域都有应用。

5.5.3.3 无机非金属材料

（1）陶瓷　陶瓷是由天然或人工原料经高温烧结而成的致密固体材料。按其成分和结构可分为普通陶瓷和特种陶瓷。普通陶瓷又称为传统陶瓷，是以黏土、长石、石英等天然原料为主，经过粉碎、成形和烧结而制成的产品，包括日用陶瓷、建筑陶瓷、卫生陶瓷、化工陶瓷等，其产量大、用途广。特种陶瓷是指采用高纯度人工合成原料制成的具有特殊物理化学性能的新型陶瓷材料，包括金属陶瓷、氧化物陶瓷、氮化物陶瓷、碳化物陶瓷、硅化物陶瓷、硼化物陶瓷等，主要用于化工冶金、机械、电子等行业和某些新技术中。

陶瓷材料中存在晶体相、玻璃相和气相，其性能主要取决于这三种相的相对数量、形状和分布。总体来讲，陶瓷具有弹性模量高、硬度高、塑性变形能力差、化学稳定性好、熔点高、电绝缘性好、热导率低等特点。除了上述特点外，利用陶瓷的光学特性，可作激光材料、光学纤维等。总之，陶瓷材料具有优良的物理性能和极好的耐高温、耐腐蚀性能，而且原料丰富，其产品广泛应用于日用、电气、纺织、化工、建筑等行业，如化工中的耐酸耐碱容器、反应塔、管道等。此外，作为高温结构材料和功能材料及某些特殊领域用材，陶瓷具有极其重要的应用前景。陶瓷材料的致命缺点是脆性，此外就是加工性能差，难以进行常规加工。

（2）玻璃　玻璃是一种较为透明的无定形材料。透明是指对可见光具有一定的透明度；无定形是指结构中质点排列无规则，即其 X 射线谱呈现宽幅的散射峰。玻璃具有容易成形、脆性大、光学性能优异、导热性差及耐腐蚀性能较好等特点。特别是一些硅酸盐玻璃，具有耐水、酸（氢氟酸除外）、碱的能力较强的特点。

5.5.3.4　有机非金属材料

塑料是用高分子合成树脂为主要原料，在一定温度、压力条件下塑制而成的型材或产品（泵、阀等）的总称，在工业生产中广泛应用的塑料即为"工程塑料"。塑料的主要成分是树脂，它是决定塑料性质的主要因素。除树脂外，为了满足各种应用领域的要求，往往加入添加剂以改善产品性能。一般添加剂有：填料，主要起增强作用，提高塑料的力学性能；增塑剂，降低材料的脆性和硬度，提高树脂的可塑性与柔软性；润滑剂，防止塑料在成形过程中粘在模具或其他设备上；稳定剂，延缓材料的老化，延长塑料的使用寿命；固化剂，加快固化速度，使固化后的树脂具有良好的机械强度。

塑料的品种很多，根据受热后的变化和性能的不同，可分为热塑性和热固性两大类。热塑性材料具有以下特点：受热时软化或熔融，具有可塑性，冷却后坚硬，只要加热温度不超过聚合物的分解温度，就可反复加热、冷却，且可溶解在一定的溶剂中；成形工艺形式多，生产效率高，可直接注射、挤压、吹塑成所需形状的制品；其耐热性和刚性都较差，最高使用温度一般只有 120℃ 左右。典型的产品有聚氯乙烯、聚乙烯等。热固性塑性材料则有如下特点：在热和固化剂的作用下即可固化成形，固化后不溶于有机溶剂，再次加热时也不熔化（即具有不溶性和不熔性，不可再生，加热温度很高时直接分解、炭化）；抗蠕变性强，不易变形；耐热性较高，但其树脂性质较脆，强度不高，必须加入填料或增强材料以改善性能。热固性塑料成形工艺复杂，大多只能采用模压法或层压法，生产效率低。典型的产品有酚醛树脂、氨基树脂等。

由于塑料一般具有良好的耐腐蚀性能、一定的机械强度、良好的加工性能和电绝缘性能，价格较低，因此应用广泛。常用的塑料有以下几种类型：

（1）聚乙烯（PE）塑料　PE 塑料是由单体乙烯聚合制得的热塑性树脂，是目前用途最大的通用塑料。PE 塑料无毒无味、呈半透明蜡状、强度较低、耐热性不高，但有优良的电绝缘性、防水性和化学稳定性。在室温下，除硝酸外，PE 塑料对各种酸、碱、盐溶液均稳定，对氢氟酸特别稳定。高密度 PE 塑料可用作管道、管件、阀门、泵等，也可以作设备衬里。

（2）聚氯乙烯（PVC）塑料　PVC 塑料具有良好的耐腐蚀性能，除强氧化剂酸（浓硫酸、发烟硫酸）、芳香族及含氟的碳氢化合物和有机溶剂外，对一般的酸、碱介质都是稳定的。它具有一定的机械强度、加工成形方便、焊接性能较好等特点。但它的热导率小，耐热性能差，使用温度为 −10～55℃，当温度为 60～90℃ 时，强度显著下降。PVC 塑料被广泛应用于制造各种化工设备，如塔、贮罐、容器、尾气烟囱、离心泵、通风机、管道、管件、阀门等。目前许多工厂成功地用 PVC 塑料来代替不锈钢、铜、铝、铅等金属材料作耐腐蚀设备与零件，因此它是一种很有发展前途的耐腐蚀材料。

（3）聚苯乙烯（PS）塑料　PS 塑料由苯乙烯聚合反应而成，是无色透明，无毒无味，易着色，耐辐射、耐腐蚀性能良好的刚性材料，但质脆而硬，不耐冲击，耐有机溶剂性能较差，使用温度为 −30～80℃。它主要用来生产注塑制品，制作仪表透明罩板、外壳、日用品、玩具等；还大量来制造可发性泡沫塑料制品，被广泛用作仪表包装、防震材料、隔热和吸音材料等。

（4）聚四氟乙烯（PTFE）塑料 PTFE 塑料具有优异的耐腐蚀性能，可耐强腐蚀介质（硝酸、浓硫酸、王水、盐酸、苛性碱等）的腐蚀，耐腐蚀性甚至超过贵金属金和银，有"塑料王"之称。PTFE 塑料在工业上常用来作耐腐蚀、耐高温的密封元件及高温管道。由于 PTFE 塑料有良好的自润滑性，还可用作无油润滑压缩机的活塞环。它有突出的耐热性和耐寒性，使用温度范围为−200～250℃。

（5）酚醛塑料 酚醛塑料是以酚醛树脂为基本成分，以耐酸材料（石棉、石墨、玻璃纤维等）作填料的一种热固形塑料，它具有一定的强度和硬度，绝缘性能良好，兼有耐热、耐磨、耐腐蚀的优良性能，能耐多种酸、盐和有机溶剂的腐蚀，但不耐碱，性脆且加工性差。酚醛塑料被广泛应用于机械、汽车、航空、电器等工业部门，用来制造开关壳、灯头、线路板等各种电气绝缘体，较高温度下工作的零件，耐磨及防腐蚀材料，并能代替部分有色金属（铝、铜、青铜等）制作齿轮、轴承等零件。酚醛塑料还可制成管道、阀门、泵、塔节、容器、贮罐、搅拌器等，也可用作设备衬里。目前在氯碱、染料、农药等工业中应用较多，使用温度为−30～130℃。

（6）玻璃钢 玻璃钢又称玻璃纤维增强塑料。它用合成树脂作为黏结剂，以玻璃纤维为增强材料，按一定成形方法制成。玻璃钢具有优良的耐腐蚀性能和良好的工艺性能，强度高，是一种新型的非金属材料，可作容器、贮罐、塔、鼓风机、槽车、搅拌器、泵、管道、阀门等，应用范围越来越广泛。

5.5.4 工程材料的选用

随着材料研究和开发水平的不断提高，可供选用的工程材料品种越来越多。正确选用工程材料，达到最佳的使用效果，需要遵循一定的材料选用规律。

5.5.4.1 材料选用时要考虑的因素

为某一产品或零件选用材料时，必须考虑一系列的因素，首先材料必须具有所需要的物理和化学性能；其次必须能加工成所需的形状，即具有良好的工艺性能；还必须具有合适的经济性，即合适的性价比。除了满足以上需求外，还要考虑材料的生产、使用过程中及失效后对环境的影响。

（1）使用性能因素 使用性能是指零件在使用状态下，材料应具备的力学性能、物理性能和化学性能，是材料选用时首先应考虑的因素。不同零件所要求的使用性能不同，对于大量的机器零件和工程构件，使用过程中承受各种形式的外力作用，要求材料在规定的期限内，不超过规定的变形度或不产生破断，即要求具有良好的力学性能。

（2）工艺性能因素 工艺性能是材料在加工过程中被加工成形的能力。材料的工艺性能决定了零件成形的可行性、生产效率及成本，有些还直接影响到零件的使用性能，因此选用材料时一定要考虑其加工工艺。

（3）经济性因素 在保证零件使用性能的前提下，尽量选用价格便宜的材料，可降低零件总成本。但是有时选用性能好的材料，尽管价格较贵，但是可通过减轻零件的自重、延长使用寿命、降低维修费用等使总成本降低。

（4）环境因素 材料在加工、制造、使用和再生过程中会耗用自然资源和能源，并向环境体系排放各种废弃物。那些可节约能源、节约资源，可重复使用，可循环再生，结构可靠性高，可替代有毒物质，能清洁、治理环境的工程材料正在成为人们关注和首选的材料。

5.5.4.2 材料的选用内容

（1）化学成分及组织结构 目前在材料的化学成分、组织结构和性能之间的关系方面已经积累了大量研究、使用结果和数据，这为材料的选择提供了条件。改变化学成分和组成相的数量、尺寸、形状及分布等，都可以改变材料的性能。因此，材料的化学成分和组织结构是材料设计和选用的核心问题。

（2）材料的加工工艺　材料的加工工艺选择首先要保证零件所要求的使用性能，其次是达到规定的生产效率，最后是低的经济成本。对于金属材料，加工过程中材料的组织将发生变化，很好地控制加工工艺可以获得更高的力学性能。材料加工工艺设计除考虑产品性能外，产品的形状、尺寸、重量及产量等也必须要考虑到。

5.6　工程材料的腐蚀和防腐蚀

腐蚀是指材料在环境作用下引起的破坏或变质。金属腐蚀是由化学或电化学作用所引起的，有时还包括机械、物理或生物的作用。化学腐蚀是金属和介质间由于化学作用而产生的，在腐蚀过程中没有电流的产生；而电化学腐蚀是金属和电解质溶液间由于电化学作用而产生的，在腐蚀过程中有电流的产生。非金属腐蚀通常是由物理作用或直接的化学作用所引起的，如高聚物的溶胀、溶解、化学裂解及硅酸盐的化学溶解等。

通常金属腐蚀的形态可划分为均匀腐蚀和局部腐蚀两大类。均匀腐蚀是材料表面均匀地遭受腐蚀，其结果是设备的壁厚减薄；局部腐蚀是材料表面部分地遭受腐蚀，其破坏的形式是产生麻点、局部穿孔、组织变脆以及设备突然开裂等。大多数局部腐蚀的结果会使设备突然遭到破坏，其危险性比均匀腐蚀大得多。在设备的腐蚀损害中，局部腐蚀约占 70%，且通常是突发性和灾难性的，因此，在选材时，对局部腐蚀应予以高度的重视。

5.6.1　耐腐蚀材料的选择

5.6.1.1　选材步骤

（1）了解设备使用的环境　由于工程材料在不同条件（如介质、温度、浓度）下的耐腐蚀性能不同，因此选材前必须了解设备使用的环境条件，这些条件一般包括如下几方面：

① 设备所要接触的所有介质（包括反应物、生成物、溶剂、催化剂等）的组成和性质，以及操作条件，如温度、浓度、压力等。

② 空气混入的程度，有无其他氧化剂。

③ 混入液体中的固体物所引起的磨损和浸蚀情况。

④ 设备内所要进行的单元反应或单元操作情况，特别注意是否有高温、低温、高压、真空、冲击载荷、交变应力、温度变化、加热冷却的温度周期变化、有无急冷或急热引起的热冲击和应力变化。

⑤ 液体的静止状态和流动状态。

⑥ 局部的条件差（温度差、浓度差），不同材料的接触状态。

⑦ 应力状态（包括残余应力状态）。

（2）根据设备的实际使用环境初选材料　根据设备使用的实际环境，结合各种材料手册、工艺设计手册、生产厂家的推荐数据以及实践经验等，进行初步选定，选出几种可供使用的工程材料，以便进一步筛选。

（3）进行材料腐蚀实验　对于一些特别重要的设备有时还要补充实际运转条件下的模拟实验。

（4）确定材料规格牌号　选择材料品种之后，还要根据具体用途，结合市场供应情况，进一步确定材料的牌号、规格。很多品种的材料都有国家标准和行业标准，所选材料的牌号、规格可从手册中查到。

（5）补充说明　所选材料在加工使用中如有特殊之处，需要强调说明，有时对可代用的材料也需附加说明。对于昂贵材料的选用，常有几种方案的比较说明。

5.6.1.2　选材方法

选择材料最常用的方法是根据设备的使用条件查阅设计手册或腐蚀数据手册中的耐腐蚀材料图表。生物产品生产中所用的介质很多，使用的温度、浓度等不尽相同，且手册中不可能有每一种介质在各种温度和浓度下的耐腐蚀情况，当遇到这种情况，可按下列原则来选择材料：

（1）浓度

① 腐蚀性随浓度的变大而增强。

② 对于腐蚀性不强的介质，各种浓度溶液的腐蚀性往往是相似的。

③ 对于任何介质，如果邻近的上下两个浓度的耐腐蚀性相同，那么中间浓度的耐腐蚀性一般也相同；如上下两个浓度的耐腐蚀性不同，则中间浓度的耐腐蚀性常介于两者之间。

④ 强腐蚀性介质（如强酸）随浓度的不同，对同一材料的腐蚀性可能产生显著变化，如缺乏具体数据，选用时请慎重。

（2）温度

① 温度越高，腐蚀性越大。低温环境标明不耐腐蚀的，则高温环境通常也不耐腐蚀。

② 当上下两邻近温度的耐腐蚀性相同时，中间温度的耐腐蚀性则相同；但如上下两个温度耐腐蚀性不同，则中间温度的耐腐蚀性介于两者之间。

当温度或浓度处于接近耐腐蚀或转入不耐腐蚀的边缘条件时，为保险起见，宁可不使用此类材料，而改选更优良的材料。

（3）腐蚀介质

① 由一种物质组成的腐蚀性介质。当手册中无此介质时，可借用同类介质的数据，如可用硫酸钠、磷酸钾等的耐腐蚀数据替代硫酸钾的数据，或可用硬脂酸或其他脂肪酸替代软脂酸的数据。

② 由两种或两种以上物质组成的腐蚀性介质。对于两种或两种以上物质组成的混合物，如这些物质间无化学反应，则其腐蚀性一般可看作是各组成物腐蚀性之和，此时各组成物的浓度均已变小；如果这些物质之间发生反应，则要考虑反应生成物的腐蚀性，如硫酸与含有氯离子（如食盐）的化合物混合产生盐酸，这不仅有硫酸腐蚀性，还有盐酸腐蚀性。

（4）使用年限的考虑　腐蚀与设备使用年限有关，在设备设计时要考虑材料的使用寿命。确定年限的一般依据是：

① 满足整个生产装置要求的寿命。

② 整个设备中各部分材料能均匀地劣化。

③ 要从经济角度综合考虑材料费、施工费、维修费等。

④ 目前国家对各类设备已有正式的折旧年限规定，在设计时可按规定的年限进行计算。

5.6.2　材料的防腐蚀措施

为了延长设备的使用寿命，防止设备的腐蚀，选择合适的材料和采取一些防腐蚀措施是非常重要的。

5.6.2.1　合理的结构设计

尽管选用较好的耐腐蚀材料，但如果采用不合理的结构设计，就可能造成水分和其他介质的积存、局部过热、局部应力集中等问题，而引起局部腐蚀，因而要注意结构设计。下面仅就常见的一些结构设计问题加以介绍：

（1）避免死角　死角会使液体局部残留或固体物质沉降堆积，这样在设备中会出现局部浓度增高或富集，引起腐蚀。为了避免死角，在可能积存液体的部位开排液孔，且排液孔要低于容器的最低处；换热器的管口与管板要平齐设置。

（2）避免缝隙　在有缝隙、流体流通不畅的地方，金属容易形成缝隙腐蚀，并且缝隙腐蚀产生后又往往会引发孔蚀和应力腐蚀，造成更大的破坏，因而在结构设计中要避免缝隙。

（3）避免异种金属接触　异种金属接触或同一种金属接触但合金成分不同，都会由于它们在化学介质中不同的腐蚀电位而引起电偶腐蚀，所以在选材时应避免不同金属的互相连接。若必须采用不同金属时，为减缓腐蚀速度，在结构设计中必须妥善处理。

（4）应力　许多设备在制造、加工（特别是焊接）和热处理过程中，会产生不同程度的局部残余应力，在特别环境中会产生应力腐蚀破裂。最好不要选用同环境正好属于应力腐蚀特定体系的材料；如必须选用，则要采取措施减小或消除应力。

5.6.2.2　衬层保护

在金属设备内部加金属或非金属作衬层，隔离腐蚀介质和基体金属，达到防腐蚀的作用，这种方法为衬层保护。衬层保护按所用衬层保护材料分为金属衬层保护和非金属衬层保护两大类。

5.6.2.3　电化学保护

电化学保护是根据金属腐蚀理论而进行的防腐蚀方法，可分为阴极保护法和阳极保护法。

5.6.2.4　添加缓释剂

缓释剂是能够使金属腐蚀速度大大降低甚至停滞的物质。添加缓释剂法应用成本低、简便、见效快，但要求缓释剂不能影响正常的工艺过程和产品质量，须根据具体操作条件来选择。

5.7　主要设备明细表及设备一览表

5.7.1　主要设备明细表

通过设备的工艺设计计算，除了定型的通用设备以外，对于换热器、生物反应器（发酵罐、种子罐）、塔器等主要设备都应列设备明细表，其主要格式分别见表 5-11、表 5-12 和表 5-13。

5.7.2　设备一览表

在所有设备设计与选型完成以后，按流程图序号，将所有设备逐个汇总编成设备一览表，作为设计说明书的组成部分，并为下一步施工设计及其他非工艺设计和设备订货提供必要的条件。

表 5-1 为供参考的设备一览表。在填写设备一览表时，通常按生产工艺流程顺序排列各车间的设备。也可把各车间的设备按专业设备、通用设备、非标准设备进行分类填写设备一览表，以便于将各类设备汇总，分别交给各部门进行加工和采购。

表 5-11　换热器（H）

序号	流程编号	名称	介质	程数	温度/℃ 进	温度/℃ 出	绝对压力/MPa	流量/(kg/h)	平均温度/℃	热负荷/(kJ/h)	传热系数/[kJ/(h·℃)]	传热面积/m² 计算	传热面积/m² 采用	类型	挡板间距/mm	备注

表 5-12　生物反应器（F）

序号	流程编号	名称	类型	个数	操作条件 介质	操作条件 温度/℃	操作条件 绝对压力/MPa	体积流量/(m³/h)	空速/(m³/(m²·h))	容量/m³	装料系数	线速度/(m/s)	停留时间/min	规格 内径×长度/mm	规格 容积/m³	备注

表 5-13　塔器（T）

序号	流程编号	名称	介质	操作温度/℃ 塔顶	操作温度/℃ 塔底	塔顶绝对压力/MPa	回流比	气相负荷/(m³/h)	液相负荷/(m³/h)	允许空塔线速/(m/s)	降液管停留时间/s	塔径/mm 计算	塔径/mm 实际	塔板类型	塔板间距或填料高度/mm 计算	塔板间距或填料高度/mm 实际	塔板块数 计算	塔板块数 实际	塔高/mm	备注

第6章　车间布置设计

6.1　概述

6.1.1　车间布置设计的重要性和目的

车间布置设计的目的是对厂房的配置和设备的排列做出合理的安排。车间布置设计是车间工艺设计的两个重要环节之一，它还是工艺专业向其他非工艺专业提供开展车间布置设计的基础资料之一。有效的车间布置设计将会使车间内的人、设备和物料在空间上实现最合理的组合，以降低劳动成本，减少事故发生，增加地面可利用空间，提高材料利用率，改善工作条件，促进生产发展等。

6.1.2　生物工厂车间的组成

生物工厂车间一般由以下几部分组成：
（1）生产部分　包括原料工段、生产工段、成品工段、回收工段和控制室等。
（2）辅助部分　包括通风空调室、变配电室、化验室等。
（3）生活行政部分　包括车间办公室、会议室、更衣室、休息室、浴室以及卫生间等。
工艺设计人员主要完成生产车间的设计。辅助车间、动力车间（例如变电所、锅炉房、冷冻站、水泵房等）由相对应的配套专业人员承担设计。在进行生产车间布置设计时，首先要了解和确定生产车间的基本组成部分及其具体内容和要求。例如大型啤酒工厂的主要生产车间有麦芽车间、糖化车间、发酵车间和包装车间；小型啤酒厂的主要生产车间为麦芽车间和啤酒车间（包括糖化工段、发酵工段、包装工段）；味精工厂的主要生产车间有糖化车间、发酵车间、提取车间、精制车间、包装车间；生物制药工厂的主要生产车间有发酵车间、提取车间、精制车间、制剂车间等。只有全面了解和明确了车间的组成部分后，才能进行平面设计，才能防止遗漏和不全。

6.1.3　车间布置设计的内容和步骤

6.1.3.1　车间布置设计的内容

① 确定车间的火灾危险类别、爆炸与火灾危险性场所等级及卫生标准。
② 确定车间建筑（构筑）物和露天场所的主要尺寸，并对车间的生产、辅助生产和行政生活区域位置做出安排。

③ 确定全部工艺设备的空间位置。

车间布置设计的具体内容一般有如下几方面：

（1）厂房的整体布置和轮廓设计

① 确定车间建筑的轮廓、跨度、柱距、编号和楼层层高等。

② 划分并确定生产、辅助、生活设施的分隔及位置；生物制药工厂还需确定厂房内各分区的洁净度等级。

③ 门、窗、楼梯等的位置。

④ 吊装孔、预留孔、地坑等的位置尺寸。

⑤ 标高。

（2）设备的排列和布置

① 设备外形的几何轮廓，顺序编号（流程号）。

② 设备的定位尺寸（水平及垂直定位尺寸），设备离墙纵、横间距，定出设备中心位置和设备标高。

③ 操作台位置及标高。

（3）车间附属工程设计　车间附属工程设计是指分布在车间总体建筑内的非生产性或非直接工艺生产性用房。包括：

① 辅助生产房间如车间变电所或配电室、配汽室、空调机室、空气压缩机室、通风机室、除尘用室等。

② 工艺辅助房间　如质量检验室、分析化验室、保卫及检修室、车间贮藏室等。

③ 生活用房　如设在车间内的办公室、会议室、更衣室、休息室、卫生间（厕所、浴室）等。

（4）车间布置设计说明　说明车间设备布置的特点和优点。

（5）车间布置设计的图纸

① 各层平面布置图。

② 立面图（包括正立面图和侧立面图）。

③ 各部分剖面图。

6.1.3.2　车间布置设计的阶段和步骤

（1）初步设计阶段　车间布置设计是在工艺流程设计、物料衡算、热量衡算和工艺设备设计之后进行的。

① 车间布置设计所需要的资料

a. 车间外部资料　设计任务书或用户需求；设计基础资料，如气象、水文和地质资料；本车间与其他生产车间和辅助车间等之间的关系；工厂总平面图和厂内交通运输等。

b. 车间内部资料　生产工艺流程图；物料计算资料，包括原料、半成品、成品的数量和性质，废水、废物的数量和性质等资料；设备设计资料，包括设备简图（形状和尺寸）及其操作条件、设备一览表（包括设备编号、名称、规格形式、材料、数量、设备空重和装料总重、配用电机大小、支撑要求等）、物料流程图和动力（水、电、汽等）消耗等资料；工艺设计说明书和工艺操作规程；土建资料，主要是厂房技术设计图（平面图和剖面图）、地耐力和地下水等资料；劳动保护、安全技术和防火防爆等资料；车间人员表（包括技术人员、车间分析人员、岗位操作工人和辅助工人的人数，最大班人数和男女比例）；其他资料。

c. 设计规范和规定　车间布置设计应遵守国家有关劳动保护、安全和卫生等规定，这些规定以国家或主管业务部制定的规范和规定形式颁布执行，定期修改和完善。

② 设计内容

a. 根据生产过程中使用、产生和贮存物质的火灾危险性，按《建筑设计防火规范》和《石油化工企业设计防火规范》确定车间的火灾危险性类别（即确定属甲、乙、丙、丁、戊中哪一类）。按照生产类别、层数和防火分区内的占地面积确定厂房的耐火等级（一至四级）。生物制药工厂还需按 GMP 要求确定车间各工序的洁净等级。

b. 在满足生产工艺、厂房建筑、设备安装和检修、安全和卫生等项要求的原则下，确定生产、辅助生产、生活和行政部分的布局；决定车间场地与建筑（构筑）物的平面尺寸和高度；确定工艺设备的平、立面布置；决定人流和管理通道、物流和设备运输通道；安排管道电力照明线路、自控电缆廊道等。

③ 设计成果　车间布置设计的最终成果是车间布置图和布置说明。车间布置图作为初步设计说明书的附图，包括下列各项：a. 各层平面布置图；b. 各部分剖面图；c. 附加的文字说明；d. 图框；e. 图签。布置说明作为初步设计说明书正文的一章（或一节）。车间布置图和设备一览表还要提供给建筑、结构、设备安装、采暖通风、给排水、电气、自控和工艺管道等设计专业作为设计条件。

（2）施工图设计阶段　初步设计经审查通过后，须对初步设计进行修改和深化，进行施工图设计。它与初步设计的不同之处在于：

① 施工图设计的车间布置图表示内容更深，不仅要表示设备的空间位置，还要表示设备的管口以及操作台和支架。

② 施工设计的车间布置图只作为条件图纸提供给设备安装及其他设计专业，不编入设计正式文件。由设备安装专业完成的安装设计，才编入正式设计文件。设备安装设计包括：设备安装平面图、立面图；局部安装详图；设备支架和操作台施工详图；设备一览表；地脚螺钉表；设备保温及刷漆说明；综合材料表；施工说明书。

车间布置设计涉及面广，它是以工艺专业为主导，在非工艺专业（如总图、建筑、结构、设备及管道安装、电气、给排水、采暖通风、自控仪表和外管等专业）的密切配合下由工艺人员完成的。因此，在进行车间布置设计时，工艺设计人员要集思广益，采取多方案比较，经过认真分析，选取最佳方案。

6.2　车间的总体布置

一个优良的车间布置设计应该是：技术先进，经济合理，节省投资，操作维修方便，设备排列简洁、紧凑、整齐、美观。对于生物制药洁净厂房的车间布置设计，必须符合 GMP 规范。要达到这样的要求，在进行具体的车间布置设计时，既要考虑车间内部的生产、辅助生产、管理和生活的协调，又要考虑车间与厂区供水、供电、供热和管理部分的呼应，使之成为一个有机整体，还要从工艺、操作、安全、维修、施工、经济、美观及扩建上考虑。

6.2.1　厂房形式

6.2.1.1　厂房组成形式

根据生产规模特点、厂区面积、地形和地质等条件考虑厂房的整体布置。厂房组成形式有集中式和单体式。"集中式"是指组成车间的生产、辅助生产和生活、行政部分集中安排在一栋厂房中；"单体式"是指组成车间的一部分或几部分相互分离并分散布置在几栋厂房中。生产规模较小，车间中各工段联系紧密，生产特点（主要指防火、防爆等级和生产毒害程度等）无显著差异，厂区面积小，地势平坦，在符合建筑设计防火规范和工业企业设计卫生标准的前提下，可采取集中式。生产规模较大，车间各工段生产特点差异显著，厂区平坦地形面积较小，可采用单体式，如图 6-1 所示。

图 6-1　某生物工厂的单体式厂房效果图

6.2.1.2　厂房的层数

工业厂房有单层、双层或单层和多层结合的形式，主要根据工艺流程的需要综合考虑占地和工程造价来进行选择。厂房的高度，主要决定于工艺设备布置、安装和检修要求，同时考虑通风、采光和安全要求。一般框架或混合结构的多层厂房，层高根据生产工艺及布局需要多采用 5.1m、6m、7.5m 等，最低不宜低于 4.5m；每层高度尽量相同，不宜变化过多。层高可采用 300mm 的模数。

在不同标高的楼层里进行生产，各层间除水平方向的联系外，还可进行竖向间的生产联系，可较多地利用自然采光及辅助间、生活间的自然通风。厂房多层布局可使屋顶面积较小，屋面构造简单，利于排除雨雪并有利于隔热和保温处理。此外，厂房占地面积较小，可提高土地利用率，降低基础工程量，缩短厂区道路、管线、围墙等长度，提高绿化覆盖率。厂房平面设计时应考虑生产工艺流程、工序组合、人流物流路线、自然采光和通风的利用等因素。厂房柱网的选择应满足生产要求，同时还应具有最大限度的灵活性和尽可能满足建筑模数（跨度、柱距、宽度、层数、载荷及其他技术参数）的要求。生产车间目前多采用钢结构和钢筋混凝土结构，轻钢结构厂房可采用大宽度布局，其灵活性和通用性较强，加之施工周期短，造价相对较低，故在生物工程单层厂房中广泛使用。选择厂房结构方案时主要考虑生产流程要求和建筑场地的大小，同时考虑自然地质状况和地震烈度等相关要求。

6.2.1.3　厂房平面和建筑模数制

厂房的平面形状和长宽尺寸，既要满足工艺的要求，力求简单，又要考虑土建施工的可能性和合理性。因此，车间的形状常常会使工艺设备的布置具有很多可变性和灵活性，通常采用长方形、L形、T形、M形和U形，尤以长方形为多。从工艺要求上看，有利于设备布置，能缩短管线，便于安装，有较多可供自然采光和通风的墙面；从土建上看，较节省用地，有利于设计规范化、构件定型化和施工机械化。

工业建筑模数制的基本内容：我国采用的基本模数 MO＝100mm，同时根据建筑设计中建筑部位、构件尺寸、构造节点以及断面、缝隙等尺寸的不同要求，还可用分模数和扩大模数。分模数包括 1/2MO（50mm）、1/5MO（20mm）、1/10MO（10mm），其中1/10MO数列按 10mm 进级，幅度 10～150mm。分模数 1/2MO（50mm）、1/5MO（20mm）、1/10MO（10mm）适用于成材的厚度、直径、缝隙、构造的细小尺寸以及建筑制品的公差、偏差等。基本模数 1MO 和扩大模数 3MO（300mm）、6MO（600mm）等适用于门窗、构配件、建筑制品及建筑物的跨度（进深）、柱距（开间）和层高的尺寸等。扩大模数15MO（1500mm）、30MO（3000mm）、60MO（6000mm）等适用于大型建筑物的跨度（进深）、柱距（开间）、层高及构配件的尺寸等。

生物制药工厂建筑常用的建筑模数制如下：

① 门、窗的尺寸为300mm的倍数，单门宽一般为900mm，双门宽有1200mm、1500mm和1800mm，窗常为3000mm。

② 一般多层厂房采用6m柱距，当柱距因生产及设备要求必须加大时，一般不应超过12m。

③ 厂房的层高为300mm的倍数，常为5100mm和6000mm。

④ 多层厂房的总宽度，由于受到自然采光和通风的限制及考虑厂房疏散和泄爆的要求，一般应不超过24m。单层厂房的总宽度，一般不超过30m。

⑤ 较常用的原料药车间厂房跨度有6m、9m、12m、15m、18m、24m和30m等数种。一般原料药车间，其宽度常为2～3个柱网跨度，其长度则根据生产规模及工艺要求来决定。柱网常按6-6、6-2.4-6、6-3-6、6-6-6布置。例如6-3-6、6-2.4-6表示宽度为三跨，分别为6m、3m或2.4m，6m，中间的3m或2.4m是内廊宽度，如图6-2所示。

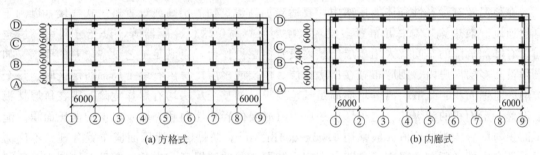

图6-2　多层厂房柱网布置示意图（单位：mm）

A～D、1～9均为厂房立柱

6.2.2　厂房总平面布置

进行总平面布置时，必须依据国家的各项方针政策，结合厂区的具体条件和产品生产的特点及工艺要求，做到工艺流程合理，总体布置紧凑，厂区环境整洁，能满足生产的要求。为此，总平面布置的原则是：

① 生产性质相近的车间或生产联系较密切的车间，要相互靠近布置或集中布置。

② 主要生产区应布置在厂区中心，辅助车间布置在它的附近。

③ 动力设施应接近负荷中心或负荷量大的车间；锅炉房及对环境有污染的车间宜布置在下风侧。

④ 布置生产厂房时，应避免生产时交叉污染。

⑤ 运输量大的车间、库房等，宜布置在主干道和货运出入口附近，尽量避免人流与物流交叉。

⑥ 行政、生活区应处于主导风向的上风侧，并与生产区保持一段距离。

⑦ 危险品应布置在厂区的安全地带。动物房应布置在僻静处，并有专用的排污及空调设备。

⑧ 质量标准中有热原或细菌内毒素等检验项目的，厂房的设计应特别注意防止微生物

污染，根据预定用途、工艺要求等采取相应的控制措施。

⑨ 质控实验室区域通常应与生产区分开。当生产操作对检验结果的准确性无不利影响，且检验操作对生产也无不利影响时，中间控制实验室可设在生产区内。

6.2.3 厂房平面布置和立面布置

6.2.3.1 厂房的平面布置

生产厂房内部平面布置应首先根据生产车间的生产性质，生产工艺流程顺序，各功能间洁净、防爆等因素进行区域划分，再根据各个区域功能间的大小、数量、工艺流程、人物流路线确定各主要功能间的组合方式，然后根据各区域工艺逻辑关系、人物流关系、管理要求等组合各区，最后考虑建筑造型和厂区总平面布置要求后确定厂房内部平面布局。实际设计过程中，生产厂房面积、形状、柱网、层数等大致方案往往可以参照以往设计经验或根据厂区总平面布置要求进行确定，内部分区和详细布局根据车间和生产线实际需要由浅入深逐步调整布局，经过设计方各专业内部讨论后提交业主或第三方讨论确认。

6.2.3.2 厂房的立面布置

在高温及有毒害性气体的厂房中，要适当加高建筑物的层高或设置避风式气楼，以利于自然通风、散热。气楼中可布置多段蒸汽喷射泵、高位槽、冷凝器等，以充分利用厂房空间。有爆炸危险的车间宜采用单层，其内设置多层操作台，以满足工艺设备位差的要求。如必须设在多层厂房内，则应布置在厂房顶层。单层或多层厂房内有多个局部防爆区时，每个防爆区泄爆面积、疏散距离等均应满足规范要求。如整个厂房均有爆炸危险，则在每层楼板上设置一定面积的泄爆孔。这类厂房还应设置必要的轻质屋面和外墙及门窗的泄压面积。泄压面积与厂房体积的比值一般采用 $0.05 \sim 0.1 m^2/m^3$。防爆区内泄压面应布置合理，不应面对人员集中的场所和主要交通道路。车间内防爆区与非防爆区（生活、辅助及控制室等）间应设防爆墙分隔。当两个区域需要互通时，中间应设防爆门斗。上、下层防爆墙应尽可能设在同一轴线处，当布置有困难时，防爆区上层不布置非防爆区。有爆炸危险的车间宜采用封闭式楼梯间。

6.2.4 车间公用及辅助设施的布置

6.2.4.1 车间公用设施

车间除了生产工段外，还必须对真空泵房、空压制氮站、冷冻水、热水制备间、配电间、控制间、纯化水和注射用水制备间等公用设施做出合理安排。公用设施布置既要考虑靠近使用点满足工艺要求，又要考虑适当集中，有利于采取防爆措施，同时方便管理。

6.2.4.2 车间辅助设施

车间辅助设施包括与生产配套的更衣系统、生产管理系统、生产维修、车间清洁等。车间辅助设施根据工艺生产特点和车间总体布置采用单独式、毗连式或插入式，毗连式最为普遍。生物制药工厂在设置清洁及盥洗设施时，应特别注意一般生产区工作服的清洁、干燥、存放等需要，同时考虑保护产品不受人员或服装的污染和保护人员健康不受各种化学品或药品影响的需求。应综合考虑物料和产品的性质及预定用途、人员数量、合理的清洗频次，确定适当的程序、设施设备和空间。更衣室和盥洗室应方便人员进出，并与使用人数相适应。盥洗室不得与生产区和仓储区直接相通。

图 6-3 是一种辅助车间和办公、生活用室的方案。车间还可根据生产特点设置所需淋浴室，辅助生产、办公、生活用室可采取三层楼房的方案。底层布置动力间和机修间；二层设男、女淋浴室和更衣室；三层设化验室和办公室等。各层均设厕所和洗手间。盥洗室应与生产区域隔离，但要求使用方便。为使办公、生活用室方便通向厂房，可设楼梯间将厂房各层和办公、生活用室各层互相沟通。

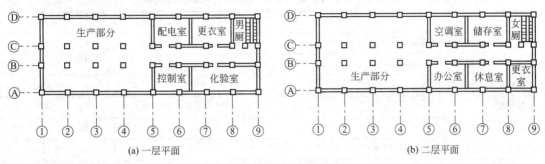

(a) 一层平面 (b) 二层平面

图 6-3 辅助车间和办公、生活用室的方案

6.3 设备布置的基本要求

6.3.1 满足工艺要求

① 满足生产工艺要求是设备布置的基本原则，即车间内部的设备布置尽量与工艺流程一致，并尽可能利用工艺过程使物料自动流送，避免中间体和产品有交叉往返的现象。为此，一般采用三层式布置，即将计量设备布置在上层，主要设备（如反应器）布置在中层，贮槽及重型设备布置在底层。

② 在操作中相互有联系的设备应布置得彼此靠近，并保持必要的间距。这里除了要照顾到合理的操作通道和活动空间、行人的方便、物料的输送外，还应考虑在设备周围留出堆存一定数量原料、半成品、成品的空地，必要时可作一般的检修场地。如附近有经常需要更换的设备，更需考虑设备搬运通道应该具备的最小宽度，同时还应留有车间扩建的位置。

③ 设备的布置应尽可能对称（见图 6-4），在布置相同或相似设备时应集中布置，并考

图 6-4 发酵设备的对称布置

虑相互调换使用的可能性和方便性，以充分发挥设备的潜力。

④ 设备布置时必须保证管理方便和安全。关于设备与墙壁之间的距离、设备之间的距离、运送设备的通道和人行道的标准都有一定规范，设计时应予以遵守。表6-1是建议可采用的安全距离。

表6-1 设备与设备、设备与建筑之间的安全距离

项 目		安全距离/m
往复运动的机械,其运动部分离墙的距离	≥	1.5
回转运动的机械与墙之间的距离	≥	0.8~1.0
回转机械相互间的距离	≥	0.8~1.2
泵的间距	≥	1.0
泵列与泵列间的距离	≥	1.5
被吊车吊动的物品与设备最高点的间距	≥	0.4
贮槽与贮槽之间的距离		0.4~0.6
计量槽与计量槽之间的距离		0.4~0.6
反应设备盖上传动装置离天花板的距离(如搅拌轴拆装有困难时,距离还需加大)	≥	0.8
通廊、操作台通行部分最小净空	≥	2.0
不常通行的地方,最小净高		1.9
设备与墙之间有一人操作	≥	1.0
设备与墙之间无人操作	≥	0.5
两设备间有二人背对背操作,有小车通过	≥	3.1
两设备间有一人操作,且有小车通过	≥	1.9
两设备间有二人背对背操作,偶尔有人通过	≥	1.8
两设备间有二人背对背操作,且经常有人通过	≥	2.4
两设备间有一人操作,且偶尔有人通过	≥	1.2
操作台楼梯坡度	≤	45°

6.3.2 满足建筑要求

① 在可能的情况下，将那些在操作上可以露天化的设备尽量布置在厂房外面，这样就有可能大大节约建筑物的面积和体积，减少设计和施工的工作量，并可节约大量的基建投资。但是，设备的露天化布置必须考虑该地区的自然条件和生产操作的可能性。

② 在不影响工艺流程的原则下，将较高的设备集中布置，可简化厂房的立体布置，避免由于设备高低悬殊造成建筑体积的浪费。

③ 十分笨重的设备，或在生产中能产生较大震动的设备，如压缩机、离心机等，尽可能布置在厂房的地面层，设备基础的重量等于机组毛重的三倍，以减少厂房的载荷和震动，同时设备基础应与建筑物基础脱开。震动较大的设备应避免设置于钢操作台上，如设备需在操作台上操作，设备基础可单独设置钢筋混凝土基础。大震动的设备在个别场合必须布置在二、三楼时，应将设备安置在梁上（尽量避免这种方案），并采取有效的减震措施。

④ 设备穿孔必须避开主梁。

⑤ 操作台必须统一考虑，避免平台支柱零乱重复，以节约厂房内构筑物所占用的面积。

⑥ 厂房出入口、交通道路、楼梯位置都要精心安排，一般厂房大门宽度要比所通过的设备宽度大 0.2m 左右，比满载的运输设备宽度大 0.6~1.0m。

6.3.3 满足安装和检修要求

① 由于部分生物工厂中物料的腐蚀性大，因此需要经常对设备进行维护、检修和更换，在设备布置时，必须考虑设备的安装、检修和拆卸的可能性及方法。

② 必须考虑设备运入或运出车间的方法及经过的通道。一般厂房内的大门宽度要比需要通过的设备宽 0.2m 左右，当设备运入厂房后，很少需要再整体搬出时，则可在外墙预留孔道，待设备运入后再砌封。

③ 设备通过楼层或安装在二层楼以上时，可在楼板上设置安装孔。安装孔分有盖与无盖两种，后者须沿其四周设置可拆卸的栏杆。对须穿越楼板安装的设备（如反应器、塔设备等），可直接通过楼板上预留的安装孔来吊装。对体积庞大而又不须经常更换的设备，可在厂房外墙先设置一个安装洞，待设备进入厂房后，再行砌封。也可按设备尺寸设置安装门。

④ 厂房中要有一定的供设备检修及拆卸用的面积和空间，设备的起吊运输高度应大于在运输线上的最高设备高度。

⑤ 必须考虑设备的检修、拆卸以及运送物料的起重运输装置，若无永久性起重运输装置，应考虑安装临时起重运输装置的位置。

6.3.4 满足安全和卫生要求

① 要创造良好的采光条件，设备布置时尽可能做到工人背光操作，高大设备应尽量避免靠窗设置，以免影响采光。

② 对于高温及有有毒气体的厂房，要适当加高建筑物的层高，以利通风散热。

③ 必须根据生产过程中有毒物质、易燃易爆气体的逸出量及其在空气中的允许浓度和爆炸极限，确定厂房每小时通风次数，采取加强自然对流及机械通风的措施。对产生大量热量的车间，也须作同样考虑。在厂房楼板上设置中央通风孔，可加强自然对流通风和解决厂房中央采光不足的问题。

④ 对有一定量有毒气体逸出的设备，即使设有排风装置，亦应将此设备布置在下风的位置；对特别有毒的岗位，应设置隔离的小间（单独排风）。处理大量可燃性物料的岗位，特别是在二楼、三楼，应设置消防设备及紧急疏散等安全设施。

⑤ 对防爆车间，工艺上必须尽可能采用单层厂房，避免车间内有死角，防止爆炸性气体及粉尘的积累。建筑物的泄压面积应根据生产物质类别按规范设计，一般为 $0.05m^2/m^3$。若用多层厂房，楼板上必须留出泄压孔，以利屋顶泄爆，也可采用各层侧泄爆。防爆厂房与其他厂房连接时，必须用防爆墙（防火墙）隔开。加强车间通风，保证易燃易爆物质在空气中的浓度不大于允许的极限浓度；采取防止引起静电现象及着火的措施。

⑥ 对于接触腐蚀性介质的设备，除设备本身的基础须加防护外，对于设备附近的墙、柱等，也必须采取防护措施，必要时可加大设备与墙、柱间的距离。

6.4 多功能车间的布置

多功能车间又称综合车间或小产品车间，是一种可实行多品种生产的特定车间，它是适应生物产业产品品种多、产量差别特别悬殊、品种的发展和淘汰较快等特点而发展起来的。

从生物产业的特点来看，有的生物产品一年需求量几百千克，个别的甚至只有几千克，这样的产品生产如果建立专用生产车间是不合适的。多功能车间是常规的单品种生产车间的重要补充，新产品的试生产和中试放大也可在多功能车间中进行。

多功能车间目前主要有两种设计方法。第一种设计方法的指导思想是根据既定的产品方案和规模，选择一套（或几套）工艺设备，实行多品种生产。每更换一个品种，都要根据产品工艺和其他要求，重新调整和组合设备及管道。第二种方法认为生物产品的品种固然很多，工艺路线也不相同，但却有着共同的单元反应和单元操作，因此在设计多功能车间时不必拘泥于具体生产的品种和规模，主要按照生物产业中常用的单元反应和单元操作，选择一些不同规格和材料的反应罐、塔器和通用定型设备（如离心机），以及与反应罐、塔器的处理能力相适应的换热器、计量槽和贮槽，并加以合理布置和安装。这样设计出来的多功能车间，设备是相对固定的，而以不同产品的流程去适应它。第一种设计方法的特点是设备利用率高，生产操作方便；其不足是灵活性和适应性较差，更换产品时，调整设备很费事。第二种设计方法的特点是多功能车间灵活性高，适应性强；缺点是设备数量多，利用率低。以工业生产为主的多功能车间，一般采用第二种方法设计较适宜。以试制研究，包括产销量极小的产品生产为主的多功能车间，采用第一种设计较适宜。

6.4.1 产品方案

多功能车间产品方案会影响车间布置设计的全局，应予以高度重视。为合理确定产品方案，除应考虑单产品专业车间确定产品方案的那些原则外，还需要考虑以下原则：

① 产品数目不宜过多过杂，每一产品的生产周期不宜过短。产品数目过多过杂，特别是产品之间工艺流程差异较大时，影响设备的通用和互换，从而降低设备的利用率，同时也给生产人员的配备和技术管理带来困难。在选择产品的合理数目时，通常希望一个产品的操作时间为一个季度左右，那么在一年中就可安排生产 4 个产品。同时每个产品的生产周期要求长些，以减少调整设备的繁重工作量。

② 尽可能选取流程及所需设备的大小和数量大致相近的品种，应该最大限度地提高设备的利用率，减少闲置设备的数量，减轻更换产品时设备调整的工作量。

③ 尽可能选取防火、防爆、防毒和"三废"处理等各种要求基本相同的品种，使这些问题的解决简单化。

6.4.2 工艺设备的设计和选择

（1）设备设计和选择的一般原则　产品方案确定后，从中选择一个工艺流程最长、单元反应和单元操作的种类最多的产品，作为设计和选择工艺设备的基础，并注意提高设备的通用性和互换性，根据生产量和生产周期来设计和选择工艺设备。这样确定的设备尚需要再逐一与其他既定的产品工艺进行比较，凡是可以互用的，不再选择新设备；不能通用的，则酌量增加一些，或增加一些附件（如不同类型的搅拌器）。根据上述顺序，最后可以确定出一套工艺设备。为使选定的这套工艺设备能以最少数量满足几个产品的生产需要，一定要提高设备的通用性和互换性，为此应注意以下几点：

① 主要工艺设备（如反应器）的材料以钢、搪玻璃和不锈钢为主，并配以一定数量的碳钢设备。

② 设备大小规格的配备尽可能采用排列组合的方式，减少规格品种。

③ 主要工艺设备的接口尽量标准化。

④ 主要工艺设备的内部结构力求简单，避免复杂构件，以便于清洗，如果内部结构很难清洗（波纹填料塔），更换产品时就会造成困难。

⑤ 配置必要的中间贮槽和计量槽，调节和缓冲工艺过程，提高主体反应设备的适应性。

（2）部分设备选择时的注意事项

① 物料计量装置　采用滴加的液体物料宜选用计量罐计量，计量罐要带有液位计或电子称重模块，便于物料的计量。材质以不锈钢为主，兼有玻璃、塑料等，满足不同腐蚀性物料的需要。大量投入的液体物料的计量宜选用计量泵或计量仪表（带有显示、累计等功能）。少量的桶装液体物料或固体物料的计量可选用防爆型的电子台秤，称量精确，安全可靠。

② 反应釜　反应釜是多功能车间的关键设备，一般要有转速可调的搅拌器；有可靠的在线清洗装置；有能适应不同工况的加热、冷却装置，最好能设计为多回路的盘管加热、冷却；有较好的温度、压力检测系统；有紧急泄压装置；有安全的取样装置等。

6.4.3　车间布置

车间布置的一般原则要求和设计方法，也适用于多功能车间，设计时还得考虑下列几点：

① 多功能车间的建筑形式，多数是单层或者主体是单层、局部是二层的混合结构。建筑面积 $500\sim2000m^2$，少数可超过 $2000m^2$。

② 生产操作面积不宜过大，布置力求紧凑，以便更换产品时重新组成生产操作线。

③ 容量较小（2000L 以下）的反应设备可不设操作台，直接支撑在地面上，这样既利于操作又易于移位。

④ 容量较大的反应设备可设单个或整体操作台。操作台上应按可能使用的最大反应罐外径作出预留孔，如果使用小反应，可随时加梁缩小孔径。

⑤ 计量槽、回流冷凝器等布置在反应罐上方，为配合反应罐使用，它们的位置应随反应罐而变化。考虑到反应罐的布置常在一条线上，故可以在反应罐的前上方与反应罐组平行设置钢梁，计量槽、回流冷凝器就可搁置或吊装在钢梁上。更换产品时，如果反应罐要移位，与它配合使用的计量槽、冷凝器可以方便地在梁上水平移动至合适的位置。同时，在梁上增加或减少设备也很方便。

⑥ 多功能车间的设备一般都比较小，所用动力不大，故凡能借自重保持稳定的设备，尽量不浇灌基础，或者浇灌比较浅的基础。离心机布置在反应罐的下方，其位置由反应罐的位置决定。

⑦ 单元反应从安全角度看可以归纳为两大类：一类只有一般防毒、防火和防爆要求；另一类则有特殊的防毒（如氯化、溴化等）、防火、防爆要求。对于前一类反应，可以布置在一个或几个大房间里；对于后一类反应，必须从建筑和通风上作针对性的处理，对剧毒的化学反应岗位，应单独隔开并设置良好的排风。如把整个反应罐置于通风柜中，工作人员在通风柜外面操作。高压反应须设防爆墙和泄压屋顶，这类反应器可以与多功能车间放在一栋建筑中，也可以另建专用建筑。

⑧ 蒸馏、回收处理的塔器应适当集中，布置于高层建筑中，以利于操作和节省建筑物的空间。

⑨ 多功能车间的工艺设备、物料管道等拆装比较频繁，而且工艺设备的布置不可能像单产品专业车间一样完全按工艺流程顺序，这样造成原料、中间体的运输频繁。因此，车间内部应有足够宽度的水平运输通道，垂立运输应设载货电梯或简易货吊，载货电梯的货箱大

小要能容纳手推车。

⑩ 多功能车间辅助用室及生活用室的组成和布置要求与单产品专业车间相同。但多功能车间应设置设备仓库和安排面积较大的试验分析室，以贮存暂时不用的工艺设备和满足产品的工艺研究之需。

⑪ 适当预留扩建余地，一般每隔 3～4 个操作单元预留一个空位，以便以后更换产品时增加相应的设备。

⑫ 必须考虑设备检修、拆卸所需的起重运输设备，如果不设永久性的起重运输设备，则应有安装起重运输设备的场地及预埋吊钩，这样便于设备的更换和检修移位。

⑬ 车间内应设置备品备件库和工具间，以便更换产品时调整设备、管道、阀门之用，备用的设备、管材和五金工具等存于其中。

6.5 车间布置设计方法和车间布置图

6.5.1 车间布置设计的方法和步骤

车间布置设计一般是根据已经确定的工艺流程、生产任务和设备等，确定车间建筑结构类型、在总平面图中的位置、车间功能间分布、设备布置、洁净等级、人物流通道、车间防火防爆等级和非工艺专业的设计要求等，然后将上述结果绘制成车间布置图（草图），提交土建专业，再根据土建专业提出的土建图绘制正式的车间布置图。

车间布置图是用来表示一个车间（装置）或一个工段（分区或工序）的生产和辅助设备在厂房建筑内外安装布置的图样，是设备布置设计的主要图样，车间布置图的绘制一般应提供车间布局图、设备安装详图、管口方位图等。

车间布置图的具体设计步骤为：

① 首先进行车间布局设计。初步确定厂房形式、层数、宽度、长度和柱网尺寸，划分生产、辅助生产和行政生活区，考虑通道、门窗、楼梯、操作平台等建筑构件，并以 1∶100 的比例绘出（特殊情况可用 1∶200 或 1∶50），标注各功能间的名称，这就形成了车间平面布局图。有洁净度要求的车间还要在车间平面布局图的基础上形成洁净区平面布局图（标出各个功能间的洁净等级）、洁净区人流物流平面走向图、洁净区平面压差分布图。

② 进行设备布置设计。在生产区将设备按布置设计原则进行尺寸定位，同时考虑安装和非工艺专业的要求，将设备按其最大的平面投影尺寸，以 1∶100 的比例绘出（特殊情况可用 1∶200 或 1∶50），标注设备位号和名称、定位尺寸，这就形成了车间设备平面布置图（一般简称车间平面布置图）。

③ 将完成的布置方案提交有关专业征求意见，从各方面进行比较，选择一个最优的方案，再经修正、调整和完善后，绘成布置图，提交土建专业设计建筑图。

④ 工艺设计人员从土建专业取得建筑图后，再绘制成正式的车间布置图（包括车间平面布置图和车间立面布置图）；有洁净度要求的车间还需绘制正式的洁净区平面布局图、洁净区人流物流平面走向图、洁净区平面压差分布图。

6.5.2 初步设计车间布置图

6.5.2.1 初步设计车间平面布置图

一般每层厂房绘制一张。它表示厂房建筑占地大小、内部分隔情况，以及与设备定位有关的建筑物、构筑物的结构形状和相对位置。具体内容有：

① 厂房建筑平面图，注有厂房边墙及隔墙轮廓线，门及开向，窗和楼梯的位置，柱网间距、编号和尺寸，以及各层的相对高度。

② 安装孔洞、地坑、地沟、管沟的位置和尺寸，地坑、地沟的相对标高。

③ 操作台平面示意图，操作台主要尺寸与台面相对标高。

④ 设备外形平面图，设备编号、设备定位尺寸和管口方位。

⑤ 辅助室和生活行政用室的位置、尺寸及室内设备器具等的示意图和尺寸。

6.5.2.2 初步设计车间剖面图

在厂房建筑的适当位置上，垂直剖切后绘出的立面剖视图，表达在高度方向上设备的布置情况。剖视图内容有：

① 厂房建筑立面图，包括厂房边墙轮廓线、门及楼梯位置（设备后面的门及楼梯不画）、柱间距离和编号，以及各层相对标高，主梁高度等。

② 设备外形尺寸及设备编号。

③ 设备高度定位尺寸。

④ 设备支撑形式。

⑤ 操作台立面示意图和标高。

⑥ 地坑、地沟的位置及深度。

6.5.3 初步设计车间布置图的绘制步骤

① 考虑视图配置所需表达车间布置的各种图样。

② 选定绘图比例，常用 1：100 或 1：200，个别情况也可考虑采用 1：50 或其他适合的比例。大的主项分散绘制时，必须采用同一比例。

③ 确定图纸幅面，一般采用 A1 幅面，如需绘制在几张图纸上，则规格力求统一，小的主项可用 A2 幅面，但不宜加宽或加长。为便于读图，在图下方和右方须画出一个参考坐标，即在图纸内框的下边和右边外侧以 3mm 长的粗线划分若干等份：A1 下边为 8 等份，右边为 6 等份；A2 下边为 6 等份，右边为 4 等份。当图幅以短边为横向时，A1 下边为 6 等份，右边为 8 等份。右边自上向下写 1、2、3、4…，下边自右向左写 A、B、C…

④ 绘制平面图：a. 画建筑定位轴线；b. 画与设备安装布置有关的厂房建筑基本结构；c. 画设备中心线；d. 画设备、支架、基础、操作平台等的轮廓形状；e. 标注尺寸；f. 标注定位轴线编号及设备位号、名称；g. 图上如分区，还需画分区界线并作标注。

⑤ 绘制剖视图。绘制前要在对应的平面图上标示出剖切线的位置，绘制步骤与平面图绘制大致相同，逐个画出。在剖视图中要根据剖切位置和剖视方向，表达出厂房建筑的墙、柱、地面、平台、栏杆、楼梯以及设备基础、操作平台支架等高度方向的结构与相对位置。

⑥ 绘制方向标，在平面图的右上方绘制一个表示设备安装方位基准的符号。

⑦ 编制设备一览表。

⑧ 注写有关说明、图例，填写标题栏。

⑨ 检查、校核，最后完成图样。

6.5.4 厂房的详细画法

车间内设备（机器）的布置同厂房建筑结构有着必然的联系，在车间布置图中设备的安装布置往往是以厂房建筑的某些结构为基准进行确定的。

6.5.4.1 车间布置图的图幅、比例和图例

① 图幅 车间布置图一般采用 A1 幅面，对于小的主项可采用 A2 幅面，不宜加宽或加长。

② 比例 绘图比例通常采用 1∶100，也可采用 1∶200、1∶50，视设备布置疏密情况而定，大装置分段绘制时，必须采用同一比例。由于绘制厂房时采用缩小的比例，因此图中对有些结构、内容不可能按实际情况画出，应该采用国家标准规定的有关图例来表达各种建筑配件、建筑材料等。

③ 常用建筑配件图例 如表 6-2 所示。

表 6-2 常用建筑配件图例

名称	图例	名称	图例
底层楼梯	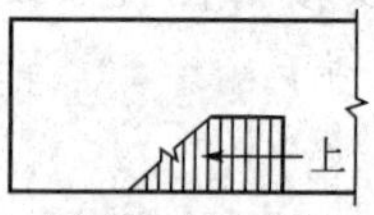	入口坡道	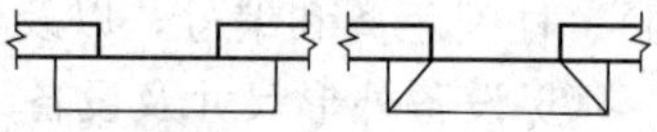
中间层楼梯	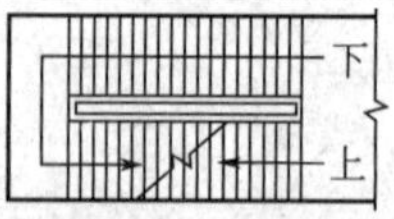	墙上预留洞口	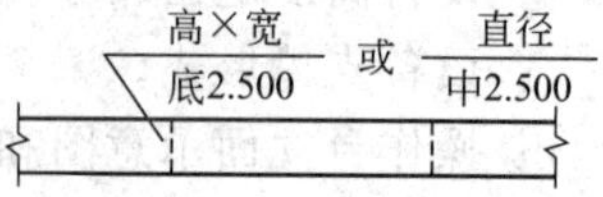
顶层楼梯	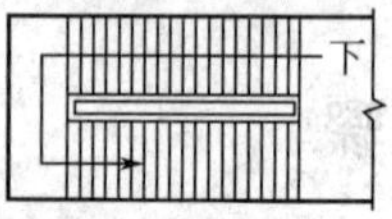	墙上预留槽	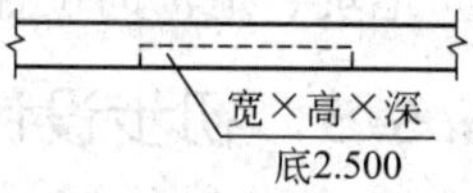
厕所间	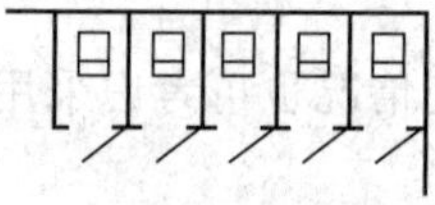	检查孔	
淋浴小间	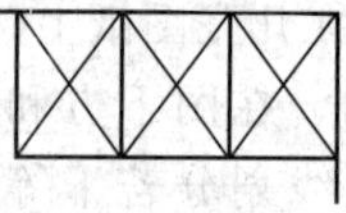	高窗	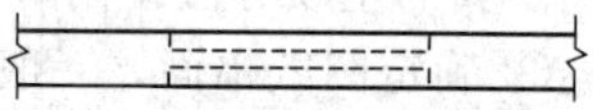
孔洞	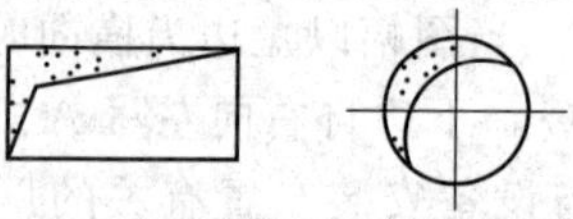	双扇门	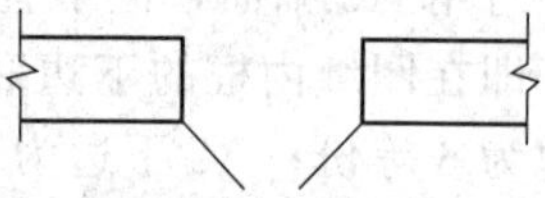
坑槽	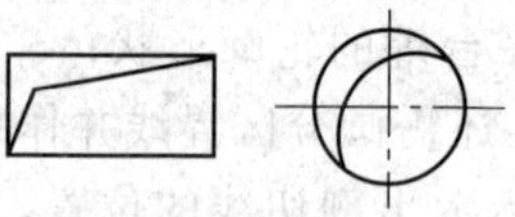	对开折门	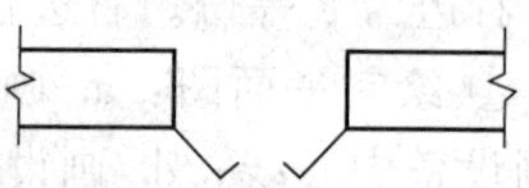
烟道	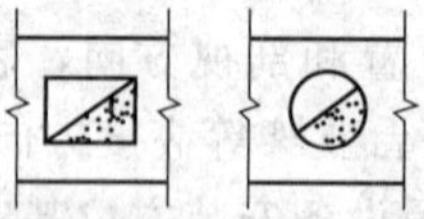	单扇内外开双层门	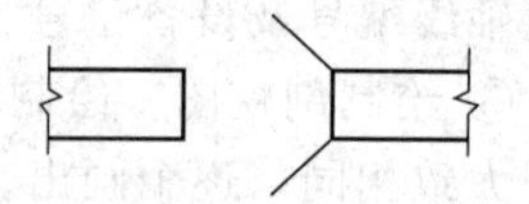
通风道	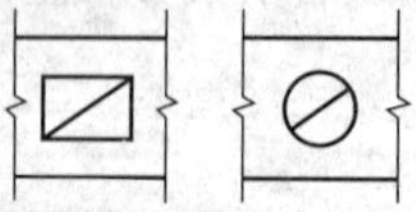	双扇双面弹簧门	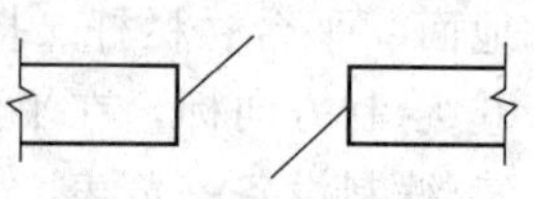
空门洞		单扇双面弹簧门	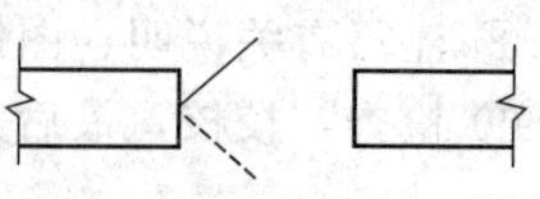
单扇门	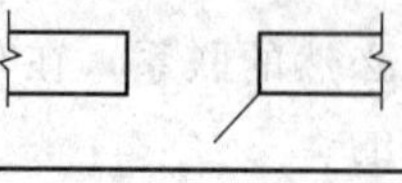	双扇内外开双层门	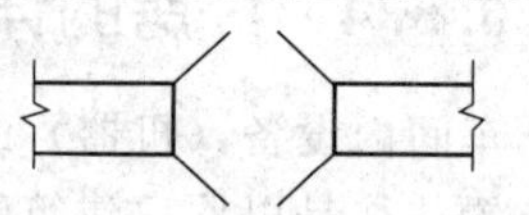

④ 建筑材料图例　如表 6-3 所示。

表 6-3　建筑材料图例

名称	图例	名称	图例	名称	图例
自然土壤		耐火砖		防水材料或人造板	
夯实土壤		空心砖		胶合板	
沙、灰土		饰面砖		石膏板	
混凝土		钢筋混凝土		多孔材料	
天然石材		木材		玻璃	
毛石		金属		纤维材料或人造板	
普通砖		砂砾石碎砖三合土			

6.5.4.2　图示方法

① 用细点划线画出承重墙、柱等结构的建筑定位轴线。

② 画出厂房形式，车间布置图中应按比例并采用规定的图例画出厂房占地大小、内部分隔情况以及和设备布置有关的建筑物及其构件，如门、窗、墙、柱、楼梯、操作平台、吊轨、栏杆、安装孔洞、管沟、明沟、散水坡等［厂房基本结构如门、窗、墙、柱、楼梯、操作平台等都采用细实线（常用 0.25mm 或 0.35mm）］。厂房出入口、交通道、楼梯等都需精心安排。一般厂房大门宽度要比通过的设备宽度大 0.2m 以上，比满载的运输设备大 0.6～1.0m，单门宽一般为 900mm，双门宽有 1200mm、1500mm、1800mm，楼梯坡度 45°～60°，主楼梯 45°的较多。砖墙宽 240mm，彩板宽一般为 50mm。

③ 与设备安装定位关系不大的门、窗等构件，一般只在设备平面布置图上画出它们的位置及门的开启方向等，在剖视图上则不予表示。

④ 车间布置图中，对于生活室和专业用房间如配电室、控制室等均应画出，但只以文字标注房间名称。

6.5.4.3　尺寸标注

车间布置图的标注包括厂房建筑定位轴线的编号，建筑物及其构件的尺寸，设备的位号、名称、定位尺寸及其他说明等。

厂房建筑及其构件应标注如下尺寸：厂房建筑物的长度、宽度总尺寸；厂房柱、墙定位轴线的间距尺寸；为设备安装预留的孔、洞以及沟、坑等定位尺寸；地面、楼板、平台、屋面的主要高度尺寸及其他与设备安装定位有关的建筑结构件的高度尺寸。

（1）尺寸标注形式　如图 6-5 所示。

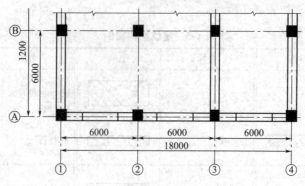

图 6-5　厂房平面的尺寸标注

（2）定位轴线　如图 6-5 所示，把房屋的墙、柱等承重构件的轴线用细点划线画出，并进行编号，称为定位轴线。定位轴线用以确定房屋主要承重构件的位置、房屋的柱距与跨度，便于施工时定位放线及查阅图纸。定位轴线编号方法：自西向东方向，自左至右用阿拉伯数字 1、2、3…依次编号，称横向定位轴线。由南向北方向，自下而上用英文字母 A、B、C…依次编号，称纵向定位轴线，其中 I、O、Z 三个字母不可编号，以免与数字 1、0、2 混淆。定位轴线编号中小圆的直径为 8mm，用细实线画出，通常把横向定位轴线标注在图形的下方，纵向定位轴线标注在图形的左侧（当房屋不对称时，右侧也须标注）。在剖面图上一般只画出建筑物最外侧的墙、柱的定位轴线及编号。

（3）厂房平面的尺寸标注　由于厂房总体尺寸数值大，精度要求不高，所以尺寸允许注成封闭链形。同时为施工方便，还须标注必要的重复尺寸，在绘制厂房时，通常沿长、宽两个方向分别标注两道尺寸，如图 6-5 所示。第一道尺寸为外包尺寸，表示房屋的总长，如图6-5 中的 18000；第二道尺寸为轴线尺寸，表示墙、柱定位轴线之间的距离，如 6000。建筑平面图中所有尺寸单位均为 mm。

（4）厂房立面的尺寸标注　对楼板、梁、屋面、门、窗等配件的高度位置，以标高形式来标注，其标注形式如图 6-6 所示。数字注到小数点后第三位。通常以底层室内地面为零点标高，零点标高以上为正值，数字前可省略符号"＋"，零点以下为负值，数字前必须加符号"－"。

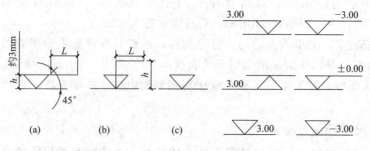

图 6-6　厂房立面的尺寸标注

6.5.5　设备的详细画法

6.5.5.1　设备的视图

车间布置图中的视图通常包括一组平面图和立面剖视图。

（1）平面图 设备布置图一般以平面图为主，表明各设备在平面内的布置状况。当厂房为多层时，应分别绘出各层的平面布置图，即每层厂房都要绘制一个平面图，如图 6-7 所示，画出每层厂房的平面图。在平面图上，要表示厂房的方位、占地大小、内部分隔情况、空气洁净度等级，以及与设备安装定位有关的建筑物、构筑物的结构形状和相对位置。一张图纸内绘制几层平面图时，应以 0.00 平面开始画起，由下而上、从左至右顺序排列。在平面图下方各注明其相应标高，如图 6-7 各个平面图所示，各视图下方注明平面图名称为："±0.00 平面""5.00 平面""10.00 平面"等。

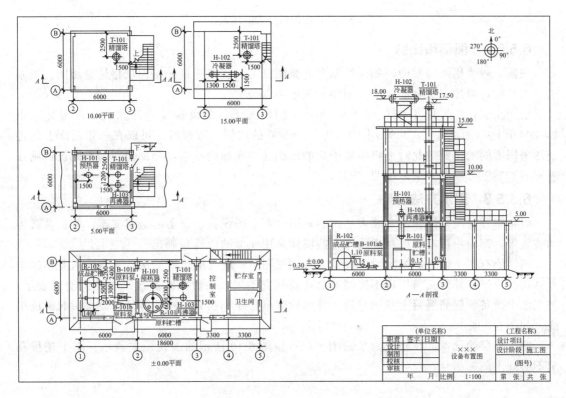

图 6-7 设备布置平面图示例

（2）剖视图 剖视图是在厂房建筑的适当位置上，垂直剖切后绘出的立面剖视图，以表达在高度方向上设备的安装布置情况。在保证充分表达清楚的前提下，剖视图的数量应尽可能少，但最少要有一张。在剖视图中要根据剖切位置和剖视方向，表达出厂房建筑的墙、柱、地面、屋面、平台、栏杆、楼梯以及设备基础、操作平台支架等高度方向的结构和相对位置。

剖视图的剖切位置须在平面图上加以标记。标记方法与机械制图国家标准规定相同，如图 6-8(a) 所示，也可采用接近建筑制图标准的方法，如图 6-8(b) 所示。在剖视图的下方应注明相应的剖视名称，如"A—A（剖视）""B—B（剖视）"或"Ⅰ—Ⅰ（剖视）""Ⅱ—Ⅱ（剖视）"等，且剖视名称在同一套图内不得重复。剖切位置需要转折时，一般以一次为限。

剖视图与平面图可以画在同一张图纸上，按剖视顺序，从左至右、由下而上顺序排列。当剖视图与平面图分别画在不同图纸上时，有时就在平面图上剖切符号下方，用括号注明该剖视图所在图纸的图号，如图 6-8 所示。

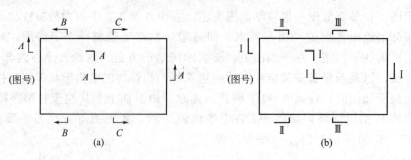

图 6-8　剖视图剖切位置的标记方法

6.5.5.2　图幅和比例

图幅一般采用一号幅面，如需绘制在几张图纸上，各张图纸的幅面规格尽量相同。图幅需要加长时，可按国家标准《机械制图》规定加以确定。

绘图比例通常采用 1：50 和 1：100，个别情况下，如设备或仓库太大，可考虑采用 1：200 和 1：500，首页图可采用 1：400、1：500 的比例。必要时，可以在一张图纸上的各视图采用不同的比例，此时可将主要采用的比例注明在标题栏内，个别视图的不同比例则在视图名称的下方或右方予以注明。

6.5.5.3　图示方法

设备布置情况是图样的主要表达内容，因此图上的设备、设备的金属支架、电机及其传动装置等，都应用粗实线或粗虚线（有些图样采用 $b/2$ 的虚线）画出。

图样绘有两个以上剖视图时，设备在各剖视图上一般只应出现一次，无特殊需要不应重复画出。位于室外而又与厂房不连接的设备及其支架等，一般只在底层平面图上给以表示。剖视图中设备的钢筋混凝土基础与设备外形轮廓组合在一起时，往往将其与设备一起画成粗线，如图 6-9 所示。

穿过楼层的设备，在相应的平面图上，可按图 6-10 所示的剖视形式表示。图中楼板孔洞不必画出阴影部分。

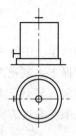

图 6-9　设备的钢筋混凝土基础与设备外形轮廓
组合在一起时视图的表示方法

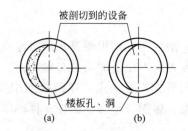

图 6-10　穿过楼层的设备剖视形式

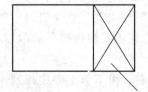

图 6-11　电机安装位置的画法

设备定型与否的规定画法：

（1）定型设备　一般用粗实线按比例画出其外形轮廓。对于小型通用设备，如泵、压缩机、风机等，若有多台，且其位号、管口方位与支撑方位完全相同时，可只画出一台，其余只用粗实线简化画出其基础的矩形轮廓。也可在矩形中相应部位上，用交叉粗实线示意地表达电机的安装位置，如图 6-11 所示。车间中的起重运输设备，如吊车等，也须按规定图例示意画出。

（2）非定型设备 用粗实线按比例画出能表示设备外形特征的轮廓。被遮盖的设备轮廓一般不予画出，如需表示可用粗虚线（或虚线）表示。在施工图设计中，应在图上画出足以表示设备安装方位特征的管口，管口可用单线表示，以中实线绘制，如图6-9所示。另绘管口方位图的设备，管口方位在设备外形图上可省略不画。

6.5.5.4 尺寸标注

图上一般不注出设备的定型尺寸而只标注其安装定位尺寸。

（1）平面定位尺寸 应标注设备与建（构）筑物、设备与设备之间的定位尺寸。设备在平面图上的定位尺寸一般应以建筑定位轴线为基准，注出其与设备中心线或设备支座中心线的距离。悬挂于墙上或柱子上的设备，应以墙的内壁或外壁、柱子的边为基准，标注定位尺寸。当某一设备已采用建筑定位轴线为基准标注定位尺寸后，邻近设备可依次用已标出定位尺寸的设备中心线为基准来标注定位尺寸，如图6-12所示。

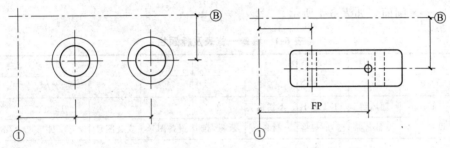

图6-12 立式设备（左图）和卧式设备（右图）的平面定位尺寸

（2）高度方向定位尺寸 设备在高度方向的位置，一般是以标注设备的基础面或设备中心线（卧式设备）的标高来确定。必要时也可标注设备的支架、挂架、吊架、法兰面或主要管口中心线、设备最高点（塔器）等的标高，如图6-13所示。

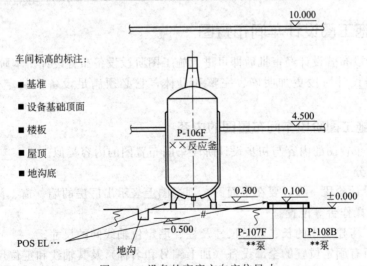

图6-13 设备的高度方向定位尺寸

（3）名称与位号 设备名称和位号在平面图和剖视图上都需要标注，而且应与工艺流程图相一致。一般标注在相应图形的上方或下方，名称在下、位号在上，中间画一粗实线（b或大于b）。也有只注位号不标名称的，或标注在设备图形内不用指引线，标注在图形之外用指引线，如图 6-7 所示。

6.5.5.5 安装方位标

设备布置图应在图纸的右上方绘制一个设备安装方位基准的符号——安装方位标。符号以粗实线画出两个直径分别为 14mm 与 8mm 的圆圈和水平、垂直两直线，并分别注以 0°、90°、180°、270°等字样。安装方位标可由各主项（车间或工段）设计自行规定一个方位基准，一般均采用北向或接近北向的建筑轴线为零度方位基准（即所谓的建筑北向）。该方位基准一经确定，设计项目中所有必须表示方位的图样，如管口方位图、管段图等，均应统一。如图 6-7 所示。

6.5.5.6 设备一览表及标题栏

车间布置图中应将设备的位号、名称、技术规格及图号（或标准号）等在标题栏上方列表中说明，也可单独制表在设计文件中附上，此时设备应按定型、非定型分类编制，标题栏的格式与设备图一致。在图名栏内，应分行填写，上行×××车间布置图，下行 EL×××平面，或×—×剖面，如表 6-4 所示。

表 6-4　设备一览表及标题栏

...								
...								
1	1102	通风橱	TF-1200B	不锈钢	2			1200×7500×2400
序号	设备位号	设备名称	型号/规格	材料	数量/台	设备图号	安装图号	外形尺寸/mm

设备布置图 0.00 平面×—×剖面		图号

6.5.6　施工图设计车间布置图

初步设计阶段布置设计经审批后即可进入施工图阶段设备布置设计。本阶段的设计内容和强度较之初步设计阶段更加明确、完整和具体，它必须满足设备安装定位所需的全部条件。

6.5.6.1 施工图阶段车间布置图的内容

本阶段车间布置图的内容与初步设计阶段车间布置图的内容类似。

（1）图纸部分

① 同初步设计阶段一样，要在平面图、剖视图上表示出厂房的墙、窗、门、柱、楼梯、通道、坑、沟及操作台等位置。

② 表示出厂房建筑物的长、宽总尺寸及柱、墙定位轴线间的尺寸。

③ 表示出所有固定位置的全部设备（加上编号和名称）及其轴线和定位尺寸。

④ 表示出全部设备的基础或支承结构的高度。

⑤ 表示出全部吊轨及安装孔。

（2）设备一览表　同初步设计阶段。

（3）方位标　同初步设计阶段。

6.5.6.2　施工图阶段车间布置图的绘制

① 以细实线按 1∶100、1∶200（有时也采用 1∶300、1∶400）比例画出厂房的墙、梁、柱、门、窗、楼板、平台、栏杆、屋面、地面、孔、洞、沟、坑等的全部建筑线，并标注厂房建筑物的长、宽总尺寸。

② 标注柱网编号及柱、墙定位轴线的间距尺寸。

③ 标注每层平面高度。

④ 采取同样比例，以粗实线绘制设备的外形及主要特征（如搅拌、夹套、蛇管等），并绘出主要物料管口方位及其代号，标注设备编号及名称。对多台相同的设备，可只对其中的一台设备详细绘制，其他可简明表示。

⑤ 尺寸的标注

a. 基准　以设备中心线或设备外轮廓为基准线，建筑物、构筑物以轴线为基准线，标高以室内地坪为基准线。

b. 标准设备平面位置（纵横坐标）　定位尺寸以建筑定位轴线为基准，注出其与设备中心线或设备支座中心线的距离。悬挂于墙上或柱上的设备，应以墙的内壁或外壁、柱的边为基准，标注定位尺寸。

c. 标注设备立面标高　定位尺寸一般可以用设备中心线、机泵的轴线、设备的基础面、支架、挂耳、法兰面等相对于室内地坪（±0.00）的标高来表示。

d. 穿过多层楼面设备的基准　当设备穿过多层楼面时，各层都应以同一建筑轴线为基准线。

⑥ 方向标志　在平面图上，应用指北针表示出方位，指北针统一画在左上角。绘制时，尽量选取指北针向上 180°内的方位。

第7章 管道设计

7.1 概述

7.1.1 管道设计的作用和意义

管道在生物工厂的车间里起着输送物料及公用工程介质的重要作用，是生物产品生产过程中必不可少的重要组成部分。生物工厂的管道犹如人体内的血管，规格多，数量大，在整个工程投资中占有非常重要的比例。因此，正确的管道设计和安装，对减少工厂基本建设投资以及日后的正常操作与维护都有着十分重要的意义。

7.1.2 管道设计的条件、内容和阶段

7.1.2.1 管道设计的条件

在进行管道设计时，除建筑物（构筑物）平面图、立面图外，还应具有以下基础资料：工艺管道及仪表流程图、设备布置图、设备施工图（或工程图）、设备表及设备规格书、管道界区接点条件表、管道材料等级规定、配管材料数据库、有关专业的设计条件等。

7.1.2.2 管道设计的内容

（1）管径的计算和选择 根据物料性质和使用工况，初步选择管道材料；然后根据物料流量和使用条件，计算管径和管壁厚度；最后根据管道现有的生产情况和供应情况选择管道。

（2）地沟断面的决定 地沟断面的大小及坡度应按管道的数量、规格和排列方法确定。

（3）管道的设计 根据工艺流程图，结合设备布置图及设备施工图进行管道的设计，应包含如下内容：

① 各种管道、管件、阀件的材料和规格，管道内介质的名称、介质流动方向用代号或符号表示；标高以地平面为基准面或以所在楼层的楼面为基准面。

② 同一水平面或同一垂直面上有数种管道，不易表达清楚时，应该画出其剖面图。

③ 如有管沟时应画出管沟的截面图。

（4）提出资料 管道设计应提出的资料包括以下方面：

① 将各种断面的地沟尺寸数据提给土建专业。

② 将车间上水、下水、冷冻盐水、压缩空气和蒸汽等用量及管道管径和要求（如温度、

压力等条件）提给公用系统。

　　③ 管道、管架条件（管道布置、载荷、水平推力、管架形式及尺寸等）提给土建专业。

　　④ 设备管口修改条件返给设备布置。

　　⑤ 如投资方要求还需提供管道投资预算。

　　(5) 编写施工说明　施工说明是对图纸内容的补充，图纸内容只能表达一些表面的尺寸要求，对其他的要求无法表达，所以需要以说明的形式对图纸进行补充，以满足工程设计要求。施工说明应包含设计范围，施工、检验、验收的要求及注意事项，例如焊接要求、热处理要求、探伤检验要求、试压要求、静电接地要求、各种介质的管道及附件的材料、各种管道的安装坡度、保温刷漆要求等问题。

7.1.2.3　管道设计的阶段

　　在初步设计阶段，设计带控制点工艺流程图时，首先要选择和确定管道、管件及阀件的规格和材料，并估算管道设计的投资；在施工图设计阶段，还需确定管沟的断面尺寸和位置，管道的支承方式和间距，管道和管件的连接方式，管道的热补偿与保温，管道的平面、立面位置，以及施工、安装、验收的基本要求。施工图阶段管道设计的成果是管道平面、立面布置图，管道轴测图及其索引，管架图，管道施工说明，管段表，管道综合材料表及管道设计预算等。

7.2　管道、阀门和管件的选择与连接

7.2.1　管道及其选择

7.2.1.1　管道的标准化

　　管道材料的材质、制造标准、检验验收要求、规格等种类都很多，同种规格管道由于使用温度、压力不同，壁厚也都不一样。为方便采购和施工，应尽量减少种类，使用市场上已有的品种和规格，以降低采购成本、安装及检验成本，减少备品备件的数量，方便使用过程的维护和改造。

　　(1) 公称压力（PN）　生物工厂的产品种类繁多，即使是同一种产品，由于工艺方法的差异，对管道温度、压力和材料的要求都不相同。在不同温度下，同一种材料的管道所能承受的压力也不一样。为了实现管道材料的标准化，需要统一压力的数值，减少压力等级的数量，以利于管件、阀门等管道组成件的选型。公称压力是管道、管件和阀门在规定温度下的最大许用工作压力（表压，温度范围 0~120℃），由 PN 和无量纲数组成，代表管道组成件的压力等级。管道系统中每个管道组成件的设计压力，应不小于在操作中可能遇到的最苛刻的压力温度组合工况的压力。

　　(2) 公称直径（DN）　公称直径又称公称通径，它代表管道组成件的规格，一般由 DN 和无量纲数组成。这个数值与端部连接件的孔径或外径（用 mm 表示）等特征尺寸直接相关。不同规范的表达方式可能不同，所以也可使用其他标识尺寸方法，例如螺纹、压配、承插焊或对接焊的管道元件，可用 NPS（公称管道尺寸）、OD（外径）、ID（内径）或 G（管螺纹尺寸标记）等标识的管道元件。同一公称直径的管道或管件，采用的标准确定后，其外径或内径即可确定，但管壁厚可根据压力计算确定选取。管件和阀件的标准则规定了各种管件和阀件的外廓尺寸和装配尺寸。

7.2.1.2 管径的选择和确定

管径的选择是管道设计中的一项重要内容，除了安全因素外，管径的大小决定着管道系统的建设投资和运行费用，管道投资费用与动力系统的消耗费用有着直接的联系。管径越大，建设投资费用越大，但动力消耗费用可降低，运行费用就小。

（1）管道流速的确定　流量确定的情况下，管道流速就成了确定管径的决定因素，一般应考虑的因素有以下几点：

① 工艺要求　对于需要精确控制流量的管道，还必须满足流量精确控制的要求。

② 压力降要求　管道的压力降必须小于该管道的允许压力降。

③ 经济因素　流速应满足经济性要求。

④ 管壁磨损限制　流速过高会引起管道冲蚀和磨损的现象，部分腐蚀介质的最大流速见表 7-1。

表 7-1　部分腐蚀介质的最大流速

介质名称	最大流速/(m/s)	介质名称	最大流速/(m/s)
氯气	25.0	碱液	1.2
二氧化硫气	20.0	盐水和弱碱液	1.8
氨气（$p \leqslant 0.7$MPa） 氨气（0.7MPa$< p \leqslant 2.1$MPa）	20.2 8.0	酚水	0.9
		液氨	1.5
浓硫酸	1.2	液氯	1.5

流速的选取应综合考虑各种因素，一般说来，对于密度大的流体，流速值应取得小些，如液体的流速就比气体小得多。对于黏度较小的液体，可选用较大的流速，而对于黏度大的液体，如油类、浓酸液、浓碱液等，则所取流速就应比水及稀溶液小。对含有固体杂质的流体，流速不宜太低，否则固体杂质在输送时，容易沉积在管内。在保证安全和工艺要求的前提下，尽量考虑经济性。常用介质的流速选取见表 7-2 的推荐值。

表 7-2　常用介质流速的推荐值

介质名称	流速/(m/s)	介质名称	流速/(m/s)
饱和蒸汽（主管）	30～40	氧气（1.0～2.0MPa）	4.0～5.0
饱和蒸汽（支管）	20～30	氧气（2.0～3.0MPa）	3.0～4.0
低压蒸汽（<1.0MPa）	15～20	车间换气通风（主管）	4.0～15
中压蒸汽（1.0～4.0MPa）	20～40	车间换气通风（支管）	2.0～8.0
高压蒸汽（4.0～12.0MPa）	40～60	风管距风机（最远处）	1.0～4.0
过热蒸汽（主管）	40～60	风管距风机（最近处）	8.0～12
过热蒸汽（支管）	35～40	压缩空气（0.1～0.2MPa）	10～15
一般气体（常压）	10～20	压缩气体（真空）	5.0～10
高压乏气	80～100	工业供水（<0.8MPa）	1.5～3.5
蒸汽（加热蛇管入口管）	30～40	压力回水	0.5～2.0
氧气（0～0.05MPa）	5.0～8.0	水和碱液（<0.6MPa）	1.5～2.5
氧气（0.05～0.6MPa）	6.0～8.0	自流回水（有黏性）	0.2～0.5
氧气（0.6～1.0MPa）	4.0～6.0	离心泵（吸入口）	1～2

介质名称	流速/(m/s)	介质名称	流速/(m/s)
离心泵(排出口)	1.5~2.5	压缩气体[0.2~0.6MPa(A)]	10~20
往复式真空泵(吸入口)	13~16	压缩气体[0.6~1.0MPa(A)]	10~15
	最大25~30	压缩气体[1.0~2.0MPa(A)]	8.0~10
油封式真空泵(吸入口)	10~13	压缩气体[2.0~3.0MPa(A)]	3.0~6.0
空气压缩机(吸入口)	<10~15	压缩气体[3.0~25.0MPa(A)]	0.5~3.0
空气压缩机(排出口)	15~20	煤气	2.5~15
通风机(吸入口)	10~15	煤气(初压200mmH$_2$O)	0.75~3.0
通风机(排出口)	15~20	煤气(初压6000mmH$_2$O)	3.0~12
旋风分离器(入气)	15~25	半水煤气[0.01~0.15MPa(A)]	10~15
旋风分离器(出气)	4.0~15	烟道气(烟道内)	3.0~6.0
结晶母液(泵前速度)	2.5~3.5	烟道气(管道内)	3.0~4.0
结晶母液(泵后速度)	3~4	氯化甲烷(气体)	20
齿轮泵(吸入口)	<1.0	氯化甲烷(液体)	2
齿轮泵(排出口)	1.0~2.0	二氯乙烯	2
黏度和水相仿的液体	取与水相同	三氯乙烯	2
自流回水和碱液	0.7~1.2	乙二醇	2
锅炉给水(>0.8MPa)	>3.0	苯乙烯	2
蒸汽冷凝水	0.5~1.5	二溴乙烯(玻璃管)	1
凝结水(自流)	0.2~0.5	自来水(主管0.3MPa)	1.5~3.5
气压冷凝器排水	1.0~1.5	自来水(支管0.3MPa)	1.0~1.5
油及黏度大的液体	0.5~2.0	低压乙炔(PN<0.01MPa)	<15
黏度较大的液体(盐类溶液)	0.5~1.0	中压乙炔(PN=0.01~0.15MPa)	<8
液氨(真空)	0.05~0.3	高压乙炔(PN>0.15MPa)	<4
液氨(<0.6MPa)	0.3~0.5	氨气(真空)	15~25
液氨(<1.0MPa,2.0MPa)	0.5~1.0	氨气(0.1~0.2MPa)	8~15
盐水	1.0~2.0	氨气(0.35MPa)	10~20
制冷设备中盐水	0.6~0.8	氨气(<0.06MPa)	10~20
过热水	2	氨气(<1.0~2.0MPa)	3.0~8.0
海水,微碱水(<0.6MPa)	1.5~2.5	氨气(5.0~10.0MPa)	2~5
氢氧化钠(0~30%)	2	变换气(0.1~1.5MPa)	10~15
氢氧化钠(30%~50%)	1.5	真空管	<10
氢氧化钠(50%~73%)	1.2	真空度650~700mmHg[①]管道	80~130
四氯化碳	2	废气(低压)	20~30
工业烟囱(自然通风)	2.0~3.0	废气(高压)	80~100
	实际3~4	化工设备排气管	20~25
石灰窑窑气管	10~12	氢气	≤8.0
压缩气体[0.1~0.2MPa(A)]	8.0~12	氮(气体)	10~25

介质名称	流速/(m/s)	介质名称	流速/(m/s)
氮（液体）	1.5	黏度 50cP[②] 液体（φ25 以下）	0.5～0.9
氯仿（气体）	10	黏度 50cP 液体（φ25～50）	0.7～1.0
氯仿（液体）	2	黏度 50cP 液体（φ50～100）	1.0～1.6
氯化氢[气体（钢衬胶管）]	20	黏度 100cP 液体（φ25 以下）	0.3～0.6
氯化氢[液体（橡胶管）]	1.5	黏度 100cP 液体（φ25～50）	0.5～0.7
溴[气体（玻璃管）]	10	黏度 100cP 液体（φ50～100）	0.7～1.0
溴[液体（玻璃管）]	1.2	黏度 1000cP 液体（φ25 以下）	0.1～0.2
硫酸[88%～93%（铅管）]	1.2	黏度 1000cP 液体（φ25～50）	0.16～0.25
硫酸[93%～100%（铸铁管、钢管）]	1.2	黏度 1000cP 液体（φ50～100）	0.25～0.35
盐酸（衬胶管）	1.5	黏度 1000cP 液体（φ100～200）	0.35～0.55
往复泵（水类液体）（吸入口）	0.7～1.0	易燃易爆液体	<1
往复泵（水类液体）（排出口）	1.0～2.0		

① 1mmHg＝133.32Pa。

② 1cP＝1×10^{-3}Pa·s。

注：以上主支管长 50～100m。

（2）管径计算　流体的管径是根据流量和流速来确定的。根据流体在管内的速度，可用下式求取管径：

$$d=1.128\sqrt{\frac{V_s}{v}}$$

式中，d 为管道直径，m（或管道内径，mm）；V_s 为管内介质的体积流量，m^3/s；v 为流体的流速，m/s。

管道的管径还应该符合相应管道标准的规格数据，常用公称直径的管道外径见表 7-3。

表 7-3　常用公称直径的管道外径

公称直径（DN）		无缝管		焊接管
mm	in[①]	英制管外径/mm	公制管外径/mm	英制管外径/mm
15	1/2	22	18	21.3
20	3/4	27	25	26.9
25	1	34	32	33.7
32	1¼	42	38	42.4
40	1½	48	45	48.3
50	2	60	57	60.3
65	2¼	76	76	76.1
80	3	89	89	88.9
100	4	114	108	114.3
125	5	140	133	139.7
150	6	168	159	168.3
200	8	219	219	219.1
250	10	273	273	273

公称直径（DN）		无缝管		焊接管
mm	in①	英制管外径/mm	公制管外径/mm	英制管外径/mm
300	12	324	325	323.9
350	14	356	377	355.6
400	16	406	426	406.4
450	18	457	480	457
500	20	508	530	508

① 1in＝2.54cm。

7.2.1.3　管壁厚度

管道的壁厚有多种表示方法，管道材料所用的标准不同，其所用的壁厚表示方法也不同。一般情况下管道壁厚有以下两种表示方法：

（1）以钢管壁厚尺寸表示　中国、国际标准化组织 ISO 和日本部分钢管标准采用壁厚尺寸表示钢管壁厚系列。大部分国标管材都用厚度表示。

（2）以管道表号表示　这是 1938 年美国国家标准协会 ANSIB36.10（焊接和无缝钢管）标准所规定的，属国际通用壁厚系列，它在一定程度上反映了钢管的承压能力。

管道表号（Sch.）是管道设计压力与设计温度下材料许用应力的比值乘以 1000，并经圆整后的数值，即：

$$Sch. = \frac{p}{[\sigma]^t} \times 1000$$

式中，p 为设计压力，MPa；$[\sigma]^t$ 为设计温度 t 下材料的许用应力，MPa。

管径确定后，应该根据流体特性、压力、温度、材质等因素计算所需要的壁厚，然后根据计算壁厚确定管道壁的厚度。工程上为了简化计算，一般根据管径和各种公称压力范围，查阅有关手册（如《化工工艺设计手册》等）可获得管壁厚度。常用公称压力下管道壁厚见表 7-4～表 7-6。

表 7-4　无缝碳钢和合金钢管壁厚　　　　　　单位：mm

材料	PN/MPa	DN																			
		10	15	20	25	32	40	50	65	80	100	125	150	200	250	300	350	400	450	500	600
20 12CrMo 15CrMo 12CrMoV	≤1.6	2.5	3	3	3	3	3.5	3.5	4	4	4	4	4.5	5	6	7	7	8	8	8	9
	2.5	2.5	3	3	3	3	3.5	3.5	4	4	4	4	4.5	5	6	7	7	8	8	9	10
	4.0	2.5	3	3	3	3	3.5	3.5	4	4	4.5	5	5.5	7	8	9	10	11	12	13	15
	6.4	3	3	3	3.5	3.5	3.5	4	4.5	5	6	7	8	9	11	12	14	16	17	19	22
	10.0	3	3.5	3.5	4	4.5	4.5	5	6	7	8	9	10	13	15	18	20	22			
	16.0	4	4.5	5	5	5	6	6	8	11	13	15	19	24	26	30	24				
	20.0	4	4.5	5	6	5	7	8	9	11	13	15	18	22	28	32	36				
	4.0T	3.5	4	4	4.5		5	5.5													
10 Cr5Mo	≤1.6	2.5	3	3	3	3	3.5	3.5	4	4.5	4	4	4.5	5.5	7	7	8	8	8	9	
	2.5	2.5	3	3	3	3	3.5	3.5	4	4.5	4	4	4.5	5.5	7	7	8	8	9	10	12
	4.0	2.5	3	3	3	3	3.5	3.5	4	4.5	5	5.5	6	8	9	10	11	12	14	15	18

材料	PN/MPa	DN																		
		10	15	20	25	32	40	50	65	80	100	125	150	200	250	300	350	400	450	500	600
10 Cr5Mo	6.4	3	3	3	3.5	4	4	4.5	5	6	7	8	9	11	13	14	16	18	20	22	26
	10.0	3	3.5	4	4	4.5	5	5.5	7	8	9	10	12	15	18	22	24	26			
	16.0	4	4.5	5	5	6	7	8	9	10	12	15	18	22	28	32	36	40			
	20.0	4	4.5	5	6	7	8	9	11	12	15	18	22	26	34	38					
	4.0T	3.5	4	4	4.5	5	5	5.5													
16Mn 15MnV	≤1.6	2.5	2.5	2.5	3	3	3	3	3.5	3.5	3.5	3.5	4	4.5	5	5.5	6	6	6	6	7
	2.5	2.5	2.5	2.5	3	3	3	3	3.5	3.5	3.5	3.5	4	4.5	5	5.5	6	7	7	8	9
	4.0	2.5	2.5	2.5	3	3	3	3	3.5	4	4.5	5	6	7	8	8	9	10	11	12	
	6.4	2.5	3	3	3	3.5	3.5	3.5	4	4.5	5	6	7	8	9	11	12	13	14	16	18
	10.0	3	3	3.5	3.5	4	4	4.5	5	6	7	9	11	13	15	17	19				
	16.0	3.5	3.5	4	4.5	5	5	6	7	8	9	11	12	16	19	22	25	28			
	20.0	3.5	4	4.5	5	5.5	6	7	8	9	11	13	15	19	24	26	30				

注：表中 4.0T 表示外径加工管螺纹的管道，适用于 PN≤4.0 的阀件连接。

表 7-5 无缝不锈钢管壁厚 单位：mm

材料	PN /MPa	DN																
		10	15	20	25	32	40	50	65	80	100	125	150	200	250	300	350	400
0Cr8Ni9 含 Mo 不锈钢	<1.0	2	2	2	2.5	2.5	2.5	2.5	2.5	2.5	3	3	3.5	3.5	3.5	4	4	4.5
	1.6	2	2.5	2.5	2.5	2.5	2.5	3	3	3	3	3	3.5	3.5	4	4.5	5	5
	2.5	2	2.5	2.5	2.5	2.5	2.5	3	3	3	3.5	3.5	4	4.5	5	6	6	7
	4.0	2	2.5	2.5	2.5	2.5	2.5	3	3	3.5	4	4.5	5	6	7	8	9	10
	6.4	2.5	2.5	2.5	3	3	3	3.5	4	4.5	5	6	7	8	10	11	13	14
	4.0T	3	3.5	3.5	4	4	4	4.5										

表 7-6 焊接钢管壁厚 单位：mm

材料	PN /MPa	DN															
		200	250	300	350	400	450	500	600	700	800	900	1000	1100	1200	1400	1600
碳钢焊接管 (Q235A、20)	0.25	5	5	5	5	5	5	5	6	6	6	6	6	6	7	7	7
	0.6	5	5	6	6	6	6	7	7	7	7	8	8	8	9	10	
	1.0	5	5	6	6	6	7	8	8	9	9	10	11	11	12		
	1.6	6	6	7	7	8	9	10	11	12	13	14	15	16			
	2.5	7	8	9	9	10	11	12	13	15	16						
焊接不锈钢管	0.25	3	3	3	3.5	3.5	3.5	4	4	4	4.5	4.5					
	0.6	3	3	3.5	3.5	3.5	4	4	4.5	5	6	6					
	1.0	3.5	3.5	4	4.5	4.5	5	5.5	6	7	7	8					
	1.6	4	4.5	5	6	6	8	8	9	10							
	2.5	5	6	7	8	9	9	10	12	13	15						

7.2.1.4　管道的选材

生物工厂所用管道、阀门和管件材料的选择原则主要是依据输送介质的浓度、温度、压力、腐蚀情况、压力事故、供应来源和价格等因素综合考虑决定，因此必须要高度重视。

管道材料的选用原则：

（1）满足工艺物料要求　管道材料要满足工艺物料对材质的要求，管道材料不能对工艺物料造成污染。

（2）材料的使用性能　每种材料都有其温度和压力的适用范围，超过了其适用范围的使用条件都会影响材料的使用性能，导致管道的失效或者安全事故。

（3）材料的加工工艺性能　管道系统是由管道和管件、阀门等元件组成的，所以材料的工艺性能应该适应加工工艺要求。工艺性能一般为焊接、切削加工、锻轧和铸造性能。管道材料中焊接和切削性能尤其重要，应满足其要求。

（4）材料的经济性能　经济性是选材的重要因素，包括材料价格和制造、安装价格。

（5）材料的耐腐蚀性能　管道的材料应该满足耐腐蚀性能，介质对管道的腐蚀速度直接关系到管道的使用寿命，影响管道的安全和经济性。各种材料的耐腐蚀数据可以查阅相关的腐蚀数据手册。管道壁厚计算中的腐蚀裕量的选取与腐蚀速度有关。

$$腐蚀裕量 = 腐蚀速度 \times 使用寿命$$

（6）材料的使用限制　主要从材料的使用要求和安全性方面考虑。不同的材料有不同的使用要求，选择材料时应按照材料的适用范围和特性来选择。常用材料的使用限制如下：

① 球墨铸铁用于受压管道组成件时，使用温度为 $-20 \sim 350℃$，不能用于 GC1 级管道。

② 灰铸铁管道组成件的使用温度为 $-10 \sim 230℃$，设计压力不大于 2.0MPa。

③ 可锻铸铁管道组成件的使用温度为 $-20 \sim 300℃$，设计压力不大于 2.0MPa。

④ 灰铸铁和可锻铸铁管道组成件用于可燃介质时，其设计温度不大于 150℃，设计压力不大于 1.0MPa。

⑤ 灰铸铁和可锻铸铁管道组成件不能用于 GC1 级管道或剧烈循环工况。

⑥ 碳素结构钢设计压力不大于 1.6MPa，不能用于剧烈循环工况。

⑦ 用于焊接的碳钢、铬钼合金钢，含碳量不大于 0.30%。

⑧ 对于 L290 和更高强度等级的高屈强比材料，不宜用于设计温度大于 200℃ 的高温管道。

⑨ 低碳（含碳量 $\leqslant 0.08\%$）非稳定化不锈钢（如 304、316）在非固溶状态下（包括固溶后热加工或焊接）不得用于可能发生晶间腐蚀的环境。

⑩ 超低碳不锈钢不宜在 425℃ 以上长期使用。

⑪ 铅、锡等低熔点金属及其合金不能用于输送可燃介质管道。

⑫ 对于衬里材料，由于衬里和基材的黏结力问题，一般不宜在负压状态下使用。

⑬ 对可燃、易燃的非金属材料管道，应该有适当的防火措施。

7.2.1.5　常用管材

生物工厂常用的管道有金属管和非金属管。常用的金属管有铸铁管、硅铁管、焊接钢管、无缝钢管（包括热轧和冷拉无缝钢管）、有色金属管（如铜管、黄铜管、铝管、铅管）、衬里钢管。常用的非金属管有耐酸陶瓷管、玻璃管、硬聚氯乙烯管、软聚氯乙烯管、聚乙烯管、玻璃钢管、有机玻璃管、酚醛塑料管、石棉-酚醛塑料管、橡胶管和衬里管道（如衬橡胶、搪玻璃管等）。

常用管道的类型、选材和用途见表 7-7。

表 7-7　常用管道的类型、选材和用途

管道类型		适用材料	一般用途
无缝钢管	中低压用	普通碳素钢、优质碳素钢、低合金钢、合金结构钢	输送对碳钢无腐蚀或腐蚀速度很小的各种流体
	高温高压用	20G、15CrMo、12Cr2Mo 等	合成氨、尿素、甲醇生产中大量使用
	不锈钢	0Cr18Ni9 等	液碱、丁醛、丁醇、液氨、硝酸、硝酸铵溶液的输送
焊接钢管	水煤气输送管道	Q235-A	适用于输送水、压缩空气、煤气、冷凝水和采暖系统的管路
	双面埋弧自动焊大直径焊接钢管		
	螺旋缝电焊钢管	Q235、16Mn 等	
	不锈钢焊接钢管	0Cr18Ni9 等	
食品工业用不锈钢管		0Cr18Ni9 等	用于洁净物料的输送
金属软管	钎焊不锈钢软管	0Cr18Ni9 等	一般用于输送带有腐蚀性的气体
	P2 型耐压软管	低碳镀锌钢带	一般用于输送中性的液体、气体及混合物
	P3 型吸尘管	低碳镀锌钢带	一般用于通风、吸尘的管道
	PM1 型耐压管	低碳镀锌钢带	一般用于输送中性液体
有色金属	铜管和黄铜管	T2、T3、T4、TUP、TU1、TU2、H68、H62	适用于一般工业部门,用作机器和真空设备上的管路及压力小于 10MPa 的氧气管道
	铅及其合金管	纯铅、Pb4、Pb5、Pb6、铅锑合金(硬铅)、PbSb4、PbSb6、PbSb8	适用于化学、染料、制药及其他工业部门作耐酸材料的管道,如输送 15%～65% 的硫酸、干或湿的二氧化硫、60% 的氢氟酸、浓度小于 80% 的乙酸。铅管的最高使用温度为 200℃,但温度高于 140℃ 时,不宜在压力下使用
	铝及其合金	L2、L3、工业纯铝	铝管用于输送脂肪酸、硫化氢及二氧化碳,其最高使用温度为 200℃,温度高于 160℃ 时,不宜在压力下使用。铝管还可以用于输送浓硝酸、乙酸、甲酸、硫的化合物及硫酸盐。不能用于输送盐酸、碱液,特别是含氯离子的化合物。铝管不可用于对铝有腐蚀性的碳酸镁、含碱玻璃棉的保温
纤维缠绕玻璃钢管	承插胶黏直管、对接直管和 O 形环承插连接直管	玻璃钢	一般用在工程压力 0.6～1.6MPa、公称直径大于 50mm 的管道上
	玻璃钢管	玻璃钢	低压接触成型直管使用压力≤0.6MPa,长丝缠绕直管使用压力≤1.0MPa
增强聚丙烯管		聚丙烯	具有轻质高强度、耐腐蚀性好、致密性好、价格低等特点。使用温度为 120℃,使用压力<1.0MPa
玻璃钢增强聚丙烯复合管		玻璃钢、聚丙烯	一般用于公称直径 15～400mm、PN≤1.6MPa 的管道上
玻璃钢增强聚氯乙烯复合管		玻璃钢、聚氟乙烯	使用压力≤1.6MPa
钢衬改性聚丙烯管		钢、聚丙烯	使用压力>1.6MPa
钢衬聚四氟乙烯推压管		钢、聚四氟乙烯	使用压力>1.6MPa
钢衬高性能聚乙烯管		钢、聚乙烯	具有耐腐蚀、耐磨损等特点
钢喷涂聚乙烯管		钢、聚乙烯	使用压力≤1.6MPa
钢衬橡胶管		钢、橡胶	使用压力>1.6MPa

管道类型	适用材料	一般用途
钢衬玻璃管	钢、玻璃	使用压力>1.6MPa
搪玻璃管	搪瓷釉	使用压力<0.6MPa
化工用硬聚氯乙烯管 （UPVC）	聚氯乙烯	使用压力≤1.6MPa
ABS管	ABS	使用压力≤0.6MPa
耐酸陶瓷管	陶瓷	使用压力≤0.6MPa
聚丙烯管	聚丙烯	一般用于化工防腐管道上
氟塑料管	聚四氟乙烯	耐腐蚀，且耐负压
输水、吸水胶管	橡胶	①夹套输水胶管，输送常温水和一般中性液体，公称压力≤0.7MPa ②纤维缠绕输水胶管，输送常温水，工作压力≤1.0MPa ③吸水胶管，适用于常温水和一般中性液体
夹布输气管	橡胶	一般适用于输送压缩空气和惰性气体
输油、吸油胶管	耐油橡胶	①夹布吸油胶管，适用于输送40℃以下的汽油、煤油、柴油、机油、润滑油及其他矿物油类。工作压力≤1.0MPa ②吸油胶管，适用于抽吸40℃以下的汽油、煤油、柴油以及其他矿物油类
输酸、吸酸胶管	耐酸橡胶	①夹布输稀酸（碱）胶管，适用于输送浓度在40%以下的稀酸（碱）溶液（硝酸除外） ②吸稀酸（碱）胶管，适用于抽吸浓度在40%以下的稀酸（碱）溶液（硝酸除外） ③吸浓硫酸管，适用于抽吸浓度在95%以下的浓硫酸及40%以下的硝酸
蒸汽胶管	合成胶	①夹布蒸汽胶管，适用于输送压力≤0.4MPa的饱和蒸汽或温度≤150℃的热水 ②钢丝编织蒸汽胶管，供输送压力≤1.0MPa的饱和蒸汽
耐磨吸引胶管	合成胶	适用于输送含固体颗粒的液体和气体
合成树脂复合 排吸压力软管	合成树脂	适用于输送或抽吸燃料油、变压器油、润滑油以及化学药品、有机溶剂

7.2.2 阀门及其选择

阀门是管道系统的重要组成部件，在生物产品生产中起着重要作用。阀门可以控制流体在管内的流动，其主要功能有启闭、调节、节流、自控和保证安全等作用。通过接通和截断介质，防止介质倒流，调节介质压力、流量、分离、混合或分配介质，防止介质压力超过规定数值，以保证设备和管道安全运行等。因此，正确合理地选用阀门是管道设计中的重要环节。

如何根据工艺过程的需要，合理地选择不同类型、结构、性能和材质的阀门，是管道设计的重点。各种阀门因结构形式与材质的不同，有不同的使用特性、适合场合和安装要求。选用阀门的原则是：①流体特性，如是否有腐蚀性、是否含有固体、黏度大小和流动时是否会产生相态的变化等；②功能要求，按工艺要求，明确是切断还是调节流量等；③阀门尺寸，由流体流量和允许压力降决定；④阻力损失，按工艺允许的压力损失和功能要求选择；⑤温度和压力，由介质的温度和压力决定阀门的温度和压力等级；⑥材质，取决于阀门使用的温度和压力等级与流体特性。通过对上述各项指标进行判断，列出阀门的技术规格，即阀门的型号和公称直径等参数，用于进行采购。

通用阀门规格书应包含下列内容：采用的标准代号；阀门的名称、公称压力、公称直径；阀体材料、阀体连接形式；阀座密封面材料；阀杆与阀座结构；阀杆等内件材料，填料种类；阀体中法兰垫片种类、紧固件结构及材料；设计者提出的阀门代号或标签号；其他特殊要求等。

7.2.2.1　阀门的分类

按照阀门的用途和作用分类，可分为：切断阀类（其作用是接通和截断管路内的介质，如球阀、闸阀、截止阀、蝶阀和隔膜阀）；调节阀类（其作用是调节介质的流量、压力，如调节阀、节流阀和减压阀等）；止回阀类（其作用是防止管路中的介质倒流，如止回阀和底阀）；分流阀类（其作用是分配、分离或混合管路中的介质，如分配阀、疏水阀等）；安全阀类。

按照驱动形式来分类，可分为：手动阀；动力驱动阀（如电动阀、气动阀）；自动类阀（此类需外力驱动，利用介质本身能量使阀门动作，如止回阀、安全阀、自力式减压阀和疏水阀等）。

按照公称压力来分类，可分为：真空阀门（工作压力低于标准大气压）；低压阀门（公称压力≤1.6MPa）；中压阀门（公称压力为2.5MPa、4.0MPa和6.4MPa）；高压阀门（公称压力10～80MPa）；超高压阀门（公称压力＞100MPa）。

按照温度等级分类，可分为：超低温阀门（工作温度低于−80℃）；低温阀门（工作温度−80～−40℃）；常温阀门（工作温度−40～120℃）；中温阀门（工作温度120～450℃）；高温阀门（工作温度高于450℃）。

国内采用的分类法通常既考虑工作原理和作用，又考虑阀门结构，主要有：闸阀、蝶阀、截止阀、止回阀、旋塞阀、球阀、夹管阀、隔膜阀和柱塞阀等。

7.2.2.2　阀门的选择

常用介质的阀门选择见表7-8。

表7-8　常用介质的阀门选择

流体名称	管道材料	操作压力/MPa	连接方式	阀门类型 支管	阀门类型 主管	推荐阀门型号	保温方式
上水	焊接钢管	0.1～0.4	≤2"，螺纹连接 ≥2½"，法兰连接	≤2"，球阀 ≥2½"，蝶阀	蝶阀	Q11-116C DTD71F-1.6C	
清下水	焊接钢管	0.1～0.3			闸阀	Q41F-1.6C	
生产污水	焊接钢管、铸铁管	常压	承插、法兰、焊接			根据污水性质定	
热水	焊接钢管	0.1～0.3	法兰、焊接、螺纹	球阀	球阀	Q11F-1.6 Q41F-1.6	岩棉、矿物棉、硅酸铝纤维玻璃棉
热回水	焊接钢管	0.1～0.3					
自来水	镀锌焊接钢管	0.1～0.3	螺纹				

流体名称	管道材料	操作压力/MPa	连接方式	阀门类型 支管	阀门类型 主管	推荐阀门型号	保温方式
冷凝水	焊接钢管	0.1～0.8	法兰、焊接	截止阀 柱塞阀		J41T-1.6 U41S-1.6C	
蒸馏水	无毒 PVC 管、PE 管、ABS 管、玻璃管、不锈钢管（有保温要求）	0.1～0.8	法兰、卡箍	球阀		Q41F-1.6C	
纯化水、注射用水、药液等	卫生级不锈钢薄壁管	0.1～0.8	卡箍	隔膜阀			
蒸汽	3″① 以下，焊接钢管 3″ 以上，无缝钢管	0.1～0.6	法兰、焊接	柱塞阀	柱塞阀	U41S-1.6(C)	岩棉、矿物棉、硅酸铝纤维玻璃棉
压缩空气	<1.0MPa 焊接钢管；>1.0MPa 无缝钢管	0.1～1.5	法兰、焊接	球阀	球阀	Q41F-1.6C	
惰性气体	焊接钢管	0.1～1.0	法兰、焊接				
真空	无缝管或硬聚氯乙烯管	真空	法兰、焊接				
排气		常压	法兰、焊接				
盐水	无缝钢管	0.3～0.5	法兰、焊接				软木、矿渣棉、泡沫聚苯乙烯、聚氨酯
回盐水		0.3～0.5	法兰、焊接				
酸性下水	陶瓷管、衬胶管、硬聚氯乙烯管	常压	承插、法兰			PVC、衬胶	
碱性下水	无缝钢管	常压	法兰、焊接			Q41F-1.6C	
生产物料	按生产性质选择管材	≤42.0	承插、焊接、法兰				
气体（暂时通过）	橡胶管	<1.0					
液体（暂时通过）	橡胶管	<0.25					

① ″是指英寸。

7.2.2.3 常用的阀门介绍

（1）旋塞阀 中间开孔柱锥体作阀芯，靠旋转锥体来控制阀的启闭。

优点：结构简单，启闭迅速，流体阻力小，可用于输送含晶体和悬浮物的液体管路。

缺点：不适于调节流量，磨光旋塞费工时，旋转旋塞较费力，高温时会由于膨胀而旋转不动。

应用范围：120℃以下输送压缩空气、废蒸汽-空气混合物；在 120℃、10×10^5 Pa［$(3 \sim 5) \times 10^5$ Pa 更好］下输送液体，包括含有结晶及悬浮物的液体，不得用于蒸汽或高热流体。

（2）球阀　利用中心开孔的球体作阀芯，靠旋转球体控制阀的启闭。

优点：价格比闸阀便宜，操作可靠，易密封，易调节流量，体积小，零部件少，重量轻。公称压力大于 $16 \times 10^5 Pa$，公称直径大于 76mm。现已取代旋塞阀。

缺点：价格比旋塞阀贵，流体阻力大，不得用于输送含结晶和悬浮物的液体。

应用范围：在自来水、蒸汽、压缩空气、真空及各种物料管道中普遍使用。最高工作温度 300℃，公称压力为 $325 \times 10^5 Pa$。

（3）闸阀　阀体内有一平板与介质流动方向垂直，平板升起后，阀即开启。

优点：阻力小，易调节流量，用作大管道的切断阀。

缺点：价贵，制造和修理较困难，不宜用非金属抗腐蚀材料制造。

应用范围：用于低于 120℃ 低压气体管道，压缩空气、自来水和不含沉淀物介质的管道干线，大直径真空管等。不宜用于带纤维状或固体沉淀物的流体。最高工作温度低于 120℃，公称压力低于 $100 \times 10^5 Pa$。

（4）截止阀（节流阀）　采用装在阀杆下面的阀盘和阀体内的阀座相配合，以控制阀的启闭。

优点：价格比闸阀便宜，操作可靠，易密封，能较精确调节装置，制造和维修方便。

缺点：价格比旋塞阀贵，流体阻力大，不宜用于高黏度流体和悬浮液以及结晶性液体，因结晶固体沉积在阀座影响紧密性，且磨损阀盘与阀座接触面，造成泄漏。

应用范围：在自来水、蒸汽、压缩空气、真空及各种物料管道中普遍使用。最高工作温度 300℃，公称压力为 $325 \times 10^5 Pa$。

（5）止回阀（单向阀）　用来使介质只做单一方向的流动，但不能防止渗漏。

优点：升降式比旋启式密闭性能好，旋启式阻力小，只要保证摇板旋转轴线的水平，可以任意形式安装。

缺点：升降式阻力较大，卧式宜装水平管上，立式应装垂直管线上。该阀不宜用于含固体颗粒和黏度较大的介质。

应用范围：止回阀（单向阀）适用于清净介质。

（6）疏水阀（圆盘式）　当蒸汽从阀片下方通过时，因流速高、静压低，阀门关闭；反之，当冷凝水通过时，因流速低、静压降甚微，阀片重力不足以关闭阀片，冷凝水便可连续排出。

优点：自动排除设备或管路中的冷凝水、空气及其他不凝性气体，同时又能阻止蒸汽的大量逸出。

应用范围：凡需蒸汽加热的设备以及蒸汽管路等都应安装疏水阀。

（7）安全阀　压力超过指定值时即自动开启，使流体外泄，压力恢复后即自动关闭以保护设备与管道。

优点：杠杆式使用可靠，在高温时只能用杠杆式；弹簧式结构精巧，可装于任何位置。

缺点：杠杆式体积大，占地面积大；弹簧式在长期缓热作用下弹性会逐渐减少。安全阀须定时鉴定检查。

应用范围：对直接排放到大气的介质可选用开启式，对易燃易爆和有毒介质选用封闭式，将介质排放到排放总管中去。主要地方要安装双阀。

（8）隔膜阀　利用弹性薄膜（橡皮、聚四氟乙烯）作阀的启闭机构。

优点：阀杆不与流体接触，不用填料箱，结构简单，便于维修，密封性能好，流体阻力小。

缺点：不适用于有机溶剂和强氧化剂的介质。

应用范围：用于输送悬浮液或腐蚀性液体。

（9）蝶阀　该阀的关阀件是一圆盘形结构。

优点：结构简单，尺寸小，重量轻，开闭迅速，有一定的调节能力。

应用范围：用于气体、液体及低压蒸汽管道，尤其适用于较大管径的管路上。

（10）减压阀　用以降低蒸汽或压缩空气的压力，使之形成生产所需的稳定的较低压力。

缺点：常用的活塞式减压阀不能用于液体的减压，而且流体中不能含有固体颗粒，故减压阀前要装管道过滤器。

7.2.2.4　新型阀门

抗生素工业对阀门的要求非常高，目前开发了能够实现零泄漏无死角的新型抗生素阀，从而有效地解决了抗生素发酵过程中因阀门泄漏导致的染菌问题，也解决了传统阀门蒸汽灭菌存在的死角问题。各种新型阀门有：截止阀、三通移种专用阀、调节型放料阀和具有完全切断功能的球阀等（图 7-1）。此外，为了防止发酵过程取样染菌，开发了新型取样阀。无

(a) 三通抗生素截止阀　　　(b) 气动三通移种专用阀　　　(c) 气动手动调节型放料阀

(d) 气动 "O" 形切断球阀　　　(e) 卡接无菌取样阀　　　(f) 气动罐底阀

图 7-1　几种新型阀门

菌取样阀采用 316L 型不锈钢的卡箍或卡焊两种连接方式，手动取样，但带有调节限位装置。而新型自动化气动或手动进料两用阀门能满足对发酵液的碳源、氮源定量要求高的情况。此外，气动罐底阀连接方式为焊接，采用 304L、316L、316L 等不锈钢，公称直径规格为 DN10～DN50，其优点是气动自控放料，或手动操作，并带有调节限位装置。

7.2.2.5 阀门的安装

为了安装和操作方便，管道上的阀门和仪表的布置高度一般为：阀门安装高度为 0.8～1.5m；取样阀 1m 左右；温度计、压力计安装高度为 1.4～1.6m；安全阀安装高度为 2.2m；并列管路上的阀门、管件应保持应有距离，整齐排列安装或错开安装。

7.2.3 管件及其选择

管件的作用是连接管道与管道、管道与设备、安装阀门、改变流向等，如有弯头、活接头、三通、四通、异径管、内外接头、螺纹短节、视镜、阻火器、漏斗、过滤器、防雨帽等，可参考《化工工艺设计手册》选用。图 7-2 为常用管件示意图。

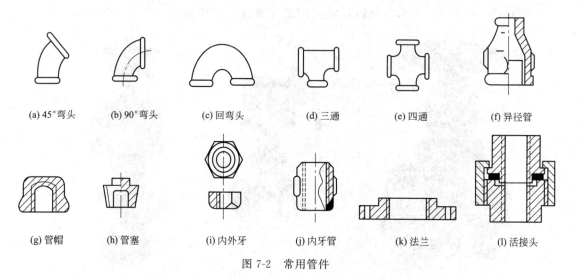

| (a) 45°弯头 | (b) 90°弯头 | (c) 回弯头 | (d) 三通 | (e) 四通 | (f) 异径管 |

| (g) 管帽 | (h) 管塞 | (i) 内外牙 | (j) 内牙管 | (k) 法兰 | (l) 活接头 |

图 7-2 常用管件

7.2.4 管道的连接

管道连接方式有螺纹连接、法兰连接、承插连接和焊接连接，见图 7-3。在一般情况下，管道连接首选焊接结构，不能焊接时可选用其他结构，如镀锌管采用螺纹连接。在需要更换管件或阀门等情况下应选用可拆式结构，如法兰连接、螺纹连接及其他一些可拆卸连接结构。输送洁净物料的管路所采用的连接方式和结构应不能对所输送的物料产生污染。

此外还有卡箍连接和卡套连接等。卡箍连接是一种新型的钢管连接方式，也叫沟槽连接件，见图 7-4。它包括两大类产品：①起连接密封作用的管件有刚性接头、挠性接头、机械三通和沟槽式法兰，其由橡胶密封圈、卡箍和锁紧螺栓三部分组成。位于内层的橡胶密封圈置于被连接管道的外侧，并与预先滚制的沟槽相吻合，再在橡胶圈的外部扣上卡箍，然后用两颗螺栓紧固即可。由于其橡胶密封圈和卡箍采用特有的可密封的结构设计，使得沟槽连接件具有良好的密封性，并且随管内流体压力的增高，其密封性相应增强。②起连接过渡作用的管件有弯头、三通、四通、异径管、盲板等。卡箍是用两根钢丝环绕成的环状管件。卡箍具有造型美观、使用方便、紧箍力强、密封性能好等特点。

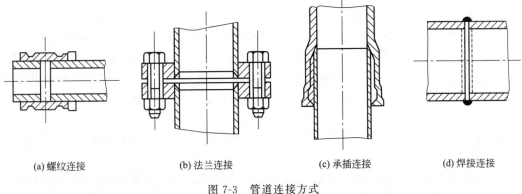

(a) 螺纹连接　　　　(b) 法兰连接　　　　(c) 承插连接　　　　(d) 焊接连接

图 7-3　管道连接方式

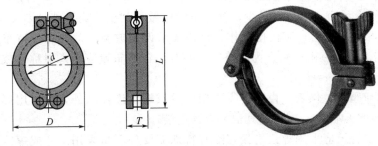

图 7-4　卡箍连接

d—内径；D—外径；L—长度；T—厚度

卡套连接是用锁紧螺帽和丝扣管件将管材压紧于管件上的连接方式，见图 7-5。卡套式管接头由三部分组成：接头体、卡套、螺母。当卡套和螺母套在钢管上插入接头体后，旋紧螺母时，卡套前端外侧与接头体锥面贴合，内刃均匀地咬入无缝钢管，形成有效密封。

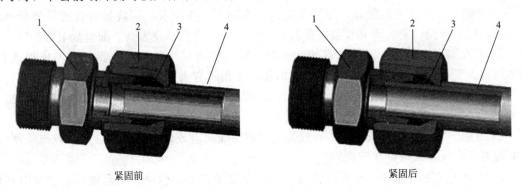

紧固前　　　　　　　　　　　　　　　　紧固后

图 7-5　卡套连接示意图

1—接头体；2—螺母；3—卡套；4—管材

7.3　管道布置设计

7.3.1　管道布置

7.3.1.1　管道布置的一般规则

在管道布置设计时，首先要统一协调工艺和非工艺管的布置，然后按工艺管道及仪表流程图并结合设备布置、土建情况等布置管道。管道布置要统筹规划，做到安全可靠、经济合理，满足施工、操作、维修等方面的要求，并力求整齐美观。管道布置的一般原则为：

① 管道布置不应妨碍设备、机泵及其内部构件的安装、检修和消防车辆的通行。

② 厂区内的全厂性管道的铺设，应与厂区内的装置、道路、建筑物、构筑物等协调，避免管道包围装置，减少管道与铁路、道路的交叉。对于跨越、穿越厂区内铁路和道路的管道，在其跨越段或穿越段上不得装设阀门、金属波纹管补偿器和法兰、螺纹接头等管道组成件。

③ 输送介质对距离、角度、高差等有特殊要求的管道以及大直径管道的布置，应符合设备布置设计的要求。

④ 管道布置应使管道系统具有必要的柔性，同时考虑其支承点设置，利用管道的自然形状达到自行补偿；在保证管道柔性及管道对设备、机泵管口作用力和力矩不超出允许值的情况下，应使管道最短，组成件最少；管道布置应做到"步步高"或"步步低"，减少气袋或液袋的使用，不可避免时应根据操作、检修要求设置放空、放净；管道布置应减少"盲肠"；气液两相流的管道由一路分为两路或多路时，管道布置应考虑对称性或满足管道及仪表流程图的要求。

⑤ 管道除与阀门、仪表、设备等需要用法兰或螺纹连接者外，应采用焊接连接。当可能需要拆卸时应考虑法兰、螺纹或其他可拆卸连接。

⑥ 有毒介质管道应采用焊接连接，除有特殊需要外不得采用法兰或螺纹连接。有毒介质管道应有明显标志以区别于其他管道，有毒介质管道不应埋地铺设。布置腐蚀性介质、有毒介质和高压管道时，不得在人行通道上方设置阀件、法兰等，以免渗漏伤人，并应避免由于法兰、螺纹和填料密封等泄漏而造成对人员和设备的危害。易泄漏部位应避免位于人行通道或机泵上方，否则应设置安全防护措施。管道不直接位于敞开的人孔或出料口的上方，除非建立了适当的保护措施。

⑦ 管道应成列或平行敷设，尽量走直线，少拐弯，少交叉。明线敷设管道尽量沿墙或柱安装，应避开门、窗、梁和设备，并且应避免通过电动机、仪表盘、配电盘上方。

⑧ 布置固体物料或含固体物料的管道时，应使管道尽可能短，少拐弯和不出现死角；固体物料支管与主管的连接应顺介质流向斜接，夹角不宜大于 $45°$；固体物料管道上弯管的弯曲半径不应小于管道公称直径的 6 倍；含有大量固体物料的浆液管道和高黏度液体管道应有坡度。

⑨ 为便于安装、检修及操作，一般管道多用明线架空或地上敷设，且价格较暗线便宜；确有需要，可埋地或敷设在管沟内。

⑩ 管道上应适当配置一些活接头或法兰，以便于安装、检修。管道成直角拐弯时，可用一端堵塞的三通代替，以便清理或添设支管。管道宜集中布置。地上的管道应铺设在管架或管墩上。

⑪ 按所输送物料性质安排管道。管道应集中成排铺设，冷热管要隔开布置。在垂直排列时，热介质管在上，冷介质管在下；无腐蚀性介质管在上，有腐蚀性介质管在下；气体管在上，液体管在下；不经常检修管在上，检修频繁管在下；高温管在上，低温管在下；保温管在上，不保温管在下；金属管在上，非金属管在下。水平排列时，粗管靠墙，细管在外；低温管靠墙，热管在外，不耐热管应与热管避开；无支管的管在内，支管多的管在外；不经常检修的管在内，经常检修的管在外；高压管在内，低压管在外。输送易燃、易爆和剧毒介质的管道，不得铺设在生活间、楼梯间和走廊等处。管道通过防爆区时，墙壁应采取措施封

固。蒸汽或气体管道应从主管上部引出支管。

⑫ 根据物料性质的不同，管道应有一定坡度。其坡度方向一般为顺介质流动方向（蒸汽管相反），坡度大小为：蒸汽管道 0.005，水管道 0.003，冷冻盐水管道 0.003，生产废水管道 0.001，蒸汽冷凝水管道 0.003，压缩空气管道 0.004，清净下水管道 0.005，一般气体与易流动液体管道 0.005，含固体结晶或黏度较大的物料管道 0.01。

⑬ 管道通过人行道时，离地面高度不少于 2m；通过公路时不小 4.5m；通过工厂主要交通干道时一般应为 5m。需要热补偿的管道，应从管道的起点至终点就整个管系进行分析，以确定合理的热补偿方案。长距离输送蒸汽的管道，在一定距离处应安装冷凝水排除装置。长距离输送液化气体的管道，在一定距离处应安装垂直向上的膨胀器。输送易燃液体或气体时，应可靠接地，防止产生静电。

⑭ 管道尽可能沿厂房墙壁安装，管与管间及管与墙间的距离以能容纳活接头或法兰、便于检修为度。一般管路的最突出部分距墙不少于 100mm；两管道的最突出部分间距离，对中压管道约 40~60mm，对高压管道约 70~90mm。由于法兰易泄漏，故除与设备或阀门采用法兰连接外，其他应采用对焊连接。但镀锌钢管不允许用焊接，DN≤50 的可用螺纹连接。

⑮ 管道穿过建筑物的楼板、屋顶或墙面时，应加套管，套管与管道门的空隙应密封。套管的直径应大于管道隔热层的外径，并不得影响管道的热位移。管道上的焊缝不应在套管内，并距离套管端部不应小于 150mm。套管应高出楼板、屋顶面 50mm。管道穿过屋顶时应设防雨罩。管道不应穿过防火墙或防爆墙。

7.3.1.2 管道的标识和涂色

主要固定管道应标明内容物名称和流向（见图 7-6）。应该让现场操作和管理人员能够看到主要设备和固定管道的标识，便于操作和避免由于设备管道标识不清而导致的差错。

图 7-6　管道内容物名称及流向标识示例

7.3.1.3 典型设备的管道布置

（1）立式容器

① 管口方位　立式容器的管口方位取决于管道布置的需要，一般划分为操作区与配管区两部分（见图 7-7）。加料口、温度计和视镜等经常操作及观察的管口布置在操作区，排出管布置在容器底部。

② 管道布置　立式容器一般成排布置，因此将操作相同的管道一起布置在容器的相应位置，可避免误操作。两个容器成

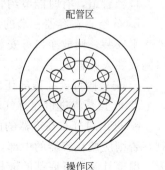

图 7-7　立式容器的管口方位

排布置时，可将管口对称布置。三个以上容器成排布置时，可将各管口布置在设备的相同位置。有搅拌装置的容器，管道不得妨碍搅拌器的拆卸和维修。图7-8为立式容器的管道布置简图。

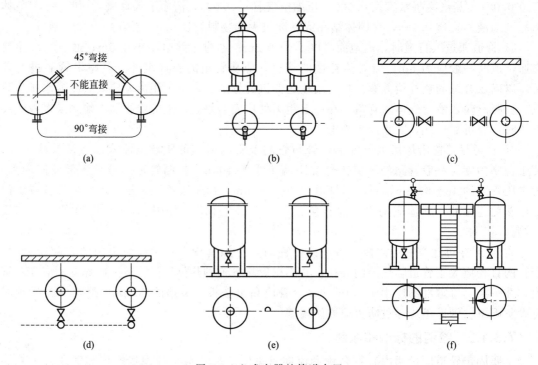

图7-8　立式容器的管道布置

（a）距离较近的两设备间的管道不能直接连接，而应采用45°或90°弯接；（b）进料管道置于设备前，便于在地（楼）面上进行操作；（c）出料管沿墙铺设时，设备间距离大一些，使人可进入设备间操作，离墙距离可小一些；（d）出料从前部引出，经阀门后立即引入地下（走地沟或埋地铺设），设备之间距离及设备与墙之间距离均可小一些；（e）容器直径不大和底部离地（楼）面较高时，出料管从底部中心引出，这样布置管道短，占地面积小；（f）两个设备的进料管对称布置，便于人站在操作台上进行操作

（2）卧式容器

① 管口方位　卧式容器的管口方位见图7-9。

a. 液体和气体的进口一般布置在容器一端的顶上（也可从底部进入），液体出口一般在另一端的底部，蒸汽出口则在液体出口的顶上。在对着管口的地方设防冲板，这种布置适合于大口径管道，有时能节约管道和管件。

b. 放空管在容器一端的顶上，放净口在另一端的底下，容器向放净口那头倾斜。若容器水平安装，则放净口可安装在易于操作的任何位置或出料管上。如果人孔设在顶部，放空口则设在人孔盖上。

c. 安全阀可设在顶部任何地方，最好安在有阀的管道附近，这可与阀共用平台和通道。

d. 吹扫蒸汽进口在排气口另一端的侧面，切向进入，使蒸汽在罐内回转前进。

e. 进出口分布在容器的两端，若进出料引起的液面波动不大，则液面计的位置不受限制，否则应放在容器的中部。压力表则装在顶部气相部位，在地面上或操作台上看得见的地方。温度计装在近底部的液相部位，从侧面水平进入，通常与出口在同一断面上，对着通道或平台。人孔可布置在顶上、侧面或封头中心，以侧面较为方便；但在框架上和支承上占用面积较大，故以布置在顶上为宜。人孔中心高出地面 3.6m 以上设操作平台。支座以布置在离封头 $L/5$ 处为宜。接口要靠近相连的设备，如排出口应靠近泵入口，工艺、公用工程和安全阀接管尽可能组合起来并对着管架。

② 管道布置　卧式容器的管道布置见图 7-9。它的管口一般布置在一条直线上，各种阀门也直接安装在管口上。若容器底部离操作台面较高，则可将出料管阀门布置在台面上，在台面上操作，否则将出料管阀门布置在台面下，并将阀杆接长，伸到台面上进行操作。

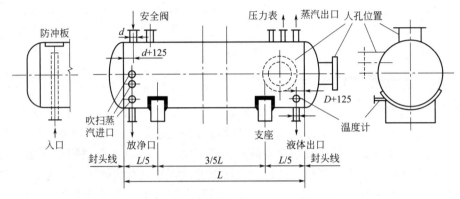

图 7-9　卧式容器的管口方位与管道布置

7.3.2　管道的支承

管道支吊架用于承受管道的重量载荷（包括自重、充水重、保温重等），阻止管道发生非预期方向的位移，控制摆动、震动或冲击。正确设置管道支吊架是一项重要的设计，支吊架选型得当，位置布置合理，不仅可使管道整齐美观，改善管系中的应力分布和端点受力（力矩）状况，还可达到经济合理和运行安全的目的。

7.3.2.1　管道支吊架的类型

支吊架按照用途可分为承重支架、限制性支架和减震支架。按力学性能又可分为刚性支架和弹性支架。管道支吊架分类见表 7-9。

表 7-9　管道支吊架的分类

大类	小类	用途
承重支架	刚性支吊架	无垂直位移或者垂直位移很小
	可调刚性支吊架	无垂直位移，但要求安装误差严格的场合
	弹簧支吊架	有少量垂直位移的场合
	恒力支吊架	载荷变化不大的场合
限制性支架	固定支架	固定点处不允许有线位移和角位移的场合
	限位支架	限制管道任一方向线位移的场合
	导向支架	限制点处需要限制管道轴向线位移的场合
减震支架	减震器	通过提高管系的结构固有频率而达到减震的效果
	阻尼器	通过油压式阻尼器来达到减震效果

7.3.2.2　管道支吊架选用原则

① 选用管道支吊架时，应按照支承点所承受的载荷大小和方向、管道位移情况、工作

温度、是否保温或保冷以及管道的材质条件，尽可能选用标准支吊架、管卡、管托和管吊。

② 在标准管托满足不了使用要求的特殊情况下，就会用到一些特殊形式的管托和管吊。如高温管道、输送冷冻介质的管道、生产中需要经常拆卸检修的管道、合金钢材质的管道、架空铺设且不易施工焊接的管道等。

③ 导向管托可以防止管道过大的横向位移和可能承受的冲击载荷，以保证管道只沿着轴向位移，一般用于安全阀出口的高速放空管道、可能产生震动的两相流管道、横向位移过大可能影响邻近的管道、固定支架的距离过长而可能造成横向不稳定的管道、为防止法兰和活接头泄漏而要求不发生过大横向位移的管道、为防止震动而出现过大的横向位移的管道。

④ 限位架用于需要限制管道位移量的情况，弹簧支吊架用于垂直方向有位移的情况。

7.3.3　管道的柔性设计

当管道工作温度超过150℃时，管道材料的热胀冷缩会在管道中以及管道与管端设备的连接处产生力与力矩，即管道的热载荷。热载荷过大会引起管道热应力增加，轻则造成法兰密封泄漏，重则造成管道焊缝或管端设备破裂。管道柔性设计就是保证管道有适当的柔性，将热载荷限制在允许范围内，当热载荷超过允许限度时，采取有效的补偿措施来提高管道柔性，降低热载荷。管道的柔性是反映管道变形难易程度的概念，表示管道通过自身变形吸收热胀冷缩和其他位移的能力。可以通过改变管道的走向、选用补偿器和选用弹簧支吊架的方式来改变管道的柔性。

7.3.3.1　管道的热补偿

管道的热补偿有自然补偿和补偿器补偿两种方法。自然补偿是管道的走向按照具体情况呈各种弯曲形状，管道利用自然的弯曲形状所具有的柔性来补偿其自身的热膨胀和端点位移。自然补偿的特点是构造简单，运行可靠，投资少。补偿器补偿是用补偿器的变形来吸收管系的线位移和角位移，常见的补偿器有π型补偿器、波形补偿器和套管式补偿器。当自然补偿不能满足要求时，须采用这种补偿方法。一般情况下，应首先利用改变走向来使管道获得必要的柔性，若布置空间的限制或其他原因也可采用波形补偿器或其他类型补偿器来获得柔性。

7.3.3.2　柔性设计的方法

热载荷计算是管道柔性设计的主要内容，工业生产装置中的管道系统多为具有多余约束的超静定结构。对于复杂管道可用固定架将其划分成几个较为简单的管段，如"L"形管段、"U"形管段、"Z"形管段等，再进行分析计算。

管道柔性计算方法包括简化分析方法和计算机分析方法。一般情况下，下列管道可无须进行详细的柔性设计（计算机应力分析）：①与运行良好的管道柔性相同或基本相当的管道；②和已分析的管道相比较，确认有足够柔性的管道；③对具有同一直径、同一壁厚、无支管、两端固定、无中间约束并能满足要求的非极度危害或非高度危害介质管道。

7.3.4　管道的隔热

设备和管道的隔热可以减少过程中的热量或冷量损失，节约能源；能避免、限制或延迟设备或管道内介质的凝固、冻结，以维持正常生产；隔热可以减少生产过程中介质的温升或者温降，以提高设备的生产能力；保冷可以防止设备和管道及其组成件表面结露；保温可以降低和维持工作环境，改善劳动条件，防止因表面过热导致火灾发生和防止操作人员烫伤。

除工艺过程要求必须裸露、散热的设备和管道外，介质操作温度大于50℃的设备和管道一般都需要隔热。如果是工艺要求限制热损失的地方，即使介质操作温度小于或等于50℃，也应全部采用保温。需要经常维护而又无法采取其他防烫措施的不保温设备和管道，当表面温度超过60℃时，应设置防烫伤保温。

保冷适用于操作温度在常温以下的设备和管道，需要阻止或减少冷介质和载冷介质在生产和输送过程中的冷损失；需要阻止或减少冷介质和载冷介质在生产和输送过程中的温度升高；需要阻止低温设备和管道外壁表面凝露时也需要保冷。

7.3.4.1　隔热结构

隔热结构是保温和保冷结构的统称。保温结构一般由隔热层和保护层组成。对于室外及埋地的设备和管道，可根据需要增加防锈层与防潮层。保冷结构由防锈层、隔热层、防潮层和保护层组成。

隔热结构设计应符合隔热效果好、劳动条件好、劳动效率高、经济合理、施工和维护方便、防水、美观等基本要求。应保证使用寿命长，使用内隔热结构应能保持完整，在使用过程中不得有冻坏、烧坏、腐烂、粉化、脱落等现象的发生。此外，隔热结构应有足够的机械强度，不会因受自重或偶然外力作用而损坏。对有震动的管道与设备的隔热结构应加固。隔热结构一般不考虑可拆卸性，但需要经常维修的部位一般采用可拆卸隔热结构。防锈层、隔热层、防潮层和保护层的设计应符合GB 50264—2013《工业设备及管道绝热工程设计规范》的规定。

保温结构顺序：防锈层、保温层、防潮层、外保护层，见图7-10。

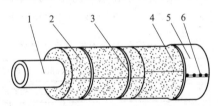

图7-10　保温结构图

1—防锈层（管道外壁除锈后刷底漆）；2—保温层；3—捆扎镀锌铁丝或钢带；
4—防潮层；5—外保护层；6—半圆头自攻螺钉

保冷结构顺序：防锈层、保冷层、防潮层、外保护层，见图7-11。

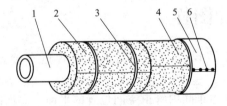

图7-11　保冷结构图

1—防锈层（管道外壁除锈后刷底漆）；2—保冷层；3—捆扎镀锌铁丝或钢带（当为双层或多层保冷时，内层保冷层外用不锈钢丝或钢带）；4—防潮层（第一层为阻燃型石油沥青玛蹄脂，第二层为有碱粗格平纹玻璃布，第三层为阻燃型石油沥青玛蹄脂）；5—外保护层；6—半圆头自攻螺钉（当保护层为金属时，可用咬口或钢带捆扎）

7.3.4.2　隔热材料

工程中使用的隔热材料应为国内常用的隔热材料，各项技术指标要符合要求，隔热材料受潮后严禁使用。设备和管系的隔热层厚度可根据管径、设备尺寸和设备、管道的表面温度确定。当保温层厚度超过 100mm、保冷层厚度超过 80mm 时，应采用双层结构，各层厚度宜相近，且内外层缝隙彼此错开。

保温材料制品应具有最高安全使用温度、耐火性能、吸水率、吸湿率、热膨胀系数、收缩率、抗折强度、pH 值及氯离子含量等测试数据，其最高安全使用温度应高于正常操作时介质的最高温度。保冷材料制品应具有最低和最高安全使用温度、线膨胀率或收缩率、抗折强度、阻燃性、防潮性、抗蚀性、抗冻性等指标，其最低安全使用温度应低于正常操作时介质的最低温度。

相同温度范围内有多种可供选择的隔热材料时，应选用热导率小，密度小，强度相对较高，无腐蚀性，吸水、吸湿率低，易施工，造价低，综合经济效益较高的材料。在高温条件下或低温条件下，经综合经济比较后，可选用复合材料。

7.3.4.3 隔热计算

保温计算应根据工艺要求和技术经济分析选择保温计算公式。当无特殊工艺要求时，保温层的厚度应采用经济厚度法计算，但若经济厚度偏小，以致散热损失量超过最大允许散热损失量标准时，应采用最大允许热损失量下的厚度；防止人身遭受烫伤的部位其保温层厚度应按表面温度法计算，且保温层外表面的温度不得大于 60℃；当需要延迟冻结凝固和结晶的时间及控制物料温降时，其保温厚度应按热平衡方法计算。

保冷计算应根据工艺要求确定保冷计算参数，当无特殊工艺要求时，保冷层的厚度计算应根据经济厚度调整，但保冷层的经济厚度必须用防结露厚度进行校核。

隔热层厚度的计算比较复杂。通常，一般管路的保温层厚度可根据表 7-10 来确定。

表 7-10　一般管路保温层厚度的选择

保温材料的热导率 /[kcal/(h·m·℃)]	流体温度 /℃	不同直径(mm)管路的保温层厚度/mm				
		<50	60～100	125～200	225～300	325～400
0.075	100	40	50	60	70	70
0.08	200	50	60	70	80	80
0.09	300	60	70	80	90	90
0.10	400	70	80	90	100	100

7.4　管道布置设计图样

管道布置设计是在施工图设计阶段进行的。在管道布置设计中，一般须绘制以下图样：

① 管道布置图，用于表达车间内管道空间位置的平面、立面图样。

② 管道轴测图，用于表达一个设备至另一个设备间的一段管道及其所附管件、阀门等的具体布置情况的立体图样。

③ 管架图，表达非标管架的零部件图样。

④ 管件图，表达非标管件的零部件图样。

7.4.1　管道布置图

管道布置图又称配管图，是表达车间（或装置）内管道及其所附管件、阀门、仪表控制点等空间位置的图样。管道布置图是车间（或装置）管道安装施工过程中的重要依据。

7.4.1.1 管道布置图的版次

国际上管道布置图不同版次的工作程序确定步骤见图 7-12。在实际应用中，可根据装置的不同设计条件分别确定管道布置图的版次。

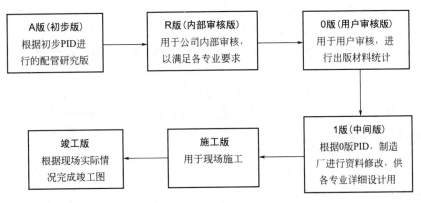

图 7-12　管道布置图的版次

7.4.1.2 管道布置图的内容

管道布置图的内容含管道布置图和分区索引图。各部分内容如下：

（1）管道布置图　管道布置图一般包括以下内容：

① 一组视图　画出一组平面、立面剖视图，表达整个车间（装置）的设备、建筑物以及管道、管件、阀门、仪表控制点等的布置安装情况。

② 尺寸与标注　注出管道以及有关管件、阀门、仪表控制点等的位置尺寸和标高，并标注建筑定位轴线编号、设备位号、管段序号、仪表控制点代号等。

③ 方位标　表示管道安装的方位基准。

④ 管口表　注写设备上各管口的有关数据。

⑤ 标题栏　注写图名、图号、设计阶段等。

（2）分区索引图　当整个车间（装置）的范围较大，管道布置比较复杂，装置或主项在管道布置图不能在一张图纸上完成时，则管道布置图须分区绘制。这时，还应同时绘制分区索引图，以提供车间（装置）的分区概况。也可以工段为单位分区绘制管道布置图，此时在图纸的右上方应画出分区简图，分区简图中用细斜线（或两交叉细线）表示该区所在位置，并注明各分区图号。若车间（装置）内管道比较简单，则分区简图可省略。

以小区为基本单位，将装置划分为若干个小区。每个小区的范围，以使该小区的管道布置图能在一张图纸上绘制完成为原则。小区数不得超过9个，若超过9个，应采用大区和小区结合的分区方法，将装置先分成总数不超过9个的大区，每个大区再分为不超过9个的小区。只有小区的分区按1区、2区、…、9区进行编号，大区与小区结合的分区，大区用一位数，如1、2、…、9编号；小区用两位数编号，其中大区号为十位数，小区号为个位数，如11、12、…、19或21、22、…、29。只有小区的分区索引图分区界线用粗双点划线表示。大区与小区结合的，大区分界线用粗双点划线，小区分界线以中粗双点划线表示。分区号应写在分区界限的右下角矩形框内。

管道布置图应以小区为基本单位绘制。区域分界线用粗双点划线表示，在线的外侧标注分界线的代号、坐标和与其相邻部分的图号。分界线的代号采用 B.L（装置边界）、M.L

（接续线）、COD（接续图）等。

7.4.1.3　管道布置图的绘制步骤

（1）管道平面布置图的绘制步骤

① 确定表达方案、视图的数量、比例和图幅后，用细实线画出厂房平面图。画法同设备布置图，标注柱网轴线编号和柱距尺寸。

② 用细实线画出所有设备的简单外形和所有管口，加注设备位号和名称。

③ 用粗单实线画出所有工艺物料管道和辅助物料管道平面图，在管道上方或左方标注管段编号、规格、物料代号及其流向箭头。

④ 用规定的符号或代号在要求的部位画出管件、管架、阀门和仪表控制点。

⑤ 标注厂房定位轴线的分尺寸和总尺寸、设备的定位尺寸、管道定位尺寸和标高。

⑥ 绘制管口方位图。

⑦ 在平面图上标注说明和管口表。

⑧ 校核审定。

（2）管道立体布置图的绘制步骤

① 画出地平线或室内地面、各楼面和设备基础，标注其标高尺寸。

② 用细实线按比例画出设备简单外形及所有管口，并标注设备名称和位号。

③ 用粗单实线画出所有主物料和辅助物料管道，并标注管段编号、规格、物料代号、流向箭头和标高。

④ 用规定符号画出管道上的阀门和仪表控制点，标注阀门的公称直径、形式、编号和标高。

7.4.1.4　管道布置图的视图

（1）图幅与比例

① 图幅　管道布置图图幅一般采用 A0，比较简单的也可采用 A1 或 A2，同区的图应采用同一种图幅，图幅不宜加长或加宽。

② 比例　常用比例为 1∶30，也可采用 1∶25 或 1∶50。但同区的或各分层的平面图应采用同一比例。

（2）视图的配置　管道布置图中需表达的内容通常采用平面图、立面图、剖视图、向视图、局部放大图等一组视图来表达。

平面图的配置一般应与设备布置图相同，对多层建（构）筑物按层次绘制。各层管道平面布置图是将楼板（或层顶）以下的建（构）筑物、设备、管道等全部画出。当某层的管道上下重叠过多、布置较复杂时，可再分上、下两层分别绘制。管道布置在平面图上不能清楚表达的部分，可采用立面剖视图或向视图补充表示。该剖视图或者轴测图可画在管道平面布置图边界线外的空白处，或者绘在单独的图纸上。一般不允许在管道平面布置图内的空白处再画小的剖视图或者轴测图。绘制剖视图时应按照比例画，可根据需要标注尺寸。轴测图可不按照比例画，但应该标注尺寸。剖视图一般用符号 $A—A$、$B—B$ 等大写英文字母来表示，在同一小区内符号不能重复。平面图上要表示剖切位置、方向及标号。为了表达得既简单又清楚，常采用局部剖视图和局部视图。剖切平面位置线的标注和向视图的标注方法均与机械图标注方法相同。管道布置图中各图形的下方均须注写"±0.000 平面""$A—A$ 剖视"等字样。

（3）视图的表示方法　管道布置图应完整表达装置内管道状态，一般包含以下几部分内容：建（构）筑物的基本结构，设备图形，管道、管件、阀门、仪表控制点等的安装布置情况；尺寸与标注，注出与管道布置有关的定位尺寸、建筑物定位轴线编号、设备位号、管道组合号等；标注地面、楼面、平台面、吊车的标高；管廊应标注柱距尺寸（或坐标）及各层的顶面标高；标题栏，注出图名、图号、比例、设计阶段及签名。

（4）管道布置图在建（构）筑物应表示的内容 建筑物和构筑物应按比例根据设备布置图画出柱梁、楼板、门、窗、楼梯、吊顶、平台、安装孔、管沟、箅子板、散水坡、管廊架、围堰、通道、栏杆、爬梯和安全护栏等。生活间、辅助间、控制室、配电室等应标出名称。标出建筑物、构筑物的轴线及尺寸。标出地面、楼面、操作平台面、吊顶、吊车梁顶面的标高。按比例用细实线标出电缆托架、电缆沟、仪表电缆盒、架的宽度和走向，并标出底面标高。

（5）管道布置图上设备应表示的内容

① 用细实线按比例以设备布置图所确定的位置画出所有设备的外形和基础，标出设备中心线和设备位号。

② 画出设备上有接管的管口和备用口，与接管无关的附件如手（人）孔、液位计、耳架和支脚等可以略去不画，但对配管有影响的手（人）孔、液位计、支脚、耳架等要画出。

③ 吊车梁、吊杆、吊钩和起重机操作室要表示出来。

④ 卧式设备的支撑底座需要按比例画出，并标注固定支座的位置，支座下为混凝土基础时，应按比例画出基础的大小。

⑤ 重型或超限设备的"吊装区"或"检修区"和换热器抽芯的预留空地用双点划线按比例表示，但不须标注尺寸。

（6）管道布置图上管道应表示的内容

① 管道 管道布置图的管道应严格按工艺要求及配管间距要求，依比例绘制，所示标高准确，走向来去清楚，不能遗漏。

管道在图中采用粗实线绘制，大管径管道（DN≥400mm 或 16in）一般用双线表示，绘成双线时，用中实线绘制。地下管道可画在地上管道布置图中，并用虚线表示，在管道的适当位置画箭头表示物料流向。当几套设备的管道布置完全相同时，可以只绘一套设备的管道，其余可简化并以方框表示，但在总管上绘出每套支管的接头位置。

管道的连接形式，如图 7-13（a）所示，通常无特殊必要，图中不必表示管道连接形式，只需在有关资料中加以说明即可，若管道只画其中一段，则应在管道中断处画上断裂符号，如图 7-13（b）所示。

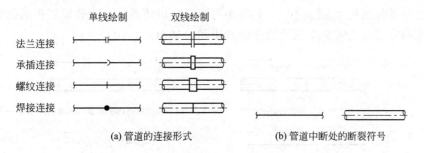

图 7-13 管道连接及中断时的画法

管道转折画法如图 7-14 所示，管道向下转折 90°角的画法见图 7-14（a）。单线绘制的管道，在投影有重影处画一细线圆，在另一视图上画出转折的小圆角，如公称直径DN≤

50mm 或 2in 管道，则一律画成直角。管道向上转折 90°的画法见图 7-14(b)、图 7-14(c)。双线绘制的管道，在重影处可画一"新月"形剖面符号（也可只画"新月"形，不画剖面符号）。大于 90°角转折的管道画法如图 7-14(d) 所示。

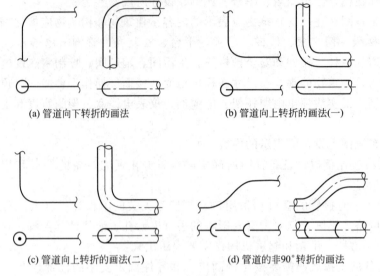

(a) 管道向下转折的画法　　　　　　　(b) 管道向上转折的画法(一)

(c) 管道向上转折的画法(二)　　　　　(d) 管道的非90°转折的画法

图 7-14　管道转折画法

管道交叉画法如图 7-15 所示，当管道交叉投影重合时，可以把下面被遮盖部分的投影断开，如图 7-15(a) 所示；也可以将上面管道的投影断裂表示，如图 7-15(b) 所示。

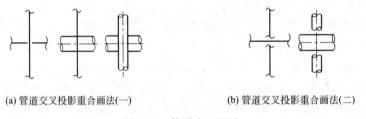

(a) 管道交叉投影重合画法(一)　　　　(b) 管道交叉投影重合画法(二)

图 7-15　管道交叉画法

当管道投影发生重叠时，则将可见管道的投影断裂表示，不可见管道的投影画至重影处稍留间隙并断开，如图 7-16(a) 所示；当多根管道的投影重叠时，可采用图 7-16(b) 的表示方法，图中单线绘制的最上面一条管道画以"双重断裂"符号；也可如图 7-16(c) 所示在管道投影断开处分别注上 a、a 和 b、b 等小写字母，以便辨认；当管道转折后投影发生重叠时，则下面的管道画至重影处稍留间隙断开表示，如图 7-16(d) 所示。

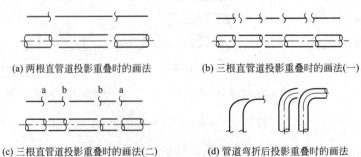

(a) 两根直管道投影重叠时的画法　　　　(b) 三根直管道投影重叠时的画法(一)

(c) 三根直管道投影重叠时的画法(二)　　(d) 管道弯折后投影重叠时的画法

图 7-16　管道投影发生重叠时的画法

在管道布置中，当管道有三通等引出分支管时，画法如图 7-17(a) 所示。不同直径的管道连接时，一般采用同心或偏心异径管接头，画法如图 7-17(b) 所示。此外，管道内物料的流向必须在图中画上箭头予以表示，对用双线表示的管道，其箭头画在中心线上，单线表示的管道，箭头直接画在单线上，如图 7-17(c) 所示。

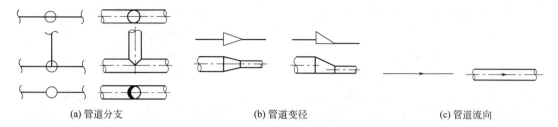

(a) 管道分支 (b) 管道变径 (c) 管道流向

图 7-17 管道分支、管道变径、管道流向的画法

② 管件、阀门、仪表控制点管道上的管件（如弯头、三通异径管、法兰、盲板等）和阀门通常在管道布置图中用简单的图形和符号以细实线画出，其规定符号见相应图例（表 7-11），阀门与管件须另绘结构图。特殊管件如消声器、爆破片、洗眼器、分析设备等在管道布置图中允许作适当简化，即用矩形（或圆形）细线表示该件所占位置，注明标准号或特殊件编号。管道上的仪表控制点用细实线按规定符号画出，一般画在能清晰表达其安装位置的视图上。

表 7-11 管件、阀门及常用仪表的图例

序号	名称	代号	图例	序号	名称	代号	图例
1	闸阀	Z_w		18	中间盲板		
2	截止阀	J_c		19	孔板		
3	节流阀	L_c		20	大小头		
4	隔膜阀	G_c		21	阻火器		
5	球阀	Q_c		22	视盅		
6	旋塞阀	X_c		23	视镜		
7	止回阀	H_c		24	转子流量计		
8	蝶阀	D_c		25	玻璃温度计		
9	疏水器	S		26	水表		
10	安全阀(弹簧式)	A_c		27	肘管(正视)肘管(上弯)肘管(下弯)		
	安全阀(杠杆式)						
11	消火栓			28	三通(正视)三通(上通)三通(下通)		
12	一般管线						
13	蒸汽伴管保温管线			29	固体物料线		
14	蒸汽夹套保温管线			30	绝热材料保温管线		
15	软管			31	气动式隔膜调节阀		
16	减压阀	Y_c		32	压力表		Ⓟ
17	管端盲板			33	温度计		Ⓣ

③ 管道支架 管道支架是用来支承和固定管道的，其位置一般在管道布置图的平面图中用符号表示，如图7-18所示。

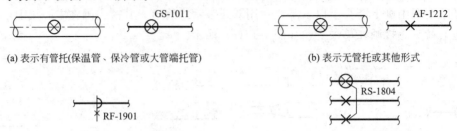

(a) 表示有管托(保温管、保冷管或大管端托管)　　(b) 表示无管托或其他形式

(c) 表示弯头支架或侧向支架　　(d) 表示一个管架编号，包括多根管道的支架

图 7-18　管道布置中管道支架的表示方法

7.4.1.5　管道布置图的标注

管道布置图上应标注尺寸、位号、代号、编号等内容。

（1）建（构）筑物 在图中应标注建（构）筑物定位轴线的编号和各定位轴线的间距尺寸及地面、楼面、平台面、梁顶面、吊车等的标高，标注方式均与设备布置图相同。

（2）设备和管口表

① 设备 设备是管道布置的主要定位基准，设备在图中要标注位号，其位号应与工艺管道仪表流程图和设备布置图上的一致，注在设备图形近侧或设备图形内，也可注在设备中心线上方，而在设备中心线下方标注主轴中心线的标高（$\phi + \times . \times \times$）或支承点的标高（POS$+ \times . \times \times$）。在图中还应注出设备的定位尺寸，并用 5mm×5mm 的方块标注与设备图一致的管口符号，以及由设备中心至管口端面距离的管口定位尺寸，如图7-19所示。

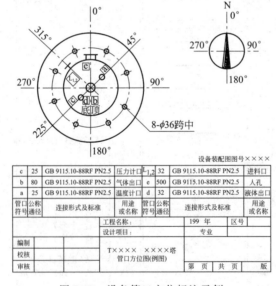

图 7-19　设备管口方位标注示例

② 管口表 管口表在管道布置图的右上角，表中填写该管道布置图中的设备管口。

（3）管道 在管道布置图中应注出所有管道的定位尺寸、标高及管段编号。

① 管段编号 同一段管道的管段编号要和带控制点的工艺流程图中的管段编号一致。一般管道编号全部标注在管道的上方，也可分两部分别标注在管道的上、下方，如图7-20所示。物料在两条投影相重合的平线管道中流动时，可标注为图7-21所示的形式。管道平

面图上两根以上管道相重合时，可表示为图 7-22 所示的形式。

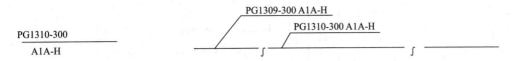

图 7-20　管道管段编号的标注方法　　　图 7-21　物料在两条投影相重合的平线管道中流动的表示方法

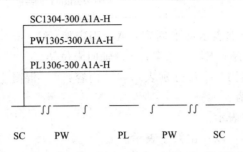

图 7-22　管道平面图上两根以上管道相重合时的表示方法

② 定位尺寸和标高　管道布置图以平面图为主，应标注所有管道的定位尺寸及安装标高。如绘制立面剖视图，则管道所有的安装标高应在立面剖视图上表示。与设备布置图相同，图中标高的坐标以米（m）为单位，小数点后取三位数；其余尺寸如定位尺寸以毫米（mm）为单位，只注数字，不注单位。在标注管道定位尺寸时，通常以设备中心线、设备管口中心线、建筑定位轴线、墙面等为基准进行标注。与设备管口相连的直接管段，因可用设备管口确定该段管道的位置，故不需要再标注定位尺寸。

管道安装标高以室内地面标高 0.000m 或 EL100.000m 为基准。管道按管底外表面标注安装高度，其标注形式为"BOPEL××.××"，如按管中心线标注安装高度，则为"EL××.××"。标高通常注在平面图管线的下方或右方，管线的上方或左方则标注与工艺管道仪表流程图一致的管段编号，写不下时可用指引线引至图纸空白处标注，也可将几条管线一起引出标注，此时管道与相应标注都要用数字分别进行编号，如图 7-23 所示。对于有坡度的管道，应标注坡度（代号）和坡向，如图 7-24 所示。

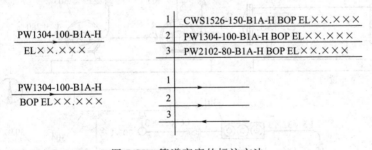

图 7-23　管道高度的标注方法

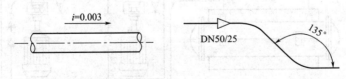

图 7-24　管道坡度和坡向以及异径管和非 90°角的标注

（4）管件、阀门、仪表控制点　管道布置图中管件、阀门、仪表控制点按规定符号画出后，一般不再标注，对某些有特殊要求的管件、阀门、法兰，应标注某些尺寸、型号或说明。

（5）管架　所有管架在管道平面布置图中应标注管架编号。管架编号由五个部分组成：

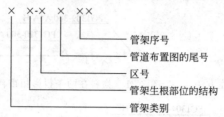

① 管架类别　字母分别表示如下内容：A，固定架；G，导向架；R，滑动架；H，吊架；S，弹吊；P，弹簧支座；E，特殊架；T，轴向限位架。

② 管架生根部位的结构　字母分别表示如下内容：C，混凝土结构；F，地面基础；S，钢结构；V，设备；W，墙。

③ 区号　以一位数字表示。

④ 管道布置图的尾号　以一位数字表示。

⑤ 管架序号　以两位数字表示，从 01 开始（应按管架类别及生根部位结构分别编写）。水平向管道的支架标注定位尺寸，垂直向管道的支架标注支架顶面或者支承面的标高。

7.4.2　管道轴测图

管道轴测图是表示一个设备（或管道）至另一个设备（或管道）的整根管线及其所附管件、阀件、仪表控制点等具体配置情况的立体图样。图中表达管道制造和安装所需的全部资料。图面上往往只画整个管线系统中的一路管线上的某一段，并用轴测图的形式来表示，使施工人员在密集的管线中能清晰完整地看到每一路管线的具体走向和安装尺寸。如图 7-25

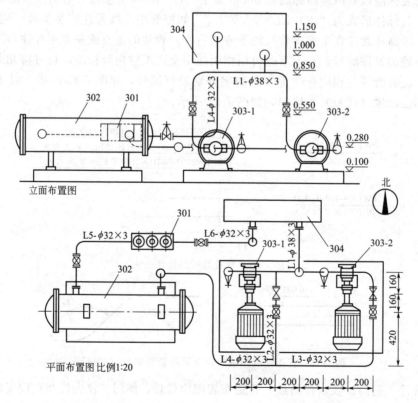

图 7-25　油泵管路系统平立面布置图

为油泵管路系统平立面布置图，图 7-26 则是油泵管路系统 L_4、L_5 管线的管道轴测图。管道轴测图绘制一般设计院都有统一的专业设计规定（包括常用缩写符号及代号；管道、管件、阀门及管道附件图形的规定画法；常用工程名词术语；图幅、比例、线条、尺寸标注及通用图例符号规定等）。统一规定一般将对管道轴测图的图面表示、尺寸标注、图形接续分界线、延续管道和管道等级分界、隔热分界、方位和偏差、装配用的特殊标记、管道轴测图上的材料表填写要求等方面进行详细阐述。

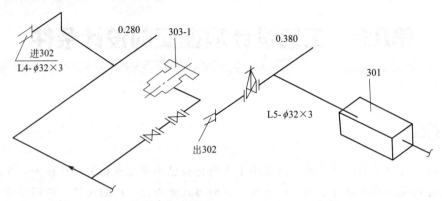

图 7-26　油泵管路系统 L_4、L_5 管线的管道轴测图

7.4.3　计算机在管道布置设计中的应用

目前利用计算机进行配管设计已经广泛应用于国内外的设计院。计算机辅助配管软件应用越来越广的主要有美国 Rebis 公司的 AUTOPLANT（包括二维管道绘制软件 DRAWPIPE、三维模型软件 DESIGNER）、美国 Intergraph（鹰图）公司的 PDS（PLANT-DESIGN SYSTEM）及其升级版 Smartplant 3D 等软件。其中 DESIGNER、PDS 和 Smarplant 3D 是三维设计软件，它们能直接制作管道三维模型，自动生成平面图，自动抽取管段图，自动生成各种材料表等，成为今后管道设计和布置的发展趋势。当然，目前国内的多数设计院仍使用 AUTOCAD 和 DRAWPIPE 等软件进行工程管道设计。

第8章 工艺设计应提交的设计条件

8.1 概述

面对越来越复杂的设计对象，仅靠单个人或企业已不能完成相关设计任务，而需要多个专家和企业组成多功能设计小组，以一种协同的方式来进行工厂的设计。协同设计是指在计算机的支持下，各成员围绕一个设计项目，承担相应部分的设计任务，并交互地进行设计工作，最终获得符合要求的设计结果和设计方法。协同设计强调采用群体工作方式，从而不同程度地改善传统设计中项目管理与设计之间、设计与生产之间的脱节，以及设计周期过长、设计费用过高、设计质量不易保证等缺点。

协同设计具有以下特点：

（1）分布性　参加协同设计的人员可能属于同一个企业，也可能属于不同的企业；同一企业内部不同的部门又在不同的地点，因此协同设计须在计算机网络的支持下分步进行。这是协同设计的基本特点。

（2）交互性　在协同设计过程中人员之间经常进行交互，交互方式可能是实时的，如协同造型、协同标注；也可能是异步的，如文档的设计变更流程。开发人员须根据需要采用不同的交互方式。

（3）动态性　在整个协同设计过程中，产品开发的速度、工作人员的任务安排、设备状况等都在发生变化。为了使协同设计能够顺利进行，产品开发人员需要方便地获取各方面的动态信息。

（4）协作性与冲突性　由于设计任务之间存在相互制约的关系，为了使设计的过程和结果相一致，各子任务之间须进行密切的协作。另外，由于协同过程是群体参与的过程，不同的人会有不同的意见，合作过程中产生冲突是不可避免的，因而须在协同过程中消解冲突。

（5）活动的多样性　协同设计中的活动是多种多样的，除了方案设计、详细设计、产品造型、零件工艺、数控编程等设计活动外，还有促进设计整体顺利进行的项目管理、任务规划、消解冲突等活动。协同设计就是这些活动组成的有机整体。

除了上述特点外，协同设计还有产品开发人员使用的计算机软硬件的异构性、产品数据的复杂性等特点。对协同设计特点的分析有助于为建立合理的协同设计环境体系结构提供参考。在生物工厂设计中，工艺设计应向协同设计的相关专业提交以下设计条件和要求的资料。

8.2 设备及机泵条件

8.2.1 塔类设备条件

（1）介质条件

① 介质名称、组分、流量、总量、黏度、密度等理化性质。

② 含特殊腐蚀性介质的组分及含量（如 H_2S、SO_2、HCN、Cl^-、F^-）。

③ 操作压力、操作温度。

（2）通用设备条件

① 塔径、塔高、裙座高。

② 推荐材料。

③ 接地板是否保温、保温层厚度及重量。

④ 对重量大、外形高大的塔，应该要求设备提供土建预埋脚螺栓用的底座模板规格。

（3）管口条件（包括人孔、装卸填料催化剂孔）

① 管口符号、管口名称及规格、介质名称及用途。

② 法兰标准、密封面类型、是否需要配对供应法兰及紧固件。

③ 管口位置和伸出长度。

（4）塔结构条件

① 塔板类型、泡罩类型、浮阀类型、开孔率、塔板数、板间距、检修手孔位置和规格或由工艺专业条件给供应商设计。

② 除沫器类型、液体或气体分布器类型、位置、防冲板、防溢口、取样口。

③ 自控检测点位置、规格。

（5）特殊条件（根据塔形有不同内容）

① 填料层层数、每层高度、层间距。填料类型及规格、填料材料、填料堆相对密度。

② 催化剂层层数、每层高度、层间距。催化剂类型及规格、催化剂型号、颗粒大小、催化剂堆相对密度。催化剂层上下部瓷球规格及层高。

③ 气体分布板、测温计接口安装位置及安装形式。

（6）塔顶吊装杆

8.2.2 反应器设备条件

（1）介质条件

① 介质名称、组分、流量。

② 操作温度、操作压力。

（2）通用条件

① 反应器直径、高度（直筒段）、裙座高。

② 推荐材料、接地板、吊装杆。

③ 保温层厚度。

④ 气体进口防冲板。

（3）管口条件

① 管口符号、管口名称、规格（PN、DN）及用途。

② 管口法兰标准、密封面类型、伸出长度。

（4）特殊条件

① 催化剂层层数、每层高度、层间距。

② 催化剂型号、颗粒大小、催化剂堆相对密度。

③ 催化剂层上下部瓷球规格、层高。

④ 测温计安装位置及安装形式。

8.2.3 热交换器设备条件

8.2.3.1 管壳式换热器条件

（1）介质条件

① 冷侧（管程或壳程）　介质名称、组分、流量，进出口温度、压力。

② 热侧（管程或壳程）　介质名称、组分、流量，进出口温度、压力。

（2）通用条件

① 类型、直径、直管段管长、总长、列管规格。

② 换热面积、热负荷（GJ/h）、壳程隔板间距、高度。

③ 保温层厚度、鞍座位置（卧式）、支耳位置（立式）。

（3）管口条件

① 管口符号和位置、管程及壳程介质进出管口规格（DN）、压力等级（PN）。

② 法兰类型、规格、密封面类型、伸出长度、法兰标准号。

③ 导淋及放空口、防冲板。

（4）附表

① 管壳式换热器类型代号表。

② 管壳式换热器及冷却器条件表。

③ 管壳式冷凝器条件表。

④ 管壳式再沸器（蒸发器）条件表。

8.2.3.2 螺旋板式换热器条件

（1）介质条件

① 冷侧（管程或壳程）　介质名称、组分、流量，进出口温度、压力。

② 热侧（管程或壳程）　介质名称、组分、流量，进出口温度、压力。

（2）通用条件

① 类型和规格。

② 螺旋通道的厚度、高度、圈数、通道长度、材料、换热面积、热负荷（GJ/h）。

③ 保温层厚度。

（3）管口条件（须附图）

① 管口符号、管口位置及伸长长度、管口规格。

② 法兰压力等级、规格、密封面类型、法兰标准号。

③ 导淋及放空口、位置与规格。

8.2.3.3 再沸器条件

（1）介质条件

① 冷侧　介质名称、组分，进出口温度、压力。

② 热侧　加热蒸汽的压力、流量。

（2）通用条件（须附图）

① 形式和规格　立式还是卧式，立式与列管换热器相同，卧式则要写明加热釜直径切线长和总长，换热管规格与换热面积、热负荷（GJ/h）。

② 保温层厚度。

（3）管口条件（须附图）　冷侧进出料管口，热侧蒸汽进口与冷凝液出口，再沸器、加热釜头放气管及导淋，压力温度表接管，液位计安全阀接口，也有热工艺加热或产生蒸汽的类似再沸器的设备。

8.2.4　加热炉设备条件

加热炉主要有圆筒炉、方箱炉，属于管式炉型。圆筒炉壳体为钢制，圆筒内衬耐火材料，下部有燃烧喷嘴，上部有烟囱。大型方箱炉炉体以型钢作梁柱加固，有加热侧垟，其上安装燃烧喷嘴及看火孔，其对面则有烟道直通烟囱。

被加热的介质用泵提压通过炉内盘管提高温度后送往下游设备。目前广泛采用的圆筒炉已经系列化，设计人员可根据下列条件进行选用：

① 被加热介质的名称、组分、流量、是否含腐蚀的介质。

② 进出加热炉的介质温度及要求加热炉的热负荷、加热面积、对流段、辐射段。

③ 进出加热炉加热盘管内介质的压力。

④ 可供使用的燃料种类、热值。

⑤ 加热炉保温要求。

⑥ 推荐的炉管材料、是否有翅片管。

选用热煤（导热油）炉时，设计条件和上述相似。

8.2.5　容器类设备条件

8.2.5.1　容器类设备种类

① 储存液体物料所用的储槽（罐）　立式、卧式，有的设备带加热器或加热夹套，有的带搅拌器。

② 有一定功能的容器　如过滤器、除沫器、分离器、沉降槽、混合器和缓冲罐等。

③ 以混凝土为主结构设有钢盖板的大型容器类设备。

8.2.5.2　容器类设备的设备条件

（1）通用条件　介质名称、组分、浓度、密度、压力、温度、有效容积、规格尺寸、含颗粒度情况等。

（2）管口条件

① 管口符号、名称、位置、规格，连接法兰规格（DN、PN）类型、标准号，自控检测点接口位置、规格，人孔、备用口等。

② 设备材料，衬里层材料、厚度，防腐保温要求，设备支架。

（3）特别要求　如过滤部分的开孔率、孔大小、套不锈钢钢丝网的目数、除沫器的类型、规格，搅拌器、加热盘管或加热夹套条件。

8.3　土建条件

土建条件是在完成设备布置及设备专业返回了设备总图、机泵设备供应商提供了初步规格单后进行的。

8.3.1 厂房及设备基础、外形尺寸、位置、标高条件

厂房的形式主要有混合结构、框架结构、排架结构及钢结构等形式。土建位置条件以设备布置图为蓝本，标注出下列内容：

① 轴线及轴线间距。

② 层数及楼层标高。

③ 设备基础直径、外形尺寸及标高（以室内平地为±0.00或EL100.00的相对标高），按设备制造厂提供的基础条件。

④ DN≥250mm管道穿楼的预留孔、设备吊装孔、穿楼板的设备安装孔。

⑤ 建筑门窗、梯子、平台位置及尺寸等。

⑥ 地面坡度、地坑、地沟、管沟的位置，尺寸泵区、罐区的围堰要求，基础表面、墙面、地面的建筑要求及基础的防腐要求泵区、罐区的围堰要求。

⑦ 落地的钢平台及梯子的位置、尺寸、标高条件。

⑧ 为满足设备吊装或安装要求而设置的吊车轨道、活动梁及后砌墙、预埋吊钩等内容。

⑨ 北向为0°的方向标志。

8.3.2 设备基础、楼板及钢平台的载荷条件

① 设备空重（净重）。

② 设备充水重或充满物料重，这是因为考虑到水压实验时对基础的荷重，但不应包括填料、催化剂、催化剂筐等。

③ 高塔设备及烟囱、排气筒等，提供塔径×塔高，以便土建计算风压对基础的要求。

④ 设备荷重按制造厂或样本提供的荷重，并增加动载荷因素（×1.25）。

⑤ 楼板及钢平台（落地的）荷重。

a. 一般操作区域 200～250kg/m²。

b. 一般检修区域 250～300kg/m²。

c. 大机泵检修区域 按照放最大零部件重量至500kg/m²。

d. 堆放催化剂、化学品、金属或陶瓷填料 根据物料的堆密度。

⑥ 保温材料重。

⑦ 其他外加荷重 如管道、管架等（估重）。

a. 管道载荷 一次条件限于1t及以上的荷重，二次条件为200kg以上、1t以下的荷重。

b. 管件、阀门等集中载荷。

c. 风载荷、地震载荷等由土建专业考虑。

8.3.3 设备吊装要求的土建条件

① 设备穿楼板孔。除了设备外径外，还要考虑管口、吊耳也能穿过楼板预留孔，且设备穿楼孔四周沿边应有H=50～80mm的堰（起挡水作用）。

② 靠边梁布置的高塔，可请土建设计活动边梁（钢梁），等高塔安装就位后，再安装活动边梁将框架封闭。

③ 大机泵厂房须设起重行车，起吊重量大于机泵或最大单体重量，起吊高度要保证吊

起一台机泵能跨过另一台机泵。大机泵厂房在靠近道路的边跨应设吊装孔，吊装孔上铺设活动钢格栅及护栏杆。

④ 为装置设备维修或更换的方便，应在设备上方及适当位置埋设吊钩（荷重满足要求）。

⑤ 小型机泵厂房可在机泵排列中心线上方设置单轨吊车或猫头吊（电动或手动）。

⑥ 须后封墙的应予说明。

8.3.4　设备地脚螺栓条件

8.3.4.1　专业分工

① 非定型设备地脚螺栓的类型、材料、尺寸和伸出的长度、总长应由设备专业安装要求确定，提给工艺设计人员，供土建结构专业进行设备基础设计时标明。

② 定型设备和转动设备的地脚螺栓一般应由设备制造厂配套供应，设备地脚螺栓表中注明"配套"即可。

8.3.4.2　设计要求

① 大型塔类设备应采用带模板的直埋地脚螺栓，以保证在打设备土建基础的同时准确地埋设设备地脚螺栓。地脚螺栓的埋入长度宜$\geq 30D$。

② 其他静止设备及小型机泵地脚螺栓埋入长度为 $20\sim30D$，一般在土建基础上预留孔（$80\sim100\,\mathrm{mm}$ 见方），预留孔深度大于地脚螺栓埋入深度，待设备及地脚螺栓就位后，在预留孔内二次灌浆将地脚螺栓固定（注意预留孔边距基础边尺寸应大于 $75\,\mathrm{mm}$）。

③ 接地脚螺栓土建条件时，要根据设备图及设备布置图认真核对设备安装的位置及标高、螺栓伸出基础面的高度及螺纹长度，确保一次成功，不能有任何差错，以免造成土建返工。

8.3.5　管廊及其他土建条件

（1）装置内的管廊

① 管廊跨度及跨距。

② 管廊层数及标高。

③ 对管廊基础的荷重：a. 管廊横梁上管道（$DN\geq20U$）的集中载荷；b. $DN<200\,\mathrm{mm}$ 管道布置区的均匀载荷；c. 蒸汽管道及热管道固定管架的水平推力。

（2）独立管架　主要包括管架位置、宽度、载荷及标高等条件。

（3）管沟及地下池　主要包括管沟、地下池土建设计条件。

（4）土建基础及构筑物　主要包括土建基础条件及构筑物的防腐防火条件。

8.3.6　其他要说明的条件内容

① 对于地震区域的大型立式设备，应由设备专业提出该设备的重心位置。

② 对卧式高温设备鞍座基础应标明固定鞍座与滑动鞍座（对管程、壳程有膨胀结构的除外）。

③ 对几个有温差的高塔联合钢平台，应将各塔高层平台间做成一端铰接一端搭接，以适应各塔不同的热膨胀高度差。

④ 设备基础，框架楼板的防腐条件，框架梁柱的耐火要求，防火墙、爆炸区域厂房、

防爆轻质墙轻型屋顶等要求。

⑤ 管道穿墙、穿楼板等开孔条件。管径 DN＞250mm 的开孔属一次条件内容；管径 DN＜250mm 的开孔属二次条件内容。开孔的孔径如下：

    a. 无保温的管道，不通过法兰，按管外径加 40mm。

    b. 无保温的管道通过法兰，按法兰外径加 30mm。

    c. 保温管道不通过法兰，按保温层外径加 40mm。

    d. 保温管道通过法兰，按上述 a、b 中大者。

    e. 多根管并排且相距很近，可合并成长方形大孔。

8.4 自控条件

(1) 自控条件的依据　　自控条件的依据是已完成了自控部分的管道及仪表流程图 (PID)。在 PID 上已用各种字母（功能标志）、符号及连线表示了工艺对自控的要求。

(2) 监测部分条件内容

① 监测对象　　介质组分、物性参数、操作状态（气、液、固）、操作条件（温度、压力）及监测参数（温度、压力、液位、流量等）。

② 监测地点　　现场、机房、控制室、计算机中心等。

③ 监测目的　　指示、记录、累计、控制、报警、连锁等。

(3) 控制部分条件内容

① 控制参数　　温度、压力、液位、位移等。

② 控制方式　　调节、报警、连锁等。

③ 控制方案　　定值控制、串级控制、比例控制、分程控制、报警、连锁等。

(4) 在线分析项目条件主要内容

① 在线分析项目名称。

② 在线分析项目测量及监测介质的名称、组分、物性。

③ 在线分析项目测量及监测内容的正常值、最大值、最小值。

④ 是否根据在线分析项目测得的数据进行生产最佳调节（ACS 系统）。

⑤ 在线分析仪表房的有关土建、风道、仪器安装等条件，由自控专业为主导专业提出。

(5) 设备与管道上有关仪表的安装条件

① 设备上自控点接管规格、材料、压力等级、安装状态（水平或垂直）。

② 管道上自控点的管长、管道规格、材料、安装状态（水平或垂直）。

(6) 电气条件

① 工艺用电设备（如电机、电加热器）的动力电条件　　附图（表）、设备布置图、设备一览表。

② 厂房各楼层及室外装置区照明条件。

③ 仪表及操作区局部照明条件。局部照明条件或特殊照明要求可按管道布置图上设备窥镜、阀门、仪表、视盅、取样点等位置确定后再向电气专业提出。

④ 易燃易爆介质的设备及管道的静电接地条件。工艺专业须持易燃易爆介质管道布置及规格条件，需要静电挂地的设备布置及接地板方位提给电气专业。

⑤ 装置、厂房的防雷要求条件。

⑥ 爆炸危险区划分的条件。由工艺专业提供工艺介质的特性并由工艺专业在设备布置

图上标出可能逸出危险介质的设备位号及释放源位置，提交给电气专业。

(7) 外管条件　工艺专业向外管专业提出与界外管廊相连的管道条件（管线号、管径及壁厚、材料、位置、标高），装置与管廊相连的管道边界为距管廊中心线 1m 处。需要安装在管廊管道上的阀门、调节阀、流量计、减压阀等条件也须向外管专业提出。需要附表：外管条件表。

(8) 给排水条件

① 全厂生产、生活用水给水量、排水量。

② 各生产车间及公用工程、辅助设施生产、生活用水给水量、排水量，以及给水管、排水管进出车间的位置、管径、标高等条件。需要附表：供水条件表、排水条件表。

③ 循环冷却水条件：a. 循环冷却水水量、水质、温度、压力要求；b. 建（构）筑物类型，设备的主要设计参数及选型建议。

④ 消防条件。提交给排水专业各防火对象（建筑物和构筑物/设备）危险物种类、特性、数量。要附表：消防条件表。

(9) 暖通条件

① 采暖通风空调条件　各房间名称，防爆等级，生产类别，操作班数，每班操作人数，要求室温（冬季、夏季），要求湿度（冬季、夏季），设备发热情况（表面积、表面温度、用电功率），散出有害气体或粉尘的数量（kg/h），事故排风设备位号及建议排风形式，正负压要求，洁净度要求，照度要求等。需要附图（表）：设备布置图、采暖通风空调条件表。

② 局部通风条件　设备位号、名称，有害物及粉尘粒度、排放量、温度、发散部位，设备接管直径或敞口尺寸，要求通风方式（送风或排风、间断或连续、固定或移动），特殊要求（风量、维持压力、温度、湿度）。需要附图（表）：设备布置图、局部通风条件表。

(10) 空冷条件

① 压缩空气（或氮气、氧气）条件　用气设备位号、名称，用气量（最大、正常、最小），用气压力（最大、正常、最小），用气质量要求（含油量、露点温度、氮气、氧气纯度指标），备用气源要求或最大储气量。需要附表：压缩空气（或氮气、氧气）条件表。

② 冷冻条件　用冷设备位号、名称，冷量（最大、正常、最小），冷媒介质，冷媒温度（进、出），冷媒压力（进、出）。需要附表：冷冻设计条件表。

(11) 总图条件　总平面布置图方案（生产车间、公用工程及辅助设施相对位置、外形尺寸、层数、高度等）。

第9章 非工艺设计

9.1 厂房

9.1.1 厂房的结构组成与定位轴线

9.1.1.1 厂房的结构组成

在厂房建筑中，支承各种载荷的构件所组成的骨架，通常称为结构，它关系到整个厂房的坚固性、耐久性和安全性。各种结构形式的建筑物都是由地基、基础、墙、柱、梁、楼板、屋顶、隔墙、楼梯和门窗等组成的。

（1）地基 地基是建筑物的地下土壤部分，它支承建筑物（包括一切设备和材料等）的全部重量。

① 地基的承载力 地基必须具有足够的强度（承载力）和稳定性，才能保证建筑物的正常使用和耐久性。建筑地基的土，分为岩石、碎石土、黏性土和人工填土。若土壤具有足够的强度和稳定性，可直接砌置建筑物，这种地基称为天然地基；反之，经人工加固后的土壤称为人工地基。

② 土壤的冻胀 气温在0℃以下时，土壤中的水分在一定深度范围内就会冻结，这个深度叫作土壤的冻结深度。由于水的冻胀和浓缩作用，会使建筑物的各个部分产生不均匀的拱起和沉降，使建筑物遭受破坏。所以在大多数情况下，应将基础埋置在最大冻结深度以下。在沙土、碎石土及岩石土中，基础砌置深度可以不考虑土壤冻结深度。

③ 地下水 从地面到地下水水面的深度称为地下水的深度。地下水对地基强度和土壤的冻胀都有影响，若水中含有酸、碱等侵蚀性物质，建筑物位于地下水中的部分要采取相应的防腐蚀措施。

（2）基础 在建筑工程上，把建筑物与土壤直接接触的部分称为基础，基础承担着厂房结构的全部重量，并将其传到地基中去，起着承上传下的作用。为了防止土壤冻结膨胀对建筑的影响，基础底面应位于冻结深度以下 10～20cm 处。

① 条形基础 当建筑物上部结构为砖墙承重时，其基础沿墙身设置，做成长条形，称为条形基础。

② 杯形基础 杯形基础是在天然地基上浅埋（＜2m）的预制钢筋混凝土柱下的单独基础，它是一般单层和多层厂房常用的基础形式。基础的上部做成杯口，以便预制钢筋混凝土柱子插入杯口固定。

③ 基础梁　当厂房用钢筋混凝土柱作承重骨架时，其外墙或内墙的基础一般用基础梁来代替，墙的重量直接由基础梁来承担。基础梁两端搁置在杯口基础顶上，墙的重量则通过基础梁传到基础上。

（3）墙

① 承重墙　承重墙是承受屋顶、楼板和设备等上部的载荷并传递给基础的墙。一般承重墙的厚度是 240mm（一砖厚）、370mm（一砖半厚）、490mm（二砖厚）等几种。墙的厚度主要满足强度要求和保温条件。

② 填充墙　工业建筑的外墙多为此种墙体，它一般不起承重作用，只起围护、保温和隔声作用，仅承受自重和风力的影响。为减轻重量，常用空心砖或轻质混凝土等轻质材料做填充墙。为保证墙体稳定，防止由于受风力影响使墙体倾倒，墙与柱应该相连接。

③ 防爆墙和防火墙　易燃易爆生产部分应用防火墙或防爆墙与其他生产部分隔开。防爆墙或防火墙应有自己的独立基础，常用 370mm 厚的砖墙或 200mm 厚的钢筋混凝土墙。在防爆墙上不允许任意开设门、窗等孔洞。

（4）柱　柱是厂房的主要承重构件，目前应用最广的是预制钢筋混凝土柱。柱的截面形式有矩形、圆形、工字形等；矩形柱的截面尺寸为 400mm×600mm，工字形柱的截面尺寸为 400mm×600mm、400mm×800mm 等。

（5）梁　梁是建筑物中水平放置的受力构件，它除承担楼板和设备等载荷外，还起着联系各构件的作用，与柱、承重墙等组成建筑物的空间体系，以增加建筑物的刚度和整体性。梁有屋面梁、楼板梁、平台梁、过梁、连系梁、墙梁、基础梁和吊车梁等。梁的材料一般为钢筋混凝土。可现场浇制，亦可工厂或现场预制，预制的钢筋混凝土梁强度大、材料省。梁的常用截面为高大于宽的矩形或 T 形。

（6）屋顶　厂房的屋顶起着围护和承重的双重作用，其承重构件是屋面大梁或屋架，它直接承接屋面载荷并承受安装在屋架上的顶棚、各种管道和工艺设备的重量。此外，它对保证厂房的空间刚度起着重要作用。工业建筑上常用预制的钢筋混凝土平顶，上铺防水层和隔热层，以防雨和隔热。

（7）楼板　楼板就是沿垂直方向将建筑物分成层次的水平间隔。楼板的承重结构由纵向和横向的梁和楼板组成。整体式楼板由现浇钢筋混凝土制成，装配式楼板则由预制件装配。楼板应有强度、刚度、最小结构高度、耐火性、耐久性、隔声、隔热、防水及耐腐蚀等功能。

（8）建筑物的变形缝

① 沉降缝　当建筑物上部载荷不均匀或地基强度不够时，建筑物会发生不均匀的沉降，以致在某些薄弱部位发生错动开裂。因此，应将建筑物划分成几个不同的段落，以允许各段落间存在沉降差。

② 伸缩缝　建筑物因气温变化会产生变形，为使建筑物有伸缩余地而设置的缝叫伸缩缝。

③ 抗震缝　抗震缝是避免建筑物的各部分在发生地震时互相碰撞而设置的缝。设计时可考虑与其他变形缝合并。

（9）门、窗和楼梯

① 门　为了正确地组织人流、车间运输和设备的进出，保证车间的安全疏散，在设计中要预先合理地布置好门。门的数目和大小取决于建筑物的用途、使用上的要求、人的通过数量、出入货物的性质和尺寸、运输工具的类型以及安全疏散的要求等。

② 窗　厂房的窗不仅要满足采光和通风的要求，还要根据生产工艺的特点，满足其他

一些特殊要求。例如有爆炸危险的车间，窗应有利于泄压；要求恒温恒湿的车间，窗应有足够的保温隔热性能；洁净车间要求窗防尘和密闭。

③ 楼梯　楼梯是多层厂房中垂直方向的通道。按使用性质可分为主要楼梯、辅助楼梯和消防楼梯。多层厂房应设置两个楼梯。楼梯宽度一般不小于 1.2m，不大于 2.2m，楼梯坡度一般采用 30°左右，辅助楼梯可用 45°。

9.1.1.2　厂房的定位轴线

厂房的定位轴线是划分厂房主要承重构件的标志尺寸和确定其相互位置的基准线，也是厂房施工放线和设备定位的依据。厂房常用跨度为 6m、12m、15m、18m、24m、30m 和 36m；仅当工艺布置有明显优越性时，才可采用 9m、21m、27m 和 33m 的跨度。以经济指标、材料消耗与施工条件等方面来衡量，厂房柱距应采用 6m，必要时也可采用 9m。

9.1.2　厂房的室内装修（以洁净厂房为例）

9.1.2.1　基本要求

① 洁净厂房的主体应在温度变化和震动情况下，不易产生裂纹和缝隙。主体应使用发尘量少、不易黏附尘粒、隔热性能好、吸湿性小的材料。洁净厂房建筑的围护结构和室内装修也都应选气密性良好，且在温湿度变化下变形小的材料。

② 墙壁和顶棚表面应光洁、平整、不起尘、不落灰、耐腐蚀、耐冲击、易清洗。避免眩光，便于除尘，并应减小凹凸面，踢脚不应突出墙面。在洁净厂房装修的选材上最好选用彩钢板吊顶，墙壁选用仿瓷釉油漆。墙与墙、地面、顶棚相接处应有一定弧度，宜做成半径适宜的弧形。壁面色彩要和谐雅致，有美学意义，并便于识别污染物。

③ 地面应光滑、平整、无缝隙、耐磨、耐腐蚀、耐冲击，不积聚静电，易除尘清洗。

④ 技术夹层的墙面、顶棚应抹灰。需要在技术夹层内更换高效过滤器的，技术夹层的墙面及顶棚也应刷涂料饰面，以减少灰尘。

⑤ 送风道、回风道、回风地沟的表面装修应与整个送风、回风系统相适应，并易于除尘。

⑥ 洁净度 B 级以上的洁净室最好采用天窗形式，如需设窗则应设计成固定密封窗，并尽量少留窗扇，不留窗台，把窗台面积限制到最小限度。门窗要密封，与墙面保持平整。要充分考虑对空气和水的密封，防止污染粒子从外部渗入。避免由于室内外温差而结露。门窗造型要简单，不易积尘，清扫方便。门框不得设门槛。

9.1.2.2　装修材料和建筑构件

洁净厂房的室内装修材料应能满足耐清洗、无孔隙裂缝、表面平整光滑、不得有颗粒物质脱落的要求。对选用的材料要考虑到该材料的使用寿命、施工简便与否、价格、来源等因素。洁净室内装修材料基本要求见表 9-1。

表 9-1　洁净室内装修材料基本要求一览表

项目	使用部位			要求	材料举例
	吊顶	墙面	地面		
发尘性	√	√	√	材料本身发尘量少	金属板材、聚酯类表面装修材料、涂料
耐磨性		√	√	磨损量少	水磨石地面、半硬质塑料板
耐水性	√	√	√	受水浸不变形、不变质，可用水清洗	铝合金板材

项目	使用部位			要求	材料举例
	吊顶	墙面	地面		
耐腐蚀性	√	√	√	按不同介质选用对应材料	树脂类耐腐蚀材料
防霉性	√	√	√	不受温度、湿度变化而霉变	防霉涂料
防静电	√	√	√	电阻值低,不易带电,带电后可迅速衰减	防静电塑料贴面板,嵌金属丝水磨石
耐湿性	√	√	√	不易吸水变质,材料不易老化	涂料
光滑性	√	√	√	表面光滑,不易附着灰尘	涂料、金属、塑料贴面板
施工	√	√	√	加工、施工方便	
经济性	√	√	√	价格便宜	

9.2 仓库

仓库由储存物品的库房、运输传送设施（如吊车、电梯、滑梯等）、出入库房的输送管道和设备、消防设施、管理用房等组成。在安全的前提下，要做到储存多、进出快、保管好、费用省、损耗少。

9.2.1 仓库的分类与平面布置

9.2.1.1 仓库的分类

（1）按建筑形态划分　包括平房型仓库、二层楼房型仓库、多层楼房型仓库、地下仓库、立体仓库。

（2）按功能划分

① 生产仓库　为企业生产或经营储存原材料、燃料及产品的仓库，称生产仓库，也有的称之为原料仓库或成品仓库。

② 储备仓库　专门长期存放各种储备物资，以保证完成各项储备任务的仓库，称储备仓库。如战略物资储备仓库、季节物资储备仓库、备荒物资储备仓库、流通调节储备仓库等。

③ 集配型仓库　以组织物资集货配送为主要目的的仓库，称集配型仓库。

④ 中转分货型仓库　配送型仓库中的单品种、大批量型仓库，其也具有储备作用。

⑤ 加工型仓库　以流通加工为主要目的的仓库，称为加工型仓库。一般的加工型仓库集加工厂和仓库的两种职能于一体，将商品的加工仓储业务结合在一起。

⑥ 流通仓库（类似配送中心）　专门从事中转、代存等流通业务的仓库，称为流通仓库。这种仓库主要以物流中转为主要职能；在运输网点中，也以换载为主要职能。

（3）按照建造面积划分　包括大型、中型和小型仓库。

（4）按照建筑的技术设备条件划分　包括通用仓库，保温、冷藏、恒温、恒湿仓库，危险品库等。

9.2.1.2 仓库的平面布置

仓库的平面布置是指对仓库的各个部分（存货区、入库检验区、理货区、流通加工区、配送备货区、通道以及辅助作业区）在规定范围内进行全面、合理的安排。仓库平面布置是否合理，将对仓储作业的效率、储存质量、储存成本和仓库盈利目标的实现产生很大影响。

在进行仓库总平面布置时，应该满足如下要求：遵守各种建筑及设施规划的法律法规；满足仓库作业流畅性要求，避免重复搬运的迂回运输；保障商品的储存安全；保障作业安全；最大限度地利用仓库面积；有利于充分利用仓库设施和机械设备；符合安全保卫和消防工作要求；考虑仓库扩建的要求。

仓库平面布置时，通常采取区域划分的原则，具体如下：

① 区域的色标管理　绿色代表正常，合格品库（区）/发货区/零货称取区用绿色标；黄色代表待定（待处理），待验区（库）/退货区（库）用黄色标；红色代表不正常，不合格品库（区）用红色标。

② 符合"三个一致"的原则　产品性能一致，产品养护措施一致，消防方法一致。

③ 分区要便于产品分类和集中保管。

④ 充分利用仓库空间，有利于合理存放产品。

⑤ 货区分位要适度。

⑥ 有利于提高仓库的经济效益，有利于保证安全生产和文明生产。

9.2.2　仓库设备与管理

9.2.2.1　仓库设备

仓库设备是能正常存储、转运和运行仓库职能的硬件基础，在防潮、调节温湿度、照明等方面都发挥着必不可少的作用。按照其功能可分为转运设备、存储设备和运行设备。

（1）转运设备　转运设备包括登高车、搬运车、小推车、液压叉车等，如图9-1所示。

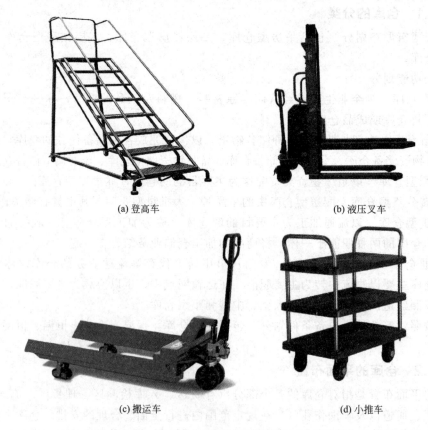

(a) 登高车　　　　　　　　　　　　　(b) 液压叉车

(c) 搬运车　　　　　　　　　　　　　(d) 小推车

图 9-1　常见的转运设备

（2）存储设备　存储设备包括货架、托盘、仓储笼、物料盒、周转箱等，其中货架和托盘是仓库中最常见的设备。

① 货架　在仓库设备中，货架是指专门用于存放成件物品的保管设备。货架在物流及仓库中占有非常重要的地位，不仅要求货架数量多，而且要求具有多功能，并能满足机械化和自动化要求。不同类型的货架有不同的特点。

a. 通廊式货架［图 9-2(a)］ 为储存大量同类的托盘货物而设计。托盘一个接一个按深度方向存放在支撑导轨上，增大了储存密度，提高了空间利用率。这种货架通常用于储存空间昂贵的场合，如冷冻仓库等。通廊式货架有 4 个基本组成部分：框架、导轨支撑、托盘导轨和斜拉杆等。这种货架仓库利用率高，可实现先进先出，或先进后出，适合储存大批量、少品种货物，批量作业，可用最小的空间提供最大的存储量。叉车可直接驶入货道内进行存取货物，作业极其方便。货架机械设备需求：反平衡式叉车或堆高机。货架的特点：适用于库存流量较低的储存；可提供 20%～30% 的可选性；用于取货率较低的仓库；地面使用率较高，为 60%。

b. 横梁式货架［图 9-2(b)］ 是最流行、最经济的一种货架形式，安全方便，适合各种仓库，直接存取货物。它是最简单也是最广泛使用的货架，可充分地利用空间。采用方便的托盘存取方式，有效配合叉车装卸，极大地提高了作业效率。机械设备要求：反平衡式叉车或堆高机。堆高机可提高 30% 的地面空间使用率，操作高度可达 16m 以上。横梁式货架的特点：流畅的库存周转；可提供百分之百的挑选能力；提高平均取货率。

c. 重力式货架［图 9-2(c)］ 相对普通托盘货架而言，不需要操作通道，故增加了 60% 的空间利用率；托盘操作遵循先进先出的原则；自动储存回转；储存和拣选两个动作的分开大大提高了输出量，由于是利用自重力使货物滑动，而且没有操作通道，所以减少了运输路线和叉车的数量。在货架每层的通道上，都安装有一定坡度的、带有轨道的导轨，入库的单元货物在重力的作用下，由入库端流向出库端。这样的仓库，在排与排之间没有作业通道，大大提高了仓库面积利用率。但使用时，最好同一排、同一层上为相同的货物或一次同时入库和出库的货物。层高可调，配以各种型号的叉车或堆垛机，能实现各种托盘的快捷存取。单元货格最大承载量可达 5000kg，该存储方式是各行各业最常用的存储方式。

d. 阁楼式货架［图 9-2(d)］ 适用于场地有限、品种繁多、数量少的情况，它能在现有的场地上增加几倍的利用率，可配合使用升降机操作。阁楼式货架为全组合式结构，专用轻钢楼板，造价低，施工快。可根据实际场地和需要，灵活设计成二层、多层，充分利用空间。

② 托盘　是用于集装、堆放、搬运和运输单元负荷的货物和制品的水平平台装置，便于装卸、搬运单元物资和小数量的物资，同时具有防潮功能，保持产品与地面之间有一定距离的设备。一般托盘按照材质分类如下：

a. 木制托盘　以天然木材为原料制造的托盘，具有价格便宜、结实耐用的优势，是现在使用最广泛的托盘。

b. 塑料托盘　以工业塑料为原材料制造的托盘。塑料托盘比木制托盘略贵，载重也较小，但是随着塑料托盘制造工艺的进步，一些高载重的塑料托盘已经出现，正在慢慢取代木制托盘。

c. 金属托盘　以钢、铝合金、不锈钢等材料为原材料加工制造的托盘。

d. 钢托盘　采用镀锌钢板或烤漆钢板制成，100% 环保，可以回收再利用，资源不浪费。特别是用于出口时，不需要熏蒸、高温消毒或者防腐处理。

e. 纸托盘　以纸浆、纸板为原料加工制造的托盘。

(a) 通廊式货架

(b) 横梁式货架

(c) 重力式货架

(d) 阁楼式货架

图 9-2　不同类型的货架

f. 蜂窝托盘　蜂窝的六边形结构是蜜蜂的杰作，它以最少的材料消耗构筑成坚固的蜂巢，其结构具有非凡的科学性。蜂窝纸板就是仿造蜂巢的结构，以纸为基材，用现代化机电技术生产出的蜂窝状的新型材料，具有质轻、强度高、刚度好的优点，并具有缓冲、隔震、保温、隔热、隔声等性能。同时它的成本低，适用性广，广泛应用于包装、储运、建筑业、车船制造业、家具业等。

g. 复合托盘　指以两种或两种以上的不同材料经过一定的处理，使其发生化学变化而得到一种复合材料，并以此为原材料加工制造的托盘。

（3）运行设备　包括空调恒温恒湿机组、冷库的冷冻机组、照明设备、管理上的计算机设施等。

① 空调恒温恒湿机组　空调恒温恒湿机由制冷系统、加热系统、控制系统、湿度系统、送风循环系统和传感器系统等组成。上述系统分属电气和机械制冷两大方面。

② 冷冻机　冷冻机是用压缩机改变冷媒气体的压力变化来达到低温制冷的机械设备。所采用的压缩机，因其使用条件和压缩工作介质不同，不同于一般的空气压缩机。它与空气压缩机类似，按冷冻机结构和工作原理上的差别，可分为活塞式、螺杆式、离心式等几种不同形式。冷冻机是压缩制冷设备中最重要的组成部分之一。

③ 照明设备　照明光源一般均采用高效的洁净荧光灯，因为荧光灯的发光效率是白炽

灯的 3～5 倍，发热量小，有利于节能，光色可选。但有些洁净室层高较高，采用荧光灯照明很难达到设计的照度值，或某些工艺为了避免荧光灯的干扰，也可采用其他光色好、光效更高的光源。

9.2.2.2 仓库的管理

（1）商品、物资入库、出库

① 仓库必须根据有关规定，建立健全商品、物资出入库的验收复核制度、作业程序和工作质量标准。

② 仓库要根据业务部门提报的月、季、年度商品、物资进出库计划，编制储存计划。

③ 商品、物资入库要把好验收关。

④ 商品、物资出库，必须有正式凭证，同时要把好复核关。

（2）商品、物资储存

① 商品、物资要实行分区、分类管理。

② 以安全、方便、节约为原则。

③ 仓库必须设保管账（卡）。

④ 仓库要通过商品、物资进、出、存等活动，随时了解有无积压、不配套、近期失效、盲目进货、仓库存货而门市脱销等问题，积极向业务部门反映情况，以利改进工作。

（3）商品物资养护

① 仓库要建立健全养护组织。

② 仓库要监督、维护商品、物资的质量。

③ 仓库要建立商品、物资养护档案。

（4）仓库核算和定额管理

① 仓库要根据本单位的条件，实行独立核算。

② 仓库必须加强财产管理。

③ 仓库要实行定额管理。

（5）仓库安全

① 企业和仓库必须有领导干部主管安全工作，把安全工作列入议事日程。切实做好防火、防盗、防破坏、防工伤事故、防自然灾害、防霉变残损等工作，确保人身、商品物资和设备安全。

② 仓库要制定安全工作的各项规章制度，制定生产作业的操作规程。

③ 仓库严格执行《中华人民共和国消防条例》《仓库防火安全管理规则》《化学危险物品安全管理条例》。仓库防火工作要实行分区管理、分级负责的制度，按区、按级指定防火负责人，防火负责人对本责任区的安全负全部责任。仓库的存货区要和办公室、生活区、汽车库、油库等严格分开；规模很小的基层仓库也要根据具体条件尽量分开，以保安全。新建、扩建、改建仓库，应按《建筑设计防火规范》的有关规定办理，面积过大的库房要设防火墙。

④ 仓库必须严格管理火种、火源、电源、水源。

⑤ 仓库必须根据建筑规模和储存商品、物资的性质，配置消防设备，做到数量充足、合理摆布、专人管理、经常有效等，严禁挪作他用。大中型仓库和雷区仓库要安装避雷设备。仓库消防通道要保持经常畅通。

⑥ 仓库实行逐级负责的安全检查制度。

⑦ 仓库发生火灾或其他事故，必须按照规定迅速上报。企业和仓库领导要抓紧对事故

进行清查处理。

9.3 公用系统

公用系统，是指与全厂各部门、车间、工段有密切关系的，且为这些部门所共有的一类动力辅助设施的总称。它是与生产工艺工程相辅相成、密切相关的辅助工程设施，是保证工厂正常生产不可缺少的重要组成部分。对于生物工厂来说，这类公用设施一般包括给排水、供电、供汽、供暖、供气、制冷等工程。工厂设计中，这些工程分别由不同专业工种的设计人员承担，当然，不一定每个整体项目设计都包括上述工程，还需根据工厂的规模、生产产品类型、经济状况而定。在一般情况下，给排水、供电、供汽这三者均须具备，而供暖、供气、制冷等则要根据实际需要和当地气候来确定。

9.3.1 给排水系统

在生物工厂中，用水量是很大的，它包括了生产用水（工艺用水和冷却用水）、辅助生产用水（清洗设备及清洗工作环境用水）、生活用水和消防用水等，所以给排水设计是生物工厂设计中一个不可缺少的组成部分。

9.3.1.1 概述

（1）给水系统 根据用水的要求不同，各种用水都有其单独的系统，如生产用水系统、生活用水系统和消防用水系统。目前大多数生活用水和消防用水合并为一个给水系统。厂内一般为环形供水，它的优点是当任何一段给水管道发生故障时，仍能不断供应各部分用水。

（2）排水系统 工业企业的废水来源大体上有三个方面：生活废水（来自厕所、浴室及厨房等排出的废水）；生产废水（生产过程中排放的废水，包括设备及容器洗涤用水、冷却用水等）和大气降水（雨水、雪水等）。废水的排除系统有两类：合流系统和分流系统。在合流系统中是将所有的废水通过一个共同的水管到净化池处理后再引入河道；分流系统则是将生活废水和大气降水与生产废水分开排除，或生产废水和生活废水合流而大气降水分流。

（3）水源 一般是天然水源，有地下水（深井水）和地表水（河水、湖水等）。规模比较大的工厂企业，可在河道或湖泊等水源地建立给水基地。当附近无河道、湖泊或水库时，可凿深井取水，对于规模小且又靠近城市的工厂，亦可直接使用城市自来水作为水源。

（4）冷却水的循环使用 在生物工厂中，冷却用水占了工业用水的主要部分。由于冷却用水对水质有一定的要求，因此，从水源取来的原水一般都要经过必要的处理（如沉淀、混凝和过滤）以除去悬浮物，必要时还需经过软化处理以降低硬度才能使用。为了节约水源以及减少水处理的费用，大量使用冷却水的生物工厂应该循环使用冷却水，即把经过换热设备的热水送入冷却塔或喷水池降温（冷却塔使用较多见），在冷却塔中，热水自上向下喷淋，空气自下而上与热水逆流接触，一部分水蒸发，使其余的水冷却。水在冷却塔中降温约 5～10℃，经水质稳定处理后再用作冷却水，如此不断循环。

9.3.1.2 给排水系统的设计

生物工厂与给排水系统的关系非常紧密，在生产过程中除需要大量用水外，还对水的质量、温度、数量有较严格的要求。例如，啤酒生产的工艺用水，直接参与到产品中去，要求水的硬度较低，偏酸性或中性，并符合饮用水标准；而冷却用水一般要求水温低、硬度低；

洗涤用水则要求清洁卫生等。生物工厂的废水量较大，有些是清洁废水，如冷却水，应考虑循环使用和回收热量后再排出；有些废水是严重污染的，应进行相应的处理后再排放。因此，给水、排水设计的目的和任务：一是经济合理、安全可靠地供给符合生物生产工艺要求的生产用水、生活用水和消防用水，满足工艺、设备、生活对水量、水质及水压的要求；二是收集和处理工业废水、生活污水，使其符合国家的水质排放标准，并及时排出，同时还要有组织地及时排出天然降雨及冰雪融化水，以保证工厂生产的正常进行。

(1) 设计内容

① 取水及净化工程。

② 厂区及生活区的给排水管网。

③ 车间内外给排水管网。

④ 室内卫生工程。

⑤ 冷却循环水系统。

⑥ 消防系统。

⑦ 废水处理系统。

(2) 设计依据

① 建厂所在地的气候、水文、地质资料，特别是取水河、湖的详细水文资料。

② 厂区和厂区周围地质、地形资料。

③ 引水、排水路线的现状及有关协议或拟接进厂区的市政自来水管网状况。

④ 各用水部门对水量、水质、水温的要求及负荷的时间曲线。

⑤ 当地废水排放和公安消防的有关规定。

⑥ 当地管材供应情况。

(3) 设计时的注意事项

① 在具有城市自来水供应的地方应优先考虑采用。

② 自备水源时，水质应符合卫生部门规定的生活饮用水卫生标准及本厂的特定要求。

③ 消防、生产、生活给水管网尽可能用同一管路系统。

④ 对排放的生活、生产废水进行相应处理，并达到国家规定的排放标准。

⑤ 雨水溢流周期建议采用 $P=1$。

⑥ 冷却水应循环使用，以节约用水量和能源消耗。

⑦ 凡用于增压（如消防、冷却循环等）的水泵应尽可能集中布置，以利于统一管理和使用。

⑧ 主厂房或车间的给排水管网设计应满足生产工艺和生活安排的需要。

9.3.2 供电系统

9.3.2.1 概述

车间用电通常由工厂变电所或由供电网直接供电。输电网输送的都是高压电，一般为 10kV、35kV、60kV、110kV、154kV、220kV 或 330kV，而车间用电一般最高为 6kV，中小型电机只有 380V，所以必须经变压后才能使用。通常在车间附近或在车间内部设置变电室，将电压降低后再分配给各用电设备。

(1) 车间供电电压 由供电系统与车间需要决定，一般高压为 6kV 或 3kV，低压为 380V。高压为 6kV 时，150kW 以上电机选用 6kV，150kW 以下电机用 380V；高压为 3kV 时，100kW 以上电机选用 3kV，100kW 以下电机使用 380V。

（2）用电负荷等级　根据用电设备对供电可靠性的要求，将电力负荷分成三级。

① 一级负荷　设备要求连续运转，突然停电将造成着火、爆炸或重大设备损毁、人身伤亡或巨大的经济损失时，称一级负荷。一级负荷应有两个独立电源供电，按工艺允许的断电时间间隔，考虑自动或手动投入备用电源。

② 二级负荷　突然停电将产生大量废品、大量原料报废、大减产或将发生重大设备损坏事故，但采用适当措施能够避免时，称为二级负荷。对二级负荷供电允许使用一条架空线供电，用电缆供电时，也可用一条线路供电，但至少要分成两根电缆并接上单独的隔离开关。

③ 三级负荷　一、二级负荷以外的归为三级负荷。三级负荷允许供电部门为检修更换供电系统的故障元件而停电。

（3）人工照明　照明所用光源一般为白炽灯和荧光灯。照明方式可分为：

① 一般照明　在整个场所或场所的某部分照度基本上均匀的照明。对光照方面无特殊要求，或工艺上不适宜装备局部照明的场所，宜单独使用一般照明。

② 局部照明　局限于工作部位的固定或移动的照明。对局部点需要高照明度并对照射方向有要求时，宜使用单独照明。

③ 混合照明　一般照明和局部照明共同组成的照明。

9.3.2.2　供电系统的设计

（1）设计内容

① 厂区的外线供电系统。

② 全厂的变配电系统。

③ 车间内设备的配电系统。

④ 厂区及室内的照明系统。

⑤ 生产线、工段或单机的自动控制系统。

⑥ 弱电通信系统。

⑦ 防雷接地和用电安全。

⑧ 电器及仪的防护维修等服务部门。

（2）设计所需基础资料

① 全厂用电设备清单和用电要求。

② 供用电协议和有关资料，包括供电电源及有关技术数据、供电线路进户方位和方式、量电方式及量电器材划分、厂外供电器材供应的划分、供电部门要求及供电费用等。

（3）设计注意事项

① 针对部分工厂设计生产季节性强、用电负荷变化比较大的特点，设计时宜多增设1～2台变压器供电，以适应负荷的剧烈变化。

② 要考虑到企业的发展、生产规模的不断扩大、机械化和自动化水平的不断提高等对供电要求的变化，对变配电设备的容量或面积要留有一定的发展余地。

③ 为减少电能损耗和改善供电质量，厂内变电所应接近或毗邻负荷高度集中的部门；若厂区范围较大，必要时可设置主变电所及分变电所。

④ 部分生物工厂水多、汽多、湿度大，供电管线及电气设备应考虑防潮。

9.3.3　供汽系统

蒸汽是生物工厂动力供应的重要组成部分。生物工厂的用汽部门主要有生产车间，包括原料处理、配料、热加工、发酵、灭菌等，另外还有一些如综合利用、浴室、洗衣房、食堂等辅助车间也要用到蒸汽。蒸汽的来源有两种：一是自行设置锅炉供汽；二是由附属电站或供汽中心供汽。以后者较为理想，这样可以节省锅炉设备的投资，热效率高，能节约能源，降低蒸汽成本；但既能满足工厂要求又靠近热电站或供汽中心有时是很困难的，因此大多数生物工厂需要自行设置锅炉供汽。供汽系统的设计应了解工厂的最大用汽量、蒸汽负荷的波动情况，结合工厂的生产规模和用汽特点，正确选择锅炉并进行合理的布置。

9.3.3.1　锅炉容量的确定

锅炉的额定容量是全厂各用汽量的总和，并考虑 15% 的富裕量，可按 $Q=1.15(0.8Q_c+Q_s+Q_z+Q_g)$ 进行计算。式中，Q 为锅炉额定容量，t/h；Q_c 为全厂生产用的最大蒸汽消耗量，t/h；Q_s 为全厂生活用的最大蒸汽消耗量，t/h；Q_z 为锅炉房自用蒸汽量，t/h，一般取 Q 的 5%～8%；Q_g 为管网热损失，t/h，一般取 Q 的 5%～10%。用该式计算时，要注意各个车间或部门的生产和生活用汽最大量不一定在同一时间出现，用汽高峰可能互相交错，计算锅炉额定容量时要根据全厂热负荷的具体情况进行精打细算，有时要比较不同用汽量调度下的最大、最小用汽量的方案，作出合理锅炉总容量及锅炉台数、每个锅炉容量的选择，避免锅炉及配套设施规模过大。

9.3.3.2　锅炉工作压力的确定

锅炉蒸汽可分为饱和蒸汽和过热蒸汽。饱和蒸汽的压力和温度有对应关系，而过热蒸汽则在同一压力下，由于过热度的不同，温度也不同。目前，我国绝大多数的生物工厂均采用饱和蒸汽，用汽压力最高的一般就是蒸煮工段，而且根据所用原料的不同，所需的最高压力也不同。锅炉工作压力的确定，应根据使用部门的最大工作压力和用汽量、管线压力降及受压容器的安全来确定。通常锅炉的工作压力比使用部门的最大工作压力高 0.29～0.49MPa 较为适合。因此，生物工厂一般使用低压锅炉，其蒸汽压力一般不超过 1.27MPa。实际生产时还应根据使用部门的用汽参数和要求，适当调整蒸汽的温度和压力，以确保用汽安全。

9.3.3.3　锅炉的选择

（1）锅炉型号说明　选择锅炉前首先要清楚锅炉的类型和基本性能。锅炉的型号可以具体反映出锅炉的类型和基本性能参数，因此有必要了解锅炉型号的含义。工业锅炉的型号由三个部分组成，如图 9-3 所示，每一部分由一些字母或数字组成，各部分之间用短横线隔开。

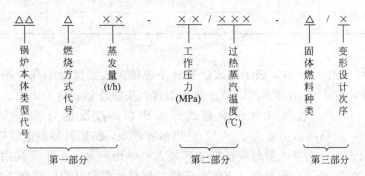

图 9-3　工业锅炉的型号组成及其含义

型号中第一部分分为三段：第一段以两个汉语拼音字母来代表锅炉本体类型；具体的锅炉本体类型及代号见表 9-2；第二段用一个字母来表示燃烧方式，具体燃烧方式及代号见

表 9-3；第三段用阿拉伯数字来表示蒸发量（t/h），或以阿拉伯数字来表示废热锅炉的受热面积（m²）。

表 9-2   锅炉本体类型及代码

锅炉本体类型	代号	锅炉本体类型	代号
立式水管	LS(立,水)	分联箱横汽包	FH(分,横)
立式横火管(考克兰)	LH(立,横)	双横汽包	HH(横,横)
卧式双火筒(兰开夏)	WS(卧,双)	双汽包纵置	SZ(双,纵)
卧式内燃	WN(卧,内)	双汽包横置	SH(双,横)
卧式外燃	WW(卧,外)	单汽包纵置	DZ(单,纵)
卧式快装	KZ(快,纵)	热水锅炉	RS(热,水)
强制循环	QZ(强制)	废热锅炉	FR(废,热)

表 9-3   燃烧方式及代号

燃烧方式	代号	燃烧方式	代号
固定炉排	G(固)	倒转炉排加抛煤机	D(倒)
活动手摇炉排	H(活)	煤粉	F(粉)
链条炉排	L(链)	煤气	Q(气)
抛煤机	P(抛)	燃油	Y(油)
振动炉排	Z(振)	沸腾燃烧	T(腾)

型号的第二部分表示蒸汽参数，斜线左边的数字表示额定工作压力（大气压），斜线右边的数字表示过热蒸汽温度（℃）。若为饱和蒸汽，则无斜线和斜线右边的数字。

型号的第三部分由字母和数字组成，斜线左边用汉语拼音字母（大写）来表示所采用的固体燃料种类及代号，如表 9-4 所示。斜线右边用阿拉伯数字表示变形设计次序。所加固体燃料为烟煤，或同时可用几种燃料时，型号的第三部分中字母及斜线可省略不写。

表 9-4   固体燃烧种类及代号

燃烧种类	代号	燃烧种类	代号
褐煤	H(褐)	无烟煤	W(无)
劣质烟煤	L(劣)	甘蔗渣	Z(渣)
贫煤	P(贫)		

举例如下：

① 锅炉型号 KZL4-13-W，表示卧式快装链条炉排，蒸发量为 4t/h，额定压力为 13 个大气压（1.3MPa 表压），饱和蒸汽，适于烧无烟煤，按原计划制造的锅炉。

② SHF6.5-13/350 表示双汽包横置式煤粉锅炉，蒸发量为 6.5t/h，额定压力为 1.3MPa（表压），过热蒸汽温度为 350℃，适用多种燃烧，按原计划制造的锅炉。

（2）锅炉的选择　选择锅炉时应根据全厂最大小时用汽量、全年蒸汽用量的变化情况，生产上要求提供的蒸汽压力和温度，当地能提供的燃料种类和品质，结合工厂生产用汽调度数及卫生管理等特点，选用热效率较高、基建投资较低、运行管理费用较少、适应性强、操作和维修方便的锅炉。生物工厂不宜采用煤粉炉和沸腾炉，建在城市的生物工厂一般要求使用燃油或燃气锅炉，以减轻对环境的污染。生物工厂通常采用水管式锅炉，其热效率高，省燃料。水管锅炉的造型及台数确定，须综合考虑以下因素：

① 锅炉类型的选择除满足蒸汽用量和压力要求外，还要考虑工厂所在地供应的燃料种类，即根据工厂所用燃料的特点来选择锅炉的类型。

② 同一锅炉房中，应尽量选择型号、容量、参数相同的锅炉。

③ 全部锅炉在额定蒸发量下运行时，应能满足全厂实际最大用汽量和热负荷的变化。

④ 新建锅炉房安装的锅炉台数应根据热负荷调度、锅炉的检修和扩建可能而定，采用机械加煤的锅炉，一般不超过 4 台，采用手工加煤的锅炉，一般不超过 3 台，对于连续生产的工厂，一般设置备用锅炉 1 台。

9.3.3.4 锅炉房位置的确定

近年来，为了解决大气污染的问题，减少锅炉燃煤对环境的影响，我国锅炉用燃料正在由烧煤逐步转向烧油。但目前仍有不少工厂的锅炉在烧煤，为此，这里以烧煤锅炉为基准介绍锅炉房的相关设计要求。烧煤锅炉烟囱排出的气体中，含有大量的灰尘和煤屑，这些尘屑排入大气以后，由于速度减慢而散落下来，会造成环境污染。同时，煤堆场也容易对环境带来污染。因此从工厂的角度考虑，锅炉房在厂区的位置应选在对生产车间影响最小的地方，具体要满足以下几个方面的要求：

① 应设在生产车间污染系数最小处的上侧或全年主导风向的下风向。

② 锅炉房要尽可能靠近用汽负荷中心。

③ 要有足够的煤和灰渣堆场。

④ 与相邻建筑物的间距应符合防火规程安全和卫生标准。

⑤ 锅炉房的朝向应考虑通风、采光、防晒等方面的要求。

9.3.3.5 烟囱及烟道除尘

锅炉烟囱的口径和高度首先应满足锅炉的通风要求，即烟囱的抽力应大于锅炉及烟道的总阻力。其次，烟囱的高度还应满足大气环境保护及卫生的要求。烟尘与 SO_2 在烟囱出口处的允许排放量与烟囱的高度相关，见表 9-5。

表 9-5　烟囱高度与烟尘及 SO_2 的允许排放量

烟囱高度/m		30	35	40	45	50
允许排放量/(kg/h)	烟尘	16	25	35	50	100
	SO_2	82	100	130	170	230

烟囱的材料以砖砌为多，它取材容易，造价较低，使用期限长，不需经常维修。但若高度超过 50m 或在震级 7 级以上的地震区，最好采用钢筋混凝土结构的烟囱。锅炉烟气中带有飞灰及部分未燃尽的燃料和二氧化硫，这不但给锅炉机组受热面及引风机造成磨损，而且还会增加大气环境污染。为此，在锅炉出口与引风机之间应装设烟囱气体除尘装置。一般情况下，可采用锅炉厂配套供应的除尘器。但要注意，当采用湿式除尘器时，应避免由于产生废水而导致公害转移的现象。

9.3.3.6 锅炉的给水处理

锅炉属于特殊的压力容器。水在锅炉中受热蒸发形成蒸汽，原水中的矿物质则留在锅炉中形成水垢。当水垢严重时，不仅影响锅炉的热效率，而且将严重影响锅炉的安全运行。因此，锅炉制造工厂一般都结合生产锅炉的特点，提出锅炉给水的水质要求，见表 9-6。

表 9-6　锅炉给水的水质要求

项目	锅炉类型	锅壳锅炉		自然循环水管炉及有冷水壁的火管炉			
	蒸汽压力/MPa	≤1.3		≤1.3		1.4~2.5	
	平均蒸发率/[kg/(m²·h)]	<30	>30				
	有无过滤器			无	有	无	有
给水	总硬度/mmol	<0.5	<0.35	0.1	<0.035	0.035	<0.035
	含氧量/(mg/L)			0.1	<0.05	0.05	<0.05
	含油量/(mg/L)	<5	<5	<5	<2	<2	<2
	pH	>7	>7	>7	>7	>7	>7

　　一般自来水均达不到上述要求，因此需要因地制宜地进行软化处理。处理的方法有多种，所选择的方法必须保证锅炉的安全运行，同时又保证蒸汽的品质符合食品卫生要求。水管炉一般采用炉外化学处理法，炉内水处理法（防垢剂法）在国内外也有采用。炉外化学处理法以离子交换软化法用得最广，并可以买到现成的设备（离子交换器）。离子交换器可使水中的钙、镁离子被置换，从而使水得到软化。对于不同的水质，可以分别采用不同形式的离子交换器。

9.3.4　供暖系统

9.3.4.1　供暖原则

　　① 设计集中供暖。生产厂房、工作地点的温度和辅助用室的室温应按现行的《工业企业设计卫生标准》执行。在非工作时间内，如生产厂房的室温必须保持在 0℃ 以上，一般按 5℃ 考虑值班供暖。当生产对室温有特殊要求时，应按生产要求确定。

　　② 设置集中供暖的车间。当生产对室温没有要求，且每名工人占用的建筑面积超过 100m² 时，不宜设置全面供暖系统，但应在固定工作地点和休息地点设局部供暖装置。

　　③ 设计全面供暖的建筑物时，围护结构的热阻应根据技术经济指标的比较结果确定，并应保证室内空气中水分在围护结构内表面不发生结露现象。

　　④ 供暖热媒的选择应根据厂区供热情况和生产要求等，经技术经济指标比较后确定，并应最大限度地利用废热。当厂区只有供暖用热时，一般采用高温热水为热媒；当厂区供热以工艺用蒸汽为主时，在不违反卫生、技术和节能要求的条件下，也可采用蒸汽作热媒。

　　⑤ 全年日平均温度稳定低于或等于 5℃ 的天数大于或等于 90 天的地区，宜采用集中供暖。

9.3.4.2　供暖系统

　　供暖系统可以分为局部供暖系统和集中供暖系统两类，局部供暖在生物工厂中很少使用，这里仅介绍生物工厂中常用的集中供暖系统形式（包括热水式、蒸汽式、热风式及混合式几种）。

　　(1) 热水式供暖系统　该系统包括低温热水供暖系统（水温<100℃）和高温热水供暖系统（水温>100℃）。热水供暖系统按循环动力的不同，又分为重力循环系统和机械循环系统；按供回水方式的不同又可分为单管和双管两种系统。

　　(2) 蒸汽式供暖系统　该系统包括低压蒸汽供暖系统（气压≤70kPa）和高压蒸汽供暖系统（气压>70kPa）。

　　(3) 热风式供暖系统　该系统是把空气经加热器加热到不高于 70℃，然后用热风道传送到需要的场所。这种供暖系统用于室内要求通风换气次数多或生产过程不允许采用热水式或蒸汽式供暖的情况。热风式供暖的优点是易于局部供热以及易于调节温度，在生物工厂中较为常用，一般都与室内通风系统相结合。

（4）混合式供暖系统　该系统在生产过程中要求在恒温恒湿的情况下使用。为达到恒温恒湿的要求，车间里一面送热风（往往也可能是冷风），一面在自动控制下喷出水汽控制空气湿度。

9.3.5　制冷系统

制冷系统是生物工厂的一个重要组成部分。生产过程中原辅料、成品的贮存保鲜，产品加工时的冷却降温、冷冻、速冻，以及车间的空气调节等均离不开制冷系统。制冷系统包含的内容繁多，较为复杂，应由专业的制冷设计人员负责完成设计。但是，工艺设计人员要按照生产工艺的要求，对制冷系统的设计提出工艺上的具体要求，并为制冷系统设计人员提供用冷场所、冷负荷、温度要求等具体参数和资料，以作为制冷系统设计的依据。

9.3.5.1　制冷系统简介

（1）制冷系统的类型　目前实现人工制冷的方法很多，按照不同的标准和特点，制冷系统有不同的分类。按照制冷剂的种类不同可分为氨制冷系统、氟利昂制冷系统等；按照装置形式的不同可分为蒸汽压缩式、吸收式、蒸汽喷射式、吸附式、热电式、膨胀式等制冷系统，其中蒸汽压缩式制冷系统又可分为活塞式、离心式、螺杆式、滑片式等；按照压缩比形式可分为单级压缩制冷系统、双级压缩制冷系统、多级压缩制冷系统和复叠式制冷系统等；按照冷却方式的不同可分为直接制冷系统、间接制冷系统等。

生物工厂生产过程中通常对制冷温度要求不是很低。例如，啤酒发酵的温度都在0℃以上，啤酒过冷却温度为−1℃，味精厂冷冻等电点法的发酵液降温要求也在0℃以上。因此，生物工厂多采用一般冷冻，温度范围多在−15℃以内，压缩机压缩比都小于8，多采用单级压缩式制冷系统。啤酒厂酵母间、酒花库、露天发酵罐操作室和滤酒间的室温调节，果酒贮酒间常采用直接蒸发式冷却。而啤酒厂麦芽车间空调系统冷却水的生产、酿酒车间露天发酵罐的冷却、啤酒过冷却、麦汁冷却、包装前冷却、柠檬酸厂结晶液降温等均采用间接制冷。

（2）生物工厂制冷系统举例　啤酒厂制冷系统主要包括三个部分，即冷风系统、乙醇溶液冷却系统、空调用冷水系统。冷风系统通常采用氨直接蒸发式制冷，由冷冻总调节站出来的氨液送到空调室内，经节流至氨液分离器后，向立式空气冷却器供冷，吸热后的低压氨气被压缩机吸回。乙醇溶液冷却系统由蒸发器冷却后的乙醇溶液通过泵分两路向糖化工段麦汁冷却器和露天发酵罐等冷却设备供冷，乙醇溶液吸热升温后，回流入蒸发器内再冷却，循环使用。空调用冷水系统是由总调节站出来的氨液送至麦芽车间水泵间蒸发器内，由蒸发器冷却后的冷水用泵送至空调室喷淋空气，吸热后的低压氨气，由压缩机吸回。啤酒厂冷冻站冷却系统详细内容见表9-7。

表 9-7　啤酒厂各系统冷却方式及冷却装备

设备名称	冷却方式	冷却设备名称
发酵罐	直接蒸发式,氨	蜂窝板夹套
发酵罐	间接式,乙醇-水,−8℃	半圆管
洗涤酵母无菌水罐	间接式,乙醇-水,−8℃	薄板换热器

续表

设备名称	冷却方式	冷却设备名称
酵母培养罐	间接式,乙醇-水,-8℃	冷却夹套
麦汁冷却器	间接式,乙醇-水,-8℃	薄板换热器
清酒罐	间接式,乙醇-水,-8℃	半圆管

9.3.5.2 制冷设备的选型

制冷设备包括压缩机、冷凝器、节流阀、蒸发器、制冷辅助设备及一些控制器件。在选择制冷设备时要经过相应的计算，再进行设备的选型。制冷设备的选型包括的内容很多，具体选型计算方法和选型原则可参考制冷技术相关书籍和手册，在此仅介绍一下活塞式制冷压缩机选型的一般原则。

① 压缩机的制冷量应能满足生产工艺旺季高峰负荷的要求。一般在选择压缩机时按一年中最热季节的冷却水温度确定冷凝温度，由冷凝温度和蒸发温度确定压缩机的运行工况。

② 尽可能采用相同系列的压缩机，以利于机械零件的互换和操作管理的方便。

③ 为不同蒸发温度系统配备的压缩机，应适当考虑机组之间有互相备用的可能性。

④ 新系列压缩机带有能量调节装置，可以对单机制冷量作较大幅度的调节。但只适宜于用作运行中负荷波动的调节，不宜用作季节性负荷变化的调节，季节性负荷或生产能力变化的负荷调节应另行配置制冷能力相适应的机器，才能取得较好的节能效果。

⑤ 在进行制冷系统压力比的选择和运用时，氨制冷系统的冷凝压力 P_k 与蒸发压力 P_0 的比值>8 或 $P_k - P_0 > 1.4$MPa 时宜选用双级压缩。

9.3.6 供气系统

车间通风的目的在于排除车间或房间内余热、余湿、有害气体或蒸汽、粉尘等，使车间内作业地带的空气保持适宜的温度、湿度和卫生要求，以保证劳动者的正常环境卫生条件。

(1) 自然通风　设计中指的是有组织的自然通风，即可以调节和管理的自然通风。自然通风的主要成因，就是由室内外温差所形成的热压和室外四周风速差所造成的风压。通过房屋的窗、天窗和通风孔，根据不同的风向、风力，调节窗的启闭方向来达到通风要求。

(2) 机械通风

① 局部通风　所谓通风，即在局部区域把不符合卫生标准的污浊空气排至室外，把新鲜空气或经过处理的空气送入室内。前者称为局部排风，后者称为局部送风。局部排风所需的风量小，排风效果好，故应优先考虑。

如车间内局部区域产生有害气体或粉尘，为防止气体及粉尘的散发，可用局部通风的办法（比如局部吸风罩），在不妨碍操作和检修的情况下，最好采用密封式吸（排）风罩。对需局部供暖（或降温）或必须考虑事故排风的场所，均应采用局部通风方式。在有可能突然产生大量有毒气体、易燃易爆气体的场所，应考虑必要的事故排风。

② 全面通风和事故排风　全面通风用于不能采用局部排风或采用局部排风后室内有害物浓度仍超过卫生标准的场合。采用全面通风时，要不断向室内供给新鲜空气，同时从室内排除污染空气，使空气中有害物浓度降低到允许浓度以下。

对在生产中发生事故时有可能突然散发大量有毒有害或易燃易爆气体的车间，应设置事故排风。事故排风所必需的换气量应由事故排风系统和经常使用的排风系统共同保证。发生事故时，排风所排出的有毒有害物质通常来不及进行净化或其他处理，应将它们排到 10m

以上的大气中，排气口也须设在相应的高度上。事故排风须设在可能发散有害物质的地点，排风的开关应同时设在室内和室外便于开启的地点。

9.3.7　消防系统

9.3.7.1　消防工作的基本方针

① 各单位消防工作应指定专门领导负责，制订符合本单位实际情况的防火工作计划。组建基本消防队伍，绘制消防器材平面布置图。

② 消防器材管理要由保卫部门或指定专人负责，并进行登记造册，建立台账。

③ 明确防火责任区，将防火工作切实落实到车间、班组，做到防火安全人人有责，处处有人管。

④ 建立定期检查制度，杜绝火灾、爆炸事故的发生，若发现隐患，应及时整改，并在安全台账上作记录。

9.3.7.2　消防安全标志的设置

（1）设置原则

① 相对封闭的车间，须在楼层之间、楼道之间设置"紧急出口"标志。在远离紧急出口的地方，应将"紧急出口"标志与"疏散通道方向"标志联合设置，箭头必须指向通往紧急出口的方向。

② 紧急出口或疏散通道中的单向门必须在门上设置"推开"标志，在其反面应设置"拉开"标志。

③ 紧急出口或疏散通道中的门上应设置"禁止锁闭"标志。

④ 疏散通道或消防车道的醒目处应设置"禁止阻塞"标志。

⑤ 需要击碎玻璃板才能疏散的出口地方必须设置"击碎板面"标志，并配备消防斧或锤。如洁净区的玻璃安全门。

⑥ 建筑中的隐蔽式消防设备存放地点应相应地设置"灭火设备""灭火器""消防水带"等标志。室外消防梯和自行保管的消防梯存放点应设置"消防梯"标志。远离消防设备存放地点的地方应将灭火设备标志与方向辅助标志联合设置。

⑦ 在下列区域应相应地设置"禁止烟火""禁止吸烟""禁止放易燃物""禁止带火种""禁止燃放鞭炮""当心火灾-易燃物""当心火灾-氧化物""当心爆炸-爆炸性物质"等标志：a. 具有甲、乙、丙类火灾危险的生产厂区、厂房、仓库等的入口处或防火区内；b. 具有甲、乙、丙类液体储罐、堆场等的防火区内；c. 可燃、助燃气体储罐或罐区与建筑物、堆场的防火区内；d. 民用建筑中燃油、燃气锅炉房，油浸变压器室，存放、使用化学易燃、易爆物品的商店、作坊、储藏间内及其附近；e. 甲、乙、丙类液体及其他化学危险物品的运输工具上。

⑧ 存放遇水爆炸的物质或用水灭火会对周围环境产生危险的地方应设置"禁止用水灭火"标志。

（2）设置要求

① 消防安全标志应设在与消防安全有关的醒目位置，且标志的正面或其邻近不得有妨碍公共视读的障碍物。

② 除必需外，标志一般不应设置在门、窗、架等可移动的物体上，也不应设置在经常被其他物体遮挡的地方。

③ 设置消防安全标志时，应避免出现标志内容相互矛盾、重复的现象。尽量用最少的

标志把必需的信息表达清楚。

④ 方向辅助标志应设置在公众选择方向的通道处，并按通向目标的最短路线设置。

⑤ 设置的消防安全标志，应使大多数观察者的观察角度接近 90°。

⑥ 消防安全标志的尺寸由最大观察距离 D 确定。测出所需的最大观察距离以后，根据 GB 13495.1—2015 附录 A 来确定所需标志的大小。

⑦ 标志的偏移距离 X 应尽量缩小。对于最大观察距离为 D 的观察者，偏移角一般不宜大于 5°，最大不应大于 15°。如果受条件限制，无法满足该要求，应适当加大标志的尺寸，以满足醒目度的要求。

⑧ 在所有有关照明下，标志的颜色应保持不变。

⑨ 疏散标志的设置要求有：

a. 疏散通道中，"紧急出口"标志宜设置在通道两侧及拐弯处的墙面上，标志牌的上边缘距地面不应大于 1m；也可以把标志直接设置在地面上，上面加盖不燃透明牢固的保护板。标志的间距不应大于 20m，袋形走道的尽头离标志的距离不应大于 10m。

b. 疏散通道出口处，"紧急出口"标志应设置在门框边缘或门的上部。标志牌的上边缘距天花板高度不应小于 0.5m。

c. 附着在室内墙面等地方的其他标志牌，其中心点距地面高度应为 1.3～1.5m。

d. 在室内及其出入口处，消防安全标志应设置在明亮的地方。

⑩ 消防安全标志牌应设置在室外明亮的环境中。日常情况下使用的各种标志牌的表面最低平均照度不应小于 5lx，照度均匀度不应小于 0.7。夜间或较暗环境下使用的消防安全标志牌应采用灯光照明，以满足其最低平均照度要求，也可采取自发光材料制作。

9.4 劳动安全管理与环境保护

9.4.1 劳动安全管理

近几十年来，生物产业持续高速发展，我们必须充分认识安全对于生物工厂生产的重要性，牢固树立"安全第一、预防为主、综合治理"和"三同时"的指导思想。在设计过程中认真分析可能遇到的各种职业危险、危害因素，并根据国家和行业的标准规范来采取各种有效的劳动安全卫生防范措施，从设计上保障职工的安全和健康，防止和控制各类事故的发生，确保装置能安全生产，确保工程项目在劳动安全卫生等方面符合国家有关标准规范的要求。同时要用系统安全工程的科学方法，在初步设计、基础工程设计和详细工程设计阶段对工艺流程、总图、布置、设备选型、材料选择进行系统安全分析，对发现的不安全因素要采取措施，力争消灭在施工投产之前。

从生物工厂生产的角度来看，工业安全主要有两个方面：一是以防火防爆为主的安全措施；二是防止污染扩散形成的暴露源对人身造成的健康危害。因此，安全工程人员除了要通晓专业知识外，还要了解燃烧和爆炸方面的知识，具备生物化学和毒理学方面的知识，更要具备掌握系统安全分析的技能，熟悉各种安全标准规范。

9.4.1.1 防火防爆的基本概念

(1) 燃点 某一物质与火源接触而能着火，火源移去后，仍能继续燃烧的最低温度，称为它的燃点或着火点。

(2) 自燃点 某一物质不需火源即自行着火，并能继续燃烧的最低温度，称为它的自燃点或自行着火点。同一种物质的自燃点随条件的变化而不同。压力对自燃点有很大影响,压力越高,自燃点越低。自燃点是氧化反应速度的函数,而系统压力是影响氧化速度的因素之一。可燃气体与空气混合物的自燃点,随其组成改变而不同。混合物组成符合等当量反应计算量时,自燃点最低;空气中氧的浓度提高,自燃点亦降低。

(3) 闪点 液体挥发出的蒸气与空气形成混合物,遇火源能够闪燃的最低温度,称为该液体的闪点。液体达到闪点时,仅仅是指它所挥发出的蒸气足以燃烧,并不是液体本身能燃烧,故火源移去后,燃烧便停止。两种可燃液体混合物的闪点,一般介于原来两种液体的闪点之间,但常常并不等于由这两种组分的分子数之比而求得的平均值,通常要比平均值低1~11℃。

(4) 爆炸 物系自一种状态迅速地转变成另一种状态,并在瞬间以机械功的形式释放出大量能量的现象,称为爆炸。爆炸亦可视为气体或蒸气在瞬间剧烈膨胀的现象。

(5) 爆炸极限 可燃气体或蒸气在空气中刚足以使火焰蔓延的最低浓度,称为该气体或蒸气的爆炸下限;刚足以使火焰蔓延的最高浓度,称为爆炸上限。在下限以下及上限以上的浓度时,不会着火。爆炸极限一般用可燃气体或蒸气在混合物中的体积分数或浓度(每立方米混合气体中含若干克)表示。每种物质的爆炸极限并不是固定的,而是随一系列条件变化而变化。混合物的初始温度愈高,则爆炸极限的范围愈大,即下限愈低,而上限愈高。当混合物压力在 0.1MPa 以上时,爆炸极限范围随压力的增加而扩大(一氧化碳除外);当压力在 0.1MPa 以下时,随着初始压力的减小,爆炸极限的范围也缩小,当压力降到某一数值时,下限与上限结成一点,压力再降低,混合物即变成不可爆炸。这一最低压力,称为爆炸的临界压力。

9.4.1.2 防火防爆技术

(1) 发生火灾与爆炸的主要原因 任何种类的燃烧,凡超出有效范围者,都称为火灾。火灾与爆炸发生的原因很复杂,一般可归纳为以下几点:

① 外界原因 如明火、电火花、静电放电、雷击等。

② 物质的化学性质 如可燃物质的自燃,危险物品的相互作用等。

③ 生产过程和设备在设计或管理中的原因 如设计错误,不符合防火或防爆要求;设备缺少适当的安全防护装置,密闭性不良;操作时违反安全技术规程;生产用设备以及通风、供暖、照明设备等失修与使用不当等。

④ 其他原因。

(2) 火灾危险性的分类 火灾的危险性是按照在生产过程中使用或产生的物质的危险性进行分类的,可分为甲、乙、丙、丁、戊五类,以便在生产工艺、安全操作、建筑防火等方面区别对待,采取必要的措施,使火灾、爆炸的危险性降到最小限度。一旦发生火灾爆炸,应将火灾影响限制在最小范围内。对于可燃气体可采用爆炸下限分类:爆炸下限<10% 为甲类;爆炸下限≥10% 为乙类。受到水、空气、热、氧化剂等作用时能产生可燃气体的物质,按可燃气体的爆炸下限分类。对于可燃液体采用闪点分类:闪点<28℃ 为甲类;≥28℃ 且<60℃ 为乙类;≥60℃ 为丙类。有些固体如樟脑、萘、磷等能缓慢地挥发出可燃蒸气,有的物质受到水、空气、热、氧化剂等作用能产生可燃蒸气,也按其闪点来分类。对于可燃粉尘、纤维一类的物质,凡是在生产过程中排出浮游状态的可燃粉尘、纤维物质,并能够与空气形成爆炸混合物的,全部列为乙类。甲、乙类生产厂房,属于有爆炸危险的建筑,建筑设计应采用防爆措施。生产上火灾危险性的分类见表 9-8。

表 9-8　生产上火灾危险性的分类

生产类别	火灾危险性的特征
甲	使用或生产下列物质： ①闪点<28℃的易燃液体 ②爆炸下限<10%的可燃气体 ③常温下能自行分解或在空气中氧化即能导致迅速自燃或爆炸的物质 ④常温下受到水或空气中水蒸气的作用，能产生可燃气体并引起燃烧或爆炸的物质 ⑤遇酸、受热、撞击、摩擦以及遇有机物或硫黄等易燃的无机物，极易引起燃烧或爆炸的强氧化剂 ⑥受撞击、摩擦或与氧化剂、有机物接触时能引起燃烧或爆炸的物质 ⑦在压力容器内本身温度超过自燃点的物质
乙	使用或产生下列物质： ①闪点≥28℃且<60℃的易燃、可燃液体 ②爆炸下限≥10%的可燃气体 ③助燃气体和不属于甲类的氧化物 ④不属于甲类的化学易燃危险固体 ⑤生产中排出浮游状态的可燃纤维或粉尘，并能与空气形成爆炸性混合物者
丙	使用或产生下列物质： ①闪点≥60℃的可燃液体 ②可燃固体
丁	具有下列情况的生产： ①对非燃烧物质进行加工，并在高热或熔化状态下经常产生辐射热、火花或火焰的生产 ②利用气体、液体、固体作为燃料或将气体、液体进行燃烧作其他用的各种生产 ③常温下使用或非加工难燃烧物质的生产
戊	常温下使用或加工非燃烧物质的生产

注：在生产过程中，当使用或产生易燃、可燃物质的量较少，不足以构成爆炸或火灾危险时，可按实际情况确定其火灾危险性的类别。

（3）厂房的耐火等级　耐火等级的高低是按建筑物耐火程度来划分的。为了限制火灾蔓延和减小爆炸损失，生产厂房必须具备一定的建筑耐火等级。根据我国《建筑设计防火规范》，建筑物耐火等级分为四级，它是根据建筑构件的燃烧性能和最低耐火极限来决定的。具体划分时以楼板为基准，如钢筋混凝土楼板的耐火极限可达 1.5h，即以一级为 1.5h（二级为 1.0h，三级为 0.5h，四级为 0.25h），然后再配备楼板以外的构件，并按构件在安全上的重要性分级选定耐火极限，如：梁比楼板重，要选 2.0h；柱比梁更重，要选 2～3h；防火墙则需 4h。一级耐火等级建筑，用钢筋混凝土结构楼板、屋顶、砌体墙组成；二级耐火等级建筑和一级基本相似，但所用材料的耐火极限可以较低；三级耐火等级建筑，用木结构屋顶、钢筋混凝土楼板和砖墙组成的砖木结构；四级耐火等级建筑，用木屋顶、难燃烧体楼板和墙组成的可燃结构。

厂房的耐火等级、层数和面积应与生产上火灾危险性的类别相适应（见表 9-9）。甲、乙类生产应采用一、二级耐火等级；丙类生产应不低于三级；丁、戊类生产可任选一级，若采用一、二级耐火等级，因防火条件较好，层数可不限，但从便于疏散人员、扑救火灾的角度出发，对甲、乙类生产除工艺上必须采用多层外，最好采用单层厂房；切不能将甲、乙类生产设在地下室或半地下室内。丙类生产火灾危险性仍较大，采用三级耐火等级时，按照疏散和灭火的需要，不要超过两层。丁、戊类生产在采用三级耐火等级时，可以多层但不能超过三层。从减少火灾损失的角度出发，对各类生产的各级耐火等级厂房，防火墙间的占地面积也有不同的限制。

表 9-9　厂房的耐火等级、层数和面积

| 生产类别 | 耐火等级 | 最多允许层数 | 防火墙间最大允许占地面积/m² | | 生产类别 | 耐火等级 | 最多允许层数 | 防火墙间最大允许占地面积/m² | |
			单层厂房	多层厂房				单层厂房	多层厂房
甲	一级	不限	4000	3000	丁	一、二级	不限	不限	不限
	二级	不限	3000	2000		三级	3	4000	2000
乙	一级	不限	5000	4000		四级	1	1000	—
	二级	不限	4000	3000	戊	一、二级	不限	不限	不限
丙	一级	不限	不限	6000		三级	3	5000	3000
	二级	不限	7000	4000		四级	1	1500	—
	三级	2	3000	2000					

注：厂房内如有自动灭火设备，防火墙间最大允许占地面积可按本表增加 50%；对虽无多大火灾危险，但有特殊贵重机器、仪器、仪表的厂房，仍用一级耐火等级。

（4）厂房的防爆　在厂房的防爆设计中，主要考虑的措施是：用框架防爆结构；设置泄压面积；合理布置；设置安全出口；厂房的安全疏散距离（即厂房安全出口至最远工作地点的允许距离），见表 9-10。

表 9-10　厂房的安全疏散距离

生产类别	耐火等级	单层厂房/m	多层厂房/m
甲	一、二级	30	25
乙	一、二级	75	50
丙	一、二级	75	50
	三级	60	40
丁	一、二级	不限	不限
	三级	60	50
	四级	50	—
戊	一、二级	不限	不限
	三级	100	75
	四级	60	—

注：厂房安全出口一般不应少于两个，门、窗向外开。

（5）杜绝火源

① 杜绝电气设备产生的火源，如电线、电气动力设备、电气照明设备、变压器和配电盘。

② 杜绝静电产生的火源。

③ 杜绝摩擦撞击产生的火源。

④ 杜绝雷电产生的火源。

生产建设须将安全措施置于首位，生物工厂的车间大多属于丙类生产岗位，但也有少数产品使用有机溶剂，分别属甲、乙类生产岗位。因此，建筑设计应按防爆、防火分区考虑，机械动力设备、电器开关按钮、照明灯具等必须符合防爆要求，并有防静电接地措施。在平面布局上，其位置应在车间外人流不集中处，结构上应考虑泄压、防爆、防火要求、材料，用于泄压的墙体，屋顶应具备保温、轻质、脆性、耐火和不燃烧、无毒等特性。泄压面积要认真计算，泄压面积与防爆区空间体积的比值（m^2/m^3）宜采用 0.05～0.22 范围内的数值。设计防爆墙时，所选用材料除应具有较高强度外，还应具有不燃烧的性能。防火墙上不应设置通气孔道，不宜开设门、窗、洞口，必须开设时应采用防爆门窗。

9.4.2 环境保护

生物产业在实现迅猛发展的同时，所排放的废水、废气、废渣也极大地污染了环境，而且消耗了大量的能源和水资源，这也制约了生物产业自身的发展。因此，选择适当的废气、废水、废渣的处理方法，达到节水节能的目的就成了当务之急。目前，由于受企业规模、治理技术、资金投入等因素的限制，生物产业中约有 20％的规模较大企业进行了污染治理，多数企业没有采取彻底有效的污染治理措施。今后生物产业的环境治理任务相当艰巨，需通过提高原料的综合利用水平，加大行业结构调整力度，进一步集约化经营，消化吸收国际先进的技术装备，推广成熟的适用技术，提高企业生产综合利用水平，进而减少和防治环境污染。

9.4.2.1 "三废"处理与利用

（1）废气处理与利用

① 废气来源 工业废气是指生产过程中向大气排放的有毒、有害气体和粉尘。在生物工厂生产中，会有大量的废气产生，如锅炉、焙焦炉燃料燃烧所产生的烟尘、一氧化碳、原料粉碎、筛分过程中产生的粉尘，生产过程中产生的甲醇、挥发酸、醛、二氧化碳、二氧化硫、硫化氢、二氧化氮等。这些废气的产生严重恶化了生产条件，甚至对生产操作人员的身心健康造成了伤害，对环境造成了污染。因此，有效治理废气污染，清洁生产环境，对保证生产正常、安全、可靠运行，对企业发展、环境保护都具有重要意义。为了保护环境质量，避免大气污染，工业废气的排放应遵守《工业企业设计卫生标准》（GBZ 1—2010）、《环境空气质量标准》（GB 3095—2012）中的有关规定。

② 废气的处理与利用 工业废气处理指的是专门针对工业场所如工厂、车间产生的废气在对外排放前进行预处理，以达到国家废气对外排放标准的工作。对于排入大气的污染物，应控制其排放浓度及排放总量，使其不超过所在地区的污染物允许浓度和环境容量。下面主要介绍几种废气治理的新技术：

a. 液体吸收技术 液体吸收技术是以液体为吸收剂，通过洗涤吸收装置利用液体吸收剂与有机废气的相似相溶性原理使废气中的有害成分被液体吸收，从而达到净化废气的目的。此技术一般处理 500～5000mg/L 的有机废气，其去除率可达到 90％～98％。

b. 吸附处理技术 该法处理有机废气效率的关键取决于吸附剂，其中已经广泛商业化的吸附剂主要有粒状活性炭和活性炭纤维两种。此技术主要用于低浓度、高通量可挥发性有机物的处理，如吸附-热再生-催化燃烧净化工艺、吸附-水蒸气再生-溶剂回收净化工艺等。

c. 膜分离技术 膜分离法的基本原理是基于气体中各组分透过膜的速度不同，每种组分透过膜的速度与该气体的性质、膜的特性与膜两边的气体分压等有关。膜分离法净化有机废气是根据有机蒸气和空气透过膜的能力不同，而将二者分开的。该法最适合处理有机物浓度较高的废气，回收效率可达到 97％以上。

d. 热氧化技术 热氧化技术也称热力焚烧，是采用燃料（油或气）助燃的方式于 600℃以上将废气中的有机物烧掉。该方法适合高浓度并稳定排放的有机废气治理。

e. 催化氧化技术 催化氧化技术是废气中的碳氢化合物在较低的温度下（250～300℃），通过催化剂的作用被氧化分解成无害气体并释放热量。与直接燃烧法相比，该法需要更少的保留时间和更低的温度。

f. 生物处理技术　生物处理技术的核心是生物反应器。处理过程一般可分为以下三步：污染物由气相到液相的传质过程；通过扩散和对流，污染物从液膜表面扩散到生物膜中；微生物将污染物转化为生物量、新陈代谢副产物或二氧化碳和水。

g. 光催化降解技术　该法的工作原理是用特定波长的光照射纳米 TiO_2 半导体材料，可以激发出"电子-空穴"对（一种高能粒子），这种"电子-空穴"和周围的水、氧气发生反应后，就产生了具有极强氧化能力的自由基活性物质，可将气体中的甲醛、苯、氨气、硫化氢等有害污染物氧化、分解成 CO_2、H_2O 等无毒无味的物质。

h. 等离子体分解技术　该法的基本原理是将低温等离子体作用于有机废气，生成许多自由基，这些自由基与有机废气中的分子相互吸引，通过化学碰撞，自由基吸附到分子上，这时有机废气的分子将变得很不稳定，最终它将分解成无毒的分子。

i. 微波催化氧化技术　该技术是将传统的解吸方式转变为微波解吸，微波能的应用大大降低了能量的消耗。解吸原理都可以用"容器加热理论"和"体积加热理论"来进行解释。

（2）废水处理与利用

① 废水来源　工业废水是指工业生产过程中产生的废水和废液，其中含有随水流失的工业生产用料、中间产物、副产品及生产过程中产生的污染物。生物产业是以粮食和农副产品为主要原料的行业，主要包括乙醇、味精、淀粉、白酒、柠檬酸、葡萄糖、生物制药等行业，在生产过程中所排放的废水主要包括三类：一是分离与提取产品后的废母液与废糟液，占废水排放量的 90%，属高浓度有机废液，其中含有丰富的蛋白质、氨基酸、维生素、糖类及多种微量元素，具有高浓度、高悬浮物、高黏度、疏水性差、难降解等特性，使得该类废水处理难度很大；二是加工和生产过程中各种冲洗水、洗涤剂，其为中浓度有机水；三是冷却水。

② 废水的处理与利用（以啤酒厂废水为例）　目前，国内外普遍采用生化法处理啤酒厂废水，根据处理过程中是否需要曝气，可把生物处理法分为好氧生物处理和厌氧生物处理两大类。

a. 好氧生物处理　好氧生物处理是在氧气充足的条件下，利用好氧微生物的生命活动氧化啤酒厂废水中的有机物，其产物是二氧化碳、水及能量（释放于水中）。这类方法没有考虑到废水中有机物的利用问题，因此处理成本较高。活性污泥法、生物膜法、深井曝气法是较有代表性的好氧生物处理方法。

活性污泥法是中、低浓度有机废水处理中使用最多、运行最可靠的方法，具有投资省、处理效果好等优点。该处理工艺的主要部分是曝气池和沉淀池。废水进入曝气池后，与活性污泥（含大量的好氧微生物）混合，在人工充氧的条件下，活性污泥吸附并氧化分解废水中的有机物，而污泥和水的分离则由沉淀池来完成（图9-4）。

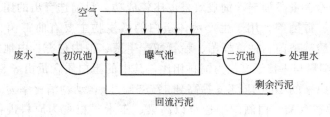

图 9-4　活性污泥法处理废水

生物膜法与活性污泥法不同，生物膜法是在处理池内加入软性填料，利用固着生长于填料表面的微生物对废水进行处理，不会出现污泥膨胀的问题。生物接触氧化池和生物转盘是这类方法的代表，在啤酒厂废水治理中均被采用，主要是降低啤酒厂废水中的 BOD_5。这种方法可以得到很高的生物固体浓度和较高的有机负荷，因此处理效率高，占地面积也小于活性污泥法。

深井曝气法实际上是以地下深井作为曝气池的活性污泥法，曝气池由下降管及上升管组成。将废水和污泥引入下降管，在井内循环，空气注入下降管或同时注入两管中，混合液则由上升管排至固液分离装置，即废水循环是靠上升管和下降管的静水压力差进行的（图 9-5）。其优点是：占地面积少，效能高，对氧的利用率大，无恶臭产生等。其缺点是：施工难度大，造价高，防渗漏技术不过关等。

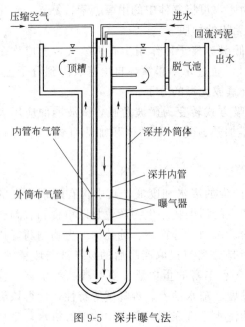

图 9-5 深井曝气法

b. 厌氧生物处理 厌氧生物处理适用于高浓度有机废水（$COD_{Cr} > 2000mg/L$，$BOD_5 > 1000mg/L$）。它是在无氧条件下，靠厌气细菌的作用分解有机物。在这一过程中，参加生物降解的有机基质有 50%～90% 转化为沼气（甲烷），而发酵后的剩余物又可作为优质肥料和饲料。

（3）废渣的处理和综合利用 工业废渣是指在工业生产中所排放出的有毒、易燃、有腐蚀性、传染疾病、有化学反应性的及其他有害的固体废物。工业废渣的主要去向有三：一是在工厂附近堆放造成环境污染；二是用于制煤渣、建筑材料；三是与垃圾一道运出市区。随着现代工业的迅猛发展，废渣的排放量也与日俱增，废渣不仅占用大量土地，投入大量的运行和维护费用，更重要的是还会对环境造成极大的危害。但又随着科学技术的发展，人们逐渐认识到废渣不是完全不可以利用的，是可以通过各种加工处理方法将废渣变为有用的物质或能量。

在酿酒过程中，酒糟是主要副产物（占副产物的 80% 以上），其蛋白质的质量分数为 23%～27%（干重计），是一种非常好的蛋白质资源。啤酒糟中不但含有丰富的蛋白质和 18 种氨基酸，还含有丰富的磷、钾等无机元素及戊糖、总糖和脂肪等成分。目前，对酒糟的处理和利用方法有以下几种：

① 混合发酵酒糟生产蛋白饲料 以啤酒糟为基本原材料进行混合菌种发酵，可得到菌体蛋白饲料。这样不仅可以变废为宝、减少污染，而且还可将原本作为粗饲料添加的啤酒糟变为精料，即高营养含量添加剂，饲喂效果也比较成功。目前选育出的用于啤酒糟的菌种包括酵母菌、放线菌、霉菌等，用于生产菌体蛋白的微生物主要有曲霉菌、根霉菌、假丝酵母、乳酸杆菌、乳酸链球菌、枯草杆菌、赖氨酸产生菌、拟内孢霉、白地霉等。啤酒糟经过微生物发酵后作为饲料与直接干燥作为饲料相比，其中的蛋白质含量由 8.8% 提高到 19.5%～25.8%，能量值从原来的 10504kJ/kg 提高到 17786kJ/kg，动物消化率为 55%～66%。

② 利用酒糟酿造食醋 白酒的酿造是以高粱、玉米等粮食为原料进行发酵的，因此白酒酒糟中残存的淀粉量、蛋白质量等都很高，而这些成分恰好是酿造食醋所需的重要成分。

在酿酒过程中的菌体经过蒸馏被杀死后，将作为新菌体生化反应的氮源，继而被醋酸菌利用，并产生食醋中不可缺少的氨基酸态氮，这为提高食醋的风味起了重要作用。

③ 酒糟发酵生产燃料 目前对于酒糟生产燃料的研究主要集中在酒糟发酵产沼气和燃料乙醇。例如利用厌氧发酵的方法，在 $50\sim55℃$ 的高温下，对酒糟进行发酵，发酵时间为 $10\sim12d$，每立方米酒糟可以产沼气 $20\sim23m^3$，悬浮物去除率 85% 以上，BOD 去除率 70% 左右，这样每日可产沼气 $1000m^3$，可为 $4000\sim5000$ 户居民提供优质气体燃料，每年可节约燃煤 $4000\sim5000t$，这不仅治理了环境污染，还增加了城市能源。另外，有科学家以酒糟生物质为原料生产燃料乙醇，发现酒糟生物质的燃料乙醇产率可达 4.03% 以上。

④ 酒糟作为微生物的培养基 随着食用菌生产规模的发展和栽培原料价格的不断上涨，食用菌生产成本提高，而利用酒糟进行食用菌的培养，既可以提高酒糟的利用价值，又可以降低食用菌的生产成本，并可进行大规模的生产。酒糟的营养成分适合平菇、鸡腿菇、金针菇等菌丝的生长。

⑤ 酒糟生产酶制剂 以选择获得的高产蛋白菌株和里氏木霉为菌种、啤酒糟为主要原料，通过添加适当辅料制成培养基，采用三级培养固体浅层发酵生产的酶制剂，经固态发酵后基质中的蛋白质含量达 41.8%（干物质基础）、纤维素酶活性 $12483U/g$。

9.4.2.2 噪声防治

工业噪声是指工厂在生产过程中由于机械振动、摩擦撞击及气流扰动等产生的噪声，在生物工厂中噪声的防治主要有以下几种方法：

(1) 设备降噪

① 在设计过程中，泵房的选址非常重要，尽量不将设备用房安置在楼宇内，如果避免不了，应尽量安置在地下 2 层或地下 3 层。

② 设备用房墙面用隔声材料和隔声结构隔离或阻挡声能的传播，把噪声源引起的吵闹环境限制在局部范围内，隔离出一个安静的场所，使声波在传播过程中，一部分声能被反射，一部分声能则透过结构物向外传播。

③ 设备选型应选用振动小、噪声低的水泵，如选用屏蔽泵。

④ 设备规格避免大马拉小车，即流量大、扬程高，满足设计要求即可。

⑤ 风机选用消声风机，从振源治理。

⑥ 设备出口及入口加装耐高温双球体橡胶软接头、帆布接头，降低设备振动沿管路的传播。

⑦ 设备基础与设备间放置专用隔振器，且隔振器的选用应经计算确定，在水泵隔振设计时，应选用标准产品或定型产品，当不能满足设计要求时，可另行设计，以减少振动通过基础、沿墙体、楼板传播，向四周辐射固体传声。

⑧ 管道支吊架用专用弹性支吊架，支吊架具有固定架设管道及隔振的双重功能，支架隔振元件应根据管道的直径、重量、数量、隔振要求和楼板或地面的距离，可选用弹性支架、弹性托架或弹性吊架。穿越墙体处作隔振处理，以减小或降低结构噪声。

(2) 阀门降噪 具有节流或限压作用的阀门，是液体传输管道中最大的噪声源。当管道内流体面足够高时，若阀门部分关闭，则在阀门入口处会形成大面积的扼流，在扼流区域液体流速提高而内部静压降低，当流速大于或等于介质的临界速度时，静压低于或等于介质的蒸发压力，则会在流体中形成气泡。气泡随流体流动，在阀门扼流区下游流速降低，静压升高，气泡相继被挤破，引起流体中无规则的压力波动，这种特殊的湍化现象称为空化，由此而产生的噪声被称为空化噪声。在流量大、压力高的管路中，几乎所有的节流阀门均能产生空化噪声，空化噪声顺流而下可沿管道传播很远。这种无规则噪声频谱呈宽带，它能激发阀门或管道中可动部件的固有振动，并通过这些部件作用于其他相邻部件传至管道表面，由此产生的噪声类似金属相撞产生的有调声音。

（3）管路降噪　水系统的泵体噪声和阀门噪声主要沿管体传播并通过管壁辐射出去。管道越长越粗，这种辐射也越强。液体流经管道时，由于湍流和摩擦激发的压强扰动也会产生噪声。决定流体流动状态的重要参量是雷诺数（Re）。当 $Re < 1200$ 时，流体呈层流状态；当 $Re > 2400$ 时，流体呈湍流状态。实际上，绝大多数管路中的液体流均处于 $Re > 2400$ 的湍流状态。这种含有大量不规则的微小旋涡的湍流，可以说是自身就处于"吵"的状态。当湍流液体流经管道中具有不规则形状或不光滑的表面时，尤其流经节流或降压阀门、截面突变的管道或急骤拐弯的弯头时，湍流与这些阻碍流体通过的部分相互作用会产生涡流噪声。

（4）车间降噪　为了降低工人接触噪声的作业危害等级，并使其尽可能达到国家职业卫生要求（8h 等效声级），企业应根据该生产区内的设备布置及工人的工作状况，采取隔声措施，隔声罩采用单腔式隔声层结构，结构剖面为：内部表面吸声层＋吸声材料保护层＋吸声材料＋外面板，总厚度为 150mm；隔声罩内面板采用 10mm 穿镀锌孔板，孔径 6mm，穿孔率 25%。穿孔板与无碱玻璃布采取直接粘连，保证内表面平整、透气性好，使噪声能充分接触吸声材料而提高吸声效果。吸声材料采用平均吸声系数为 0.9、容重为 60kg/m³ 的离心纤维棉吸声板。隔声罩采用全模块拼装结构。模块与管道连接处采用隔声棉与阻尼材料进行密封，以保证良好的隔声效果。为防止振动对隔声罩的影响，在隔声罩模块下部安装密封减振垫。为方便现场人员进出和对设备的维护，隔声罩上合理配置门。隔声门在门缝采取企口密封。隔声罩制作：空压机隔声罩 1 套，长×宽×高为 17800mm×9000mm×4900mm，厚 120mm；增压机隔声罩 1 套，长×宽×高为 15000mm×7000mm×3900mm，厚 120mm；氮压机隔声罩 2 套，长×宽×高为 12000mm×7000mm×4900mm，厚 120mm。

9.4.2.3　绿化与美化

绿化与美化是防治环境污染必不可少的、最经济有效的重要措施，它对改善城市和厂区的环境有着极其重要的作用。

（1）工厂绿化与美化时应遵循的原则

① 在规划设计前要对工厂的自然条件（如厂区的气候、地理纬度、温度、风向等）、生产性质、规模、污染状况等进行充分的调查。

② 工厂的绿化规划是总体规划的有机组成部分，要在工厂建设总规划的同时进行绿化规划。要本着统一安排、统一布局的原则进行，规划时既要有长远考虑，又要有近期安排，要与全厂的分期建设协调一致。

③ 绿地规划设计要与建筑主体相协调。

④ 当厂区平面绿化达到预期效果时，还要注意如下几个方面：

a. 要特别充分掌握所栽的树木，以免影响景观的长期效应，在架空线下不种植物或种植一些低矮灌木和草本植物。

b. 在合理的搭配下，树影会使景观更添新姿；但在处理不当的情况下，则会影响到厂区的通风透光。

c. 地下主要考虑到地下管线的问题，诸如排水管、给水管、电力管、热力管、电信管等。进行绿化设计时，不要影响管线正常而简捷的铺设。

（2）工厂分区绿化设计

① 厂前区的绿化规划　厂前区代表着工厂的形象，体现着工厂的面貌，也是工厂文明生产的象征。厂前区的规划主要可分为三个部位：工厂大门、门前广场和围墙。工厂大门周围的绿化要与大门的建筑相协调，并有利于车辆及行人出入。门前广场的绿化应与道路绿化相协调，可种植高大乔木，引导人流通往厂区，门前广场中间可布置花坛或花台，但要注意高度，不能遮挡车辆和行人的视线。围墙绿化设计要充分体现防火、防风、抗污染和减弱噪声的功能，并与周围的景观协调一致。此外，为使冬季仍不失良好的绿化效果，厂前区绿化时常绿树一般占总体树的1/2。

② 办公区的绿化规划　办公区在工厂中的位置一般在上风方向，离污染源较远，受污染的程度较小，工程管网也比较少。这些都为办公区的绿化布置提供了有利条件，同时也对园林绿化布置提出较高的要求。绿化的形式应与建筑形式相协调，办公楼附近一般采用规则式布局，可设计花坛、雕塑等。远离大楼的地方则可根据地形变化采用自然式布局，设计草坪、树丛等。

③ 厂内道路的绿化　厂内道路的绿化同样至关重要，一般分为公路和铁路的绿化。厂内公路的绿化：道路绿化主干道两侧行道树多采用行列式布置，创造林荫道的效果，并以道路绿化为骨架，将厂前区的绿化、车间周围的绿化、车间之间的绿化、辅助设施的绿化、小游园水体等联系起来，形成厂内自成格局的绿化系统。厂内一般道路、人行道两侧可种植三季有花、季相变化丰富的花灌木。道路与建筑物之间的绿化要有利于室内采光，防止污染，减弱噪声。厂内铁路的绿化：铁路绿化要起到有利于消减噪声、防止水土冲刷、稳固路基的作用，还可以阻止人流，防止行人乱穿铁路而发生事故。

④ 生产区的绿化　生产区是厂区绿化的重点部位，在进行设计时应充分利用园林植物净化空气、杀菌、减噪等作用，有针对性地选择对有害气体抗性较强及吸附粉尘、隔声效果较好的树种。对于污染较大的化工车间，不宜在其四周密植成片的树林，而应多种植低矮的花卉或草坪，以利于通风，便于有害气体扩散，减少对人的危害。工厂生产车间周围的绿化比较复杂，可供绿化面积的大小因车间内生产特点不同而异。

⑤ 仓库的绿化　地下仓库的上面，根据覆土厚度的情况，种植草皮、藤本植物和乔灌木，可以起到装饰、隐蔽、降低地表温度和防止尘土飞扬的作用。装有易燃物的贮罐周围，应以草坪为主；在露天堆场进行绿化时，首先不能影响堆场的操作，在堆场的周围栽植生长健壮、防火隔尘效果好的落叶树种，使其与周围很好地隔离。

⑥ 厂内休息性游园　工厂小游园是工人工作之余休息、娱乐及进行文体活动的场所。小游园内可栽植一些观赏价值较高的园林植物来丰富景点，有条件的工厂可在小游园内开辟集体活动的场地，配置石桌、花架等设施。设计时可充分利用现有的自然条件，因地制宜，并配以假山、人工湖、喷泉等，使职工在休闲、娱乐的同时，还能欣赏园中的美景。游园的布局形式可分为规则式、自由式和混合式，根据游园所在的位置和使用性质、场地形状、职工爱好等灵活应用。

9.4.3　清洁生产与清洁工艺

清洁工艺和清洁生产是指将综合预防的环境保护策略持续应用于生产过程和产品中，以减少对人类和环境的风险。具体措施包括：不断改进工艺设计；使用清洁的能源和原料；采用先进的工艺技术与设备；改善管理；综合利用；从源头削减污染，提高资源利用效率；减少或者避免生产、服务和产品使用过程中污染物的产生和排放。

9.4.3.1 清洁生产

清洁生产是实施可持续发展的重要手段，清洁生产的观念主要强调以下三个重点：

（1）清洁能源　开发节能技术，尽可能开发利用再生能源以及合理利用常规能源。

（2）清洁生产过程　尽可能不用或少用有毒有害的原料和中间产品。

（3）清洁产品　以不危害人体健康和生态环境为主导因素来考虑产品的制造过程甚至使用之后的回收利用，减少原材料和能源的使用。

9.4.3.2 清洁工艺

（1）实施产品绿色设计　在产品设计之初就注意未来的可修改性，容易升级以及可生产几种产品的基础设计，提供减少固体废物污染的实质性机会。产品设计要达到只需要重新设计一些零件就可更新产品的目的，从而减少固体废物。在产品设计时还应考虑在生产中使用更少的材料或更多的节能成分，优先选择无毒、低毒、少污染的原辅材料替代原有毒性较大的原辅材料，防止原料及产品对人类和环境的危害。

（2）实施生产全过程控制　清洁的生产过程要求企业采用少废、无废的生产工艺技术和高效生产设备；尽量少用、不用有毒有害的原料；减少生产过程中的各种危险因素和有毒有害的中间产品；使用简便、可靠的操作和控制；建立良好的卫生规范（GMP）、卫生标准操作程序（SSOP）、危害分析与关键控制点（HACCP）；组织物料的再循环；建立全面质量管理系统（TQMS）；优化生产组织；进行必要的污染治理，实现清洁、高效的利用和生产。

（3）实施材料优化管理　材料优化管理是企业实施清洁生产的重要环节。选择材料、评估化学使用、估计生命周期是提高材料管理的重要方面。企业实施清洁生产，在选择材料时要关心其再使用与可循环性，具有再使用与可循环性的材料可以通过提高环境质量和减少成本获得经济与环境收益。

9.5 工程经济概算

9.5.1 工程项目的设计概算

"概算"是指大概计算车间的投资，可作为上级机关对基本建设单位拨款的依据，同时也作为基本建设单位与施工单位签订合同付款及基本建设单位编制年度基本建设计划的依据。"预算"是在施工阶段编制的，是预备计算车间的投资，作为国家对基本建设单位正式拨款的依据，同时也为基本建设单位与施工单位进行工程竣工后的结算提供依据。每个生产车间的概、预算包括土建工程、给排水工程、供暖通风工程、特殊构筑物工程、电气照明工程、工艺设备及安装工程、工艺管道工程、电气设备及安装工程和器械、工具及生产用家具购置等的概、预算。工程预算是根据各工程数量乘以工程单价，采用表 9-11 的格式编制的。整个车间的综合概、预算汇总采用表 9-12 的格式。

9.5.2 项目投资

9.5.2.1 总投资构成

建设项目总投资是指为保证项目建设和生产经营活动正常进行而发生的资金总投入量，它包括项目的固定资产投资及伴随着固定资产投资而发生的流动资产方面的投资，如表 9-13所示。

表 9-11 ×××预算书

建设单位名称：

预算：　　元（其中包括设备费、安装费和购置费）

技术经济指标：　　（单位、数量）

预算书编号：

工程名称：

工程项目：

根据　　图纸　设备明细表及×××年价格和定额编制

序号	项目名称和项目编号	设备及安装工程名称	数量及单位	重量/t		预算价值/元					
						单位价值			总价值		
				单位重量	总重量	设备	安装工程		设备	安装工程	
							总计	其中工资		总计	其中工资

编制人：　　审核人：　　　　　　　　　　　　负责人：

×年×月×日　编制

表 9-12 综合概、预算汇总

序号	概、预算书编号	工程和费用名称	概、预算价值/元						技术经济指标		
			建筑工程	设备	安装工程	器械、工具及生产用家具购置	其他费用	总值	单位	数量	单位价值/元

表 9-13 项目投资构成表

总投资					
固定资产投资				流动资金	
工程费用(建筑工程和安装工程)		设备购置费用	其他费用	定额流动资金	非定额流动资金
主要生产项目、辅助生产项目、公用生产项目、服务型工程项目、生活福利设施、厂外工程项目				储备资金 生产资金 成品资金	货币资金 结算资金

建设项目总投资的计算公式如下：

① 不包括建设期投资贷款利息的总投资：

$$总投资＝固定资产投资＋流动资金$$

② 包括建设期投资贷款利息的总投资：

$$总投资＝固定资产投资＋固定资产投资贷款建设期利息＋流动资金$$

9.5.2.2 投资估算

以建设酒厂为例，项目建设总投资通常由以下三部分构成：固定资产投资、生产经营所需要的流动资金和建设期贷款利息。

（1）固定资产投资

① 设备购置费用　以年产 1 万吨乙醇厂为例，所需车间主要设备见表 9-14，车间设备总购置费用约为 900 万元，外加电气设备（电动、变电配电、通风设备）费用约为 200 万元，生产工具及家具购置费用约为 100 万元，则所有设备购置费用约为 900＋200＋100＝1200（万元）。

表 9-14　年产 1 万吨乙醇厂的主要设备一览表

序号	设备名称	数量	规格型号	来源
①	种子罐	2	150m³	订购
②	发酵罐	3	300m³	订购
③	醪塔	1	浮阀型 $\varphi=3m$	订制
④	精馏塔	1	导向筛板塔	订制
⑤	换热器	2	板式、蛇管换热器各一个	订购
⑥	乙醇捕集器	2	泡罩板式	订制
⑦	稀释器	1	0.65m	订制
⑧	糖蜜贮罐	3	800m³	订购
⑨	锅炉	1	YG80/3.82-M7	订购

设备运输费约为购置费的 5%～10%，此处取 6%，则设备运输费为 $1200 \times 6\% = 72$（万元）。因此，总设备购置费用（包括购置费和运输费）为 1272 万元。

② 设备安装工程费用　设备安装主要包括主生产、辅助生产、公用生产工程项目、工艺设备的安装，电动、变配电、通信等设备的安装，计量器、微机控制系统等电动设备的安装，以及其他车间构件的材料和各种管件的安装。在此以总设备购置费的 20% 进行估算，则设备安装费用为 $1200 \times 20\% = 240$（万元）。

③ 土建工程费用　本厂拟征地 100 亩，每亩征地费用 3.8 万元，则全厂征地费用为 $3.8 \times 100 = 380$（万元）；生产车间、办公楼、生活区等房屋建筑费用约为 4000 万元；绿化建设费用约 2 万元/亩，绿化面积按占厂区面积（100 亩）的 10% 计算，则全厂绿化所需费用为 $2 \times 100 \times 10\% = 20$（万元）。因此，全厂土建工程费用为 $380 + 4000 + 20 = 4400$（万元）。

④ 不可预见的费用　约为 150 万元。

⑤ "三废" 治理费用　约为 100 万元。

因此，固定资产投资为 $1272 + 240 + 4400 + 150 + 100 = 6162$（万元）。

(2) 生产经营所需要的流动资金

① 生产成本的估算（以 t 计）　见表 9-15。

表 9-15　生产成本估算

项目	单位	单价/元	数量	金额/元
糖蜜	t	300	4.18	1254
水	m³	自产		
电	度	0.76	40	30.4
煤	t	120	0.1134	13.6
包装	个	100	2	200
"三废"				10
运输费				10
折旧费				200
合计				1718

② 人员工资　工厂员工 40 人，平均按 2500 元/月的工资计算，则全厂员工年工资为 $0.25 \times 12 \times 40 = 120$（万元）。流动资金周期为一年，全年生产 1 万吨白酒，则流动资金为

$10000 \times 0.1718 + 120 = 1838$（万元）。

（3）建设期贷款利息　项目固定资产投资资金自筹 30％，贷款 70％，则贷款总额为 $6162 \times 70\% = 4313.4$（万元）。拟建设期为一年，贷款利率为 5％，则贷款利息为 $4313.4 \times 5\% = 215.67$（万元）。

综上所述，项目总投资为 $6162 + 1838 + 215.67 = 8215.67$（万元）。

9.5.3　成本估算

9.5.3.1　产品成本的估算

产品成本估算以成本核算原理为指导，在掌握有关定额、费率及同类企业成本水平等资料的基础上，按产品成本的基本构成，分别估算产品的总成本及单位成本。为此，先要估算以下费用：

① 原材料成本　原材料是指构成产品主要实体的原料和主要材料，以及有助于产品形成的辅助材料。

单位产品原材料的成本＝单位产品原材料消耗定额×原材料价格

② 工资及福利费　是指直接参加生产的工人工资和按规定提取的福利基金。工资部分按设计直接生产工人定员人数和同行业实际平均工资水平计算；福利基金按工资总额的一定百分比计算。

③ 燃料动力费　是指直接用于工艺过程的燃料和直接供给生产产品所需的水、电、气、压缩空气等费用（亦称公用工程费用），分别根据单位产品消耗定额乘以单价计算。

④ 车间经费　是指为管理和组织车间生产而发生的各种费用：一种方法是根据车间经费的主要构成内容分别计算折旧费、维修费和管理费；另一种方法则是按照车间成本中原材料、工资及福利费、燃料动力费的成本之和的一定百分比进行计算。

以上①～④之和就构成了车间成本。

⑤ 企业管理费　是指为组织和管理全厂生产而发生的各项费用。企业管理费估算与车间经费估算的方法相类似：一种方法是分别计算厂部的折旧费、维修费和管理费；另一种方法是按车间成本或直接费用的一定百分比进行计算。企业管理费与车间成本之和构成了工厂成本。

⑥ 销售费用　是指在产品销售过程中发生的运输、包装、广告、展览等费用。销售费用与工厂成本两者之和构成了总成本或全部成本。销售费用的估算一般在分析同类企业费用情况的基础上，考虑适当的改进系数，按照直接费用或工厂成本的一定比例求得。

⑦ 经营成本　经营成本的估算在上述总成本估算的基础上进行。计算公式如下：

经营成本＝总成本－折旧－流动资金利息

9.5.3.2　折旧费的计算

所谓折旧就是将固定资产的机械磨损和精神磨损的价值转移到产品的成本中去。折旧费就是这部分转移价值的货币表现，折旧基金也就是对上述两种磨损的补偿。折旧费的计算是产品成本、经营成本估算的一个重要内容。常用的折旧费计算方法有如下 2 种：

① 直线折旧法　是指按一定的标准将固定资产的价值平均转移为各期费用，即在固定资产折旧年限内，平均地分摊其磨损的价值。折旧费分摊的标准有使用年限、工作时间、生产产量等，计算公式如下：

$$固定资产年折旧费 = \frac{固定资产原始价值 - 预计残值 + 预计清理费}{预计使用年限}$$

② 曲线折旧法　是在固定资产使用前后期不等额分摊折旧费的方法。它特别考虑了固定资产的无形损耗和时间价值因素。如余额递减折旧法，它是以某期固定资产价值减去该期折旧额后的余额，依次作为下期计算折旧的基数，然后乘以某个固定的折旧率，因此又称为定率递减法。计算公式如下：

$$年折旧费＝年初折余价值×折旧率$$
$$年初折余价值＝固定资产原始价值－累计折旧费$$
$$折旧率＝1-\left(\frac{固定资产净残值}{固定资产原始价值}\right)^{1/n}$$

式中，n 为使用年限。

9.5.4　工程项目的财务评价

项目财务评价是指在现行财税制度和价格条件下，从企业财务的角度分析计算项目的直接效益和直接费用，以及项目的盈利状况、借款偿还能力、外汇利用效果等，以考察项目的财务可行性。下面介绍 2 种常用的评价指标：

9.5.4.1　静态投资回收期

投资回收期又称还本期，即还本年限，是指项目通过项目净收益（利润和折旧）回收总投资（包括固定资产投资和流动资金）所需的时间，以年表示。当各年利润接近可取平均值时，有如下关系：

$$P_t=\frac{I}{R}$$

式中，P_t 为静态投资回收期；I 为总投资额；R 为年利润平均值。

评价判据：将求得的静态投资回收期 P_t 与部门或行业的基准投资回收期 P_c 比较，当 $P_t \leqslant P_c$ 时，可认为项目在投资回收上是令人满意的。

9.5.4.2　投资利润率

投资利润率是指项目达到设计生产能力后的一个正常生产年份的年利润总额与项目总投资的比率，它反映了单位投资每年获得利润的能力，其计算公式为：

$$投资利润率＝\frac{R}{I}×100\%$$

式中，R 为年利润总额；I 为总投资额。

年利润总额 R 的计算公式为：

年利润总额＝年产品销售收入－年总成本－年销售税金－年资源税－年营业外净支出

总投资额 I 的计算公式为：

总投资额＝固定资产总投资（不含生产期更新改造投资）＋建设期利息＋流动资金

评价判据：当投资利润率＞基准投资利润率时，项目可取。基准投资利润率是衡量投资项目可取性的定量标准或界限。

第10章　课程设计与说明书

10.1　概述

课程设计是专业课教学的重要组成部分，是理论学习的深化和应用。通过课程设计，可以培养学生自觉树立精心设计的思想和理论联系实际的学风，使学生在学习了生物工程专业基础知识、专业理论知识的基础上，综合运用生物反应工程、分离工程的理论知识，并结合生物工艺学的相关知识，初步掌握生物工厂工艺设计的程序、方法和步骤，培养学生具备生物工厂工艺设计和工程设计的能力。通过设计，使学生了解和熟悉生物工程领域的新技术、新工艺和新设备，熟悉国家和行业的有关规定和技术措施，学会使用有关的技术手册和设计资料，提高计算和绘图技能，提高对实际工程问题的分析和解决能力，从而得到对生物工程专业技术人员的综合性训练，提高学生的综合素质，为学生完成以后的毕业设计做准备。通过课程设计，可使学生在以下几方面的能力得到训练和提高：

① 查阅、熟悉技术文献资料和搜集生产工艺数据的能力。

② 合理设计工艺路线，准确进行工艺计算和设备选型设计计算的能力。

③ 用简洁的文字、清晰的图表表达个人设计思想和设计结果的能力。

④ 树立既考虑技术上的先进性与可行性，又考虑经济上的合理性，同时兼顾生产操作时的安全、劳保、环保等要求的设计思想，并在此设计思想指导下提高分析和解决实际问题的能力。

课程设计说明书是学生在教师指导下，对所从事的设计工作和取得的设计结果的表述。对课程设计说明书的撰写要有严谨求实的科学态度。为规范课程设计教学管理，提高课程设计说明书的质量，现对课程设计说明书的基本要求作如下规定：

（1）文字要求　文字通顺，语言流畅，无错别字，不得请他人代写。

（2）图表要求　图表整洁美观，布局合理，按国家规定的绘图标准绘制。

（3）字数要求　课程设计说明书的字数（包含计算图表、公式、计算数据及程序段等）不少于15000字，非文字部分按每页1000字折算。

（4）页面设置　纸张大小：A4打印纸（所附的较大的图纸、数据表格及计算机程序段清单等除外）。页边距：左3cm（装订），上、下、右各2cm。页眉1.5cm，页脚0.75cm。

（5）页眉格式　×××大学生物工厂工艺设计课程设计说明书（宋体，小五号，居中）。

（6）页脚格式　正文必须从正面开始，并设置为第1页。页码在页末居中打印。

10.2 课程设计的任务

10.2.1 课程设计的基本环节

① 设计动员、发题、介绍设计题目的实际工业背景。

② 阅读设计指导书和任务书，查阅资料，拟定设计程序和进度计划。

③ 调查、收集有关数据，了解设备制造、安装和操作的有关知识，奠定设计基础。

④ 设计计算，绘图和编制设计说明书。

即学生在指导教师的指导下进行文献资料的查询，系统了解原料处理、生物反应、产物分离提取等工艺过程及基本工艺参数，了解原料处理、生物反应、产物分离提取等过程的新技术、新工艺和新设备。并在此基础上，学生完成课程设计方案，进行必要的工艺计算，最后写出课程设计报告（说明书）并绘制完成图纸。

10.2.2 课程设计的具体任务

（1）撰写简要设计说明书 主要内容包括工艺流程、工艺计算、工艺设备的计算、设计与选型等。具体任务如下：

① 设计方案选择 对给定或选定的设计方案进行简要论述。

② 设计工艺流程论证 按确定的设计方案设计出合理可行的工艺流程路线，对该工艺流程进行阐述论证，确定工艺过程的重要参数。

③ 工艺计算 应完成工艺流程各过程的物料衡算、能量衡算，以及主要设备的工艺条件、工艺参数计算。

④ 主要设备设计 在满足工艺条件的前提下，进行主要设备的机械设计，包括强度设计、刚度计算、稳定性计算和结构设计。

⑤ 典型辅助设备设计选型 包括典型设备主要结构尺寸计算和设备型号规格的选定。

⑥ 工艺流程图 按工艺流程图绘制要求完成有一定控制点的流程详图，包括设备、物料管线、主要管件、控制仪表等内容。

⑦ 主体设备结构详图 按化工设备结构图的要求绘制完成。

⑧ 典型辅助设备工艺条件图或小样图 包括设备的主要工艺尺寸和主要特点要求。

（2）绘图 绘制产品工艺方案流程图一张或车间平面布置图（或立剖图、管路图、全厂平面布置图、设备图）一张。要求：

① 按工艺流程图绘制要求完成有一定控制点的流程详图，包括设备、物料管线、主要管件、控制仪表等内容。

② 主体设备结构详图，按化工设备结构图的要求绘制完成。

③ 典型辅助设备工艺条件图或小样图，包括设备的主要工艺尺寸和主要特点要求。

10.3 课程设计任务书

10.3.1 味精糖化车间（工厂）设计

（1）设计题目 年产 5 万吨味精糖化车间（工厂）的设计。

（2）生产基础数据

① 产品规格　纯度为 99％的味精。

② 生产天数　300 天/年，糖化周期 40～48h。

③ 糖化工艺　一次喷射双酶糖化法；液化酶为耐高温液体 α-淀粉酶（20000U/g，密度为 1.2kg/L），加酶量为 10U/g 干淀粉；液体糖化酶为（100000U/g，密度 1.25kg/L），加酶量为 120U/g 干淀粉；$CaCl_2$ 一般加量为干淀粉的 0.15％；液化后的湿糖渣约为淀粉原料的 1％；进入发酵工段的糖液浓度为 30％（密度为 1.1321kg/L）。

④ 商品淀粉中淀粉含量为 82％～88％，淀粉加水调浆比例为 1∶（1.5～2.5）。

⑤ 淀粉糖化转化率 92％～96％，发酵产酸率（浓度）10％～12％，发酵对糖转化率 55％～62％，倒罐率 1％～2％。

⑥ 提取工段：谷氨酸提取收率 95％～98％，精制收率 95％～98％。

⑦ 糖化罐单台体积 100～200m³，糖化罐装液系数 75％～85％，糖化罐 $H=2D$，糖化罐下部使用圆锥形，圆锥高度为 $D/4$。

（3）设计内容

① 根据以上设计任务，查阅有关资料、文献，搜集必要的技术资料、工艺参数与数据，进行生产方法的选择、工艺流程与工艺条件的确定与论证。

② 工艺计算：糖化工段的物料衡算。

③ 糖化工段设备的选型计算，包括设备的容量、数量、主要的外形尺寸。

④ 选择其中某一个重点设备进行单体设备的详细化工计算与设计。

（4）设计要求

① 根据以上设计内容，撰写设计说明书。

② 完成图纸 1 张（2 号图纸）：全厂工艺流程图（或重点单体设备总装图）。

10.3.2　味精发酵车间（工厂）设计

（1）设计题目　年产 1 万吨味精发酵车间（工厂）的设计。

（2）生产基础数据

① 产品规格：纯度为 99％的味精。

② 生产方法：以工业淀粉为原料，双酶法糖化，流加糖发酵，低温浓缩，等电点提取。

③ 生产天数：300 天/年。

④ 倒罐率：0.5％。

⑤ 发酵周期：40～42h。

⑥ 生产周期：48～50h。

⑦ 种子发酵周期：8～10h。

⑧ 种子生产周期：12～16h。

⑨ 发酵醪初糖浓度：150g/L。

⑩ 流加糖浓度：450g/L。

⑪ 发酵谷氨酸产率：10％。

⑫ 糖酸转化率：56％。

⑬ 淀粉糖转化率：98％。

⑭ 谷氨酸提取收率：92％。

⑮ 味精对谷氨酸的精制收率：112％。

⑯ 原料淀粉含量：86％。

⑰ 发酵罐接种量：10％。

⑱ 发酵罐填充系数：75％。

⑲ 发酵培养基：水解糖 150g/L，糖蜜 3g/L，玉米浆 2g/L，$MgSO_4$ 0.4g/L，KCl 1.2g/L，Na_2HPO_4 1.6g/L，尿素 40g/L，消泡剂 0.4g/L。

⑳ 种子培养基：水解糖 25g/L，糖蜜 20g/L，玉米浆 10g/L，$MgSO_4$ 0.4g/L，K_2HPO_4 1g/L，尿素 3.5g/L，消泡剂 0.3g/L。

（3）设计内容

① 根据设计任务查阅有关文献，收集必要的技术资料与工艺数据，进行生产方法的选择比较、生产工艺流程与工艺条件的确定与论证。

② 工艺计算　全厂的物料衡算；发酵车间的热量衡算，并计算蒸汽耗量；无菌空气耗量的计算。

③ 发酵车间（包括糖液连消）生产设备的选型（包括设备的容量、数量、主要外形尺寸）计算。

④ 选择一个重点设备进行单体设备的详细化工设计与计算。

（4）设计要求

① 根据以上设计内容，撰写设计说明书。

② 完成图纸 1 张（2 号图纸）：发酵车间工艺流程图（包括糖液连消）或重点单体设备总装图。

附：味精生产工艺流程图及工序

1. 味精生产工艺流程图

图 10-1 为味精生产工艺流程图，其具体流程为：淀粉、水→调浆（加 Na_2CO_3 和淀粉酶）→喷射液化→保温灭菌→过滤→层流罐→贮罐→冷却→糖化（先调 pH 再加糖化酶）→灭酶→离心过滤→得葡萄糖液→冷却→发酵罐发酵→冷却→等电点中和→谷氨酸晶体→加水溶解→二次中和→得谷氨酸钠溶液→活性炭脱色→过滤→离子交换脱金属离子→浓缩→蒸发结晶→分离出湿味精→干燥→得晶体味精→筛分→分装。

2. 工序

（1）糊化工序　调浆时淀粉浓度为 35％，调浆罐进入盘管的蒸气温度控制在 30℃，用 Na_2CO_3 调 pH 至 6.4。料液经泵输送和蒸汽一起进行喷射液化，也就是糊化过程，蒸汽的温度为 120℃，喷射液化器出口温度为 100～105℃，喷射液化时间为 1h。液化好的料液经管道过滤除去大的颗粒后进入缓冲罐，缓冲罐的温度为 95～100℃。这一工序中包括流体输送、传热、过滤。

（2）糖化工序　经高温糊化的淀粉糊由离心泵泵至层流罐，层流罐的温度为 95～100℃。进入糊化罐前料液要求冷却到 60℃，用 HCl 调节 pH 值至 4.0～4.4，采取酶解法糖化，糊化温度 60℃、时间 48h。糖化率为 90％，即 1g 淀粉生成 0.9g 葡萄糖。糊化好的料液经蒸汽灭酶，灭酶温度为 80～85℃，然后离心过滤除去滤渣，得到糖化液。这一工序中包括流体输送、传热（三次）、过滤。

（3）发酵工序　过滤的滤液冷却到 32℃，进入发酵罐发酵，用冷却水调温，每隔 12h 升温 1～2℃，当发酵时间接近 34h 时，温度升至 37℃。加水使糖化液浓度为 14％，发酵时间为 34h，发酵菌种的产酸量与葡萄糖量之比为 50％。发酵完的料液进行离心分离后进入谷氨酸提取工序。这一工序中包括传热、离心分离。

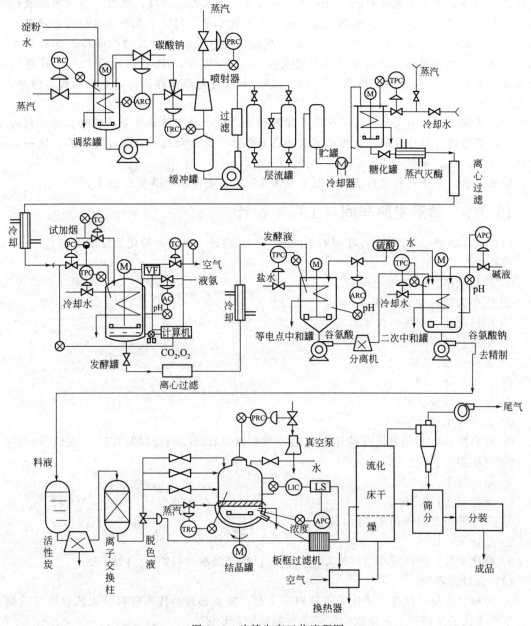

图 10-1　味精生产工艺流程图

（4）谷氨酸提取工序　发酵液进入等电点中和罐，进入罐前使温度降为22℃。谷氨酸的等电点为pH3.2。加硫酸调节pH，该过程要先以较快的速率加酸，将pH先调整至5.0，停止加酸与搅拌1.5h，保证晶体增长。然后继续缓慢加酸调整，直至pH降为3.2，温度冷却至8℃，使之达到等电点，停止中和及搅拌。谷氨酸沉淀后用离心泵送到离心分离机进行分离，得到谷氨酸的凝聚物。然后进入二次中和罐加水加碳酸钠中和成谷氨酸钠，加水溶解温度为40~60℃，加碳酸钠调pH至5.6，中和温度控制在70℃以内，得到谷氨酸钠的溶液再进入精制工序。这一工序中包括流体输送、传热、离心分离等。

（5）谷氨酸钠精制工序　经谷氨酸提取工序后得到的谷氨酸钠盐溶液进入活性炭脱色器脱色，分离，再进入离子交换柱除去Ca^{2+}、Fe^{2+}、Mg^{2+}等金属离子。脱色液进入结晶罐进行浓缩结晶，当波美度达到 $29.5°Bé$ 时加入晶种，进入育晶阶段，根据结晶罐内溶液的饱和度和结晶情况实时控制谷氨酸钠盐溶液输入量和进水量。经过十几个小时的蒸发结晶，当结晶形体达到一定要求、物料积累到 80% 高度时，将料液放至助晶槽，结晶长成后分离出味精，送去干燥和筛选。结晶罐内的真空度为 $0.075 \sim 0.085MPa$，温度为 $70℃$，最终浓缩液浓度波美度为 $33 \sim 36°Bé$，结晶时间 $10 \sim 14h$。该工序包括流体输送，非均相物系的分离、蒸发等过程。

（6）干燥工序　湿晶体经过流化床干燥器干燥，细小粉尘经旋风分离回收。将得到的大小不一的晶体进行筛分分级，小颗粒可作为晶种添加，大颗粒进行分装，得成品。这一工序中包括流体输送、板框过滤、旋风分离等。

特别注意：整个过程中的蒸汽供应温度为 $120℃$，冷却水的温度为 $20℃$。

10.3.3　啤酒发酵车间（工厂）设计

（1）设计题目　年产 10 万吨啤酒车间（工厂）设计（重点为糖化、发酵车间）。

（2）生产基础数据

① 产品规格：12 度淡色啤酒。

② 生产天数：300 天/年。

③ 原料配比：麦芽∶大米＝70∶30。

④ 原料利用率：98%。

⑤ 麦芽水分：6%。

⑥ 大米水分：12%。

⑦ 无水麦芽浸出率：80%。

⑧ 无水大米浸出率：90%。

⑨ 啤酒损失率(对热麦汁)：冷却损失 6%，发酵损失 1.5%，过滤损失 1.5%，灌装损失 2%。

⑩ 空瓶损失：1.0%。

⑪ 瓶盖损失：1.0%。

⑫ 商标损失：0.1%。

⑬ 麦芽清净及磨碎损失：0.1%。

⑭ 总损失：10%。

⑮ 糖化次数：生产旺季（160 天）8 次/天；生产淡季（140 天）4 次/天。

（3）设计内容

① 根据以上设计任务，查阅有关资料、文献，搜集必要的技术资料、工艺参数与数据，进行生产方法的选择、工艺流程与工艺条件的确定与论证。

② 工艺计算：全厂的物料衡算；糖化和发酵车间的热量衡算（即蒸汽耗量的计算）、用水量计算及耗冷量计算。

③ 糖化车间和发酵车间设备的选型计算：设备的容量、数量、主要的外形尺寸。

④ 选择其中某一个重点设备进行单体设备的详细化工计算与设计。

（4）设计要求

① 根据以上设计内容，撰写设计说明书。

② 完成图纸 1 张（2 号图纸）：全厂工艺流程图（或重点单体设备总装图）。

10.3.4　酒精发酵车间（工厂）设计

（1）设计题目　年产 2 万吨食用酒精车间（工厂）设计（重点为蒸煮、糖化、发酵车间）。

（2）生产基础数据

① 产品规格：食用酒精。

② 生产方法：以薯干为原料，双酶糖化，连续蒸煮，间歇发酵，三塔蒸馏。

③ 副产品：次级酒精（成品酒精的 3%）；杂醇油（成品酒精的 0.6%）。

④ 原料：薯干（含淀粉 68%、水分 12%）。

⑤ 酶用量：高温淀粉酶（20000U/mL）为 10U/g 原料；糖化酶（100000U/mL）为 150U/g 原料（糖化醪）和 3000U/g 原料（酵母醪）。

⑥ 硫酸铵用量：7kg/t 酒精。

⑦ 硫酸用量：5kg/t 酒精。

⑧ 蒸煮醪粉料加水比：1：2.5。

⑨ 发酵成熟醪酒精含量：11%（体积分数）。

⑩ 使用活性干酵母，使用量为 1.5kg/t 原料。

⑪ 活性干酵母的复活用水：10 倍于活性干酵母质量的 2% 的葡萄糖水。

⑫ 发酵罐洗罐用水：发酵成熟醪的 2%。

⑬ 生产过程淀粉总损失率：9%。

⑭ 蒸馏效率：98%。

⑮ 全年生产天数：320 天。

（3）设计内容

① 根据以上设计任务，查阅有关资料、文献，搜集必要的技术资料及工艺参数，进行生产方法的选择与比较、工艺流程与工艺条件的确定与论证。

② 工艺计算：全厂的物料衡算；连续蒸煮及蒸馏过程中蒸汽耗量的计算；蒸馏车间用水量的衡算。

③ 蒸煮、糖化、发酵车间（或蒸馏车间）的生产设备选型计算：设备的选型、容量、数量及主要的外形尺寸。

④ 选择一个重点设备进行单体设备的详细化工设计与计算。

（4）设计要求

① 根据以上设计内容，撰写设计说明书。

② 完成图纸 1 张（2 号图纸）：蒸煮、糖化、发酵、蒸馏车间（任选其中之一）工艺流程图（或重点单体设备总装图）。

10.3.5　糖化酶发酵车间（工厂）设计

（1）设计题目　年产 1000t 糖化酶发酵车间（工厂）设计。

（2）生产基础数据

① 生产规格：食品级液体糖化酶（100000U/mL）。

② 生产天数：300 天/年。

③ 罐发酵单位：30000U/mL。

④ 提取总收率：82%。

⑤ 发酵罐装料系数：85%。

⑥ 生产周期：8 天。

⑦ 发酵过程中最大产热量：4000×4.18kJ/(m³·h)（经验值）。

⑧ 发酵培养基：玉米淀粉 22%，玉米浆 1%，豆饼粉 4%，$(NH_4)_2SO_4$ 0.4%，Na_2HPO_4 0.1%。接种量 10%。

⑨ 种子培养基：麦芽糊精 4%，玉米浆 1%，豆饼粉 4%，$(NH_4)_2SO_4$ 0.2%，Na_2HPO_4 0.2%。培养周期 4~6 天。

（3）设计内容

① 根据以上设计任务查阅有关资料、文献，搜集必要的技术资料、工艺参数与数据，进行生产方法的选择比较、工艺流程与工艺条件的确定与论证。

② 工艺计算：全厂的物料衡算；发酵车间的热量衡算（即蒸汽耗量的计算）；无菌空气耗量的计算。

③ 糖化酶生产设备的选型计算（包括设备的容量、数量、主要的外形尺寸）。

④ 选择一个重点设备进行单体设备的详细的化工计算与设计。

（4）设计要求

① 根据以上设计内容，撰写设计说明书。

② 完成图纸 1 张（2 号图纸）：全厂工艺流程图（初步设计阶段）或重点单体设备总装图。

10.3.6 其他参考选题

① 年产 5000t 柠檬酸发酵车间（工厂）设计。

② 年产 5000t 赖氨酸车间（工厂）设计。

③ 年产 20000t 苹果醋生产车间（工厂）设计。

④ 年产 10000t 干红葡萄酒车间（工厂）设计。

⑤ 年产 10000t 木薯燃料乙醇车间（工厂）设计。

⑥ 年产 1500t 凝固型酸奶车间（工厂）设计。

⑦ 年产 500t 固态酸性蛋白酶发酵车间（工厂）设计。

⑧ 年产 300t 果胶酶车间（工厂）设计。

⑨ 年产 500t 纤维素酶车间（工厂）设计。

⑩ 年产 10000t 聚乳酸车间（工厂）设计。

⑪ 年产 50000t 生物柴油工厂设计。

⑫ 利用棉籽壳年产 1000t 低聚木糖工厂设计。

⑬ 每小时产 6000 瓶桑叶茶饮料生产线的工厂设计。

⑭ 年产 2000t 螺旋藻粉工厂的设计。

⑮ 机械搅拌通风式生物反应器的设计。

10.4 课程设计说明书的撰写

10.4.1 课程设计说明书的构成

课程设计说明书大体上可以分为三大部分：前置部分、主体部分和后置部分。

（1）前置部分 包括封面、设计任务书、目录、中文及外文摘要。

（2）主体部分 包括引言（或绪论）、正文、结论（设计结果）、主要符号表、参考文献、结束语。

（3）后置部分　包括附录、封底。

10.4.2　说明书撰写基本要求及格式

（1）前置部分

① 封面，见 10.5 节示例。

② 设计任务书应包括：设计题目，设计条件，设计任务，指导教师，设计时间，专业、班级、姓名、学号。

③ 目录由任务书、章、节、附录等及页码组成。前置部分中的内容页码与正文及后置部分的页码要区分开来（具体格式见 10.5 示例）。

④ 摘要也称内容提要（具体格式见 10.5 节示例）。它不是原文的解释，而是原文的浓缩。它具有指示性、报道性和资料性的作用，用来传达原文的主要信息。摘要的写作要求完整、准确和简洁，并自成一体，有时需翻译成外文。

（2）主体部分

① 内容与基本要求　课程设计的主要内容包括：a. 设计方案简介，对给定或选定的工艺流程、主要设备的形式进行论述；b. 设计计算主要内容（参照任务书要求）；c. 设计结果汇总；d. 设计评述。

课程设计说明书撰写的基本要求：条理清晰、层次分明、逻辑性强、客观真实、准确完备、行文规范、语言流畅、简短明了、可读性强、无错别字。

② 序号　作为课程设计，一般不用分篇，章、节、条已足够将设计内容表达清楚。章、节、条的序号均用阿拉伯数字表示。每一章必须单独成页，不与其他内容连写在一起；节、条的内容不一定另起一页。

a. 章、节的表示方法可参见下面的例子：

第 1 章　引言

第 2 章　文献综述

　　2.1　味精的结构和性质

　　　　2.1.1　结构

　　　　2.1.2　性质

　　2.2　味精的应用价值

　　　　2.2.1　食品方面

　　　　2.2.2　医药方面

　　　　2.2.3　日用化妆品方面

　　2.3　味精的生产方法

　　2.4　味精的发展及趋势

　　……

结论

参考文献

主要符号表

致谢

附录

b. 标题的层次如下：

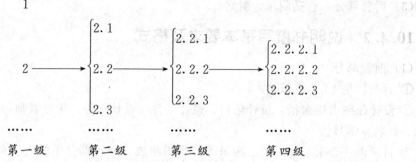

第一级　　　第二级　　　第三级　　　第四级

③ 公式和方程式　公式、方程式等应准确无误并标明序号。其标注原则为按章排序。具体格式为章序号-公式或方程式序号（加括号，位于每行的最右端）。多个公式同时出现时，一般应以等号"＝"为基准对齐。公式、方程式等要尽量用 MathType 等专业软件进行编辑。

④ 表　表的标注原则与公式、方程式一样，按章排序。如无特殊情况，表均应采用三线表。表应有表序号、中英文表题（中文在上，英文在下）、表中项目应注明单位，如需作特殊说明，可以在表的下方用小字号加以注释。

例：

表 2-2　SPSR 法实验测定结果

Table 2-2　Experimental results of SPSR dynamic method

催化剂	温度/℃	系统	示踪剂	δ_A	δ_{adv}	备注
A 型	40	He-N$_2$	N$_2$	2.3317	2.1337	环柱状
A 型	60	He-N$_2$	N$_2$	2.3974	2.1790	环柱状
B 型	40	Ar-N$_2$	N$_2$	2.3726	2.2801	环柱状
B 型	60	Ar-N$_2$	N$_2$	2.3823	2.2881	环柱状

注：δ_A 为按孔径分布计算的结果；δ_{adv} 为按平均孔径计算的值。

⑤ 图　图的要求与公式、表等类似，即按章排序。图的大小要适中，中英文图题位于图的正下方，中文图题在上，英文图题在下（如图 10-2 所示）。图中的量要用具有明确意义的符号表示，且应注明单位。图中数据产生的条件如文中没有说明，应在图题的下方以简明的方式标明，但最好在文中说明，以避免图题和说明过于繁杂。

⑥ 参考文献标注　标注方式为：在某最恰当位置的右上角用小号阿拉伯数字置于方括号内表示，一般选宋体五号字，上标磅值为 4～5。

例 1：Batt 等[1] 对这一问题作这样的论述。

例 2：本文采用 Fuzzy 方法处理该过程[2-4]。

⑦ 计算单位　必须采用 1984 年 2 月 27 日国务院发布的《中华人民共和国法定计量单位》，并遵照《中华人民共和国法定计量单位使用方法》执行。单位名称和书写方式一律采用国际通用符号。

⑧ 缩略词和其他特殊符号　符号和缩略词应遵照国家标准。无标准时可按本学科或本专业权威机构或学术团体所公布的决定执行。如不得不引用某些不是公知公用的或自定义的符号及缩略语，均应在第 1 次出现时给出明确的定义。

⑨ 主要符号说明　一般为了便于阅读，在课程设计结果汇总之后有一个主要符号说明表将课程设计中主要的符号加以说明。其内容包括符号，符号的意义、单位。符号按先英文、希腊文，再其他文字的顺序编写。单位的写法与⑦相同，字体采用宋体五号字。

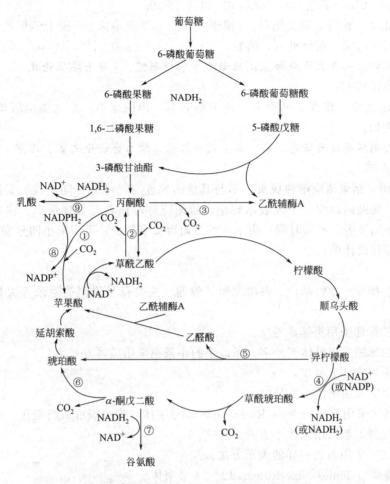

图 10-2　由葡萄糖生成合成谷氨酸的代谢途径

Fig. 10-2　Metabolic pathway of glutamic acid from glucose

①苹果酸酶；②丙酮酸羧化酶；③丙酮酸脱羧酶；④异柠檬酸脱氢酶；⑤异柠檬酸裂解酶；
⑥α-酮戊二酸脱氢酶；⑦谷氨酸脱氢酶；⑧苹果酸脱氢酶；⑨乳酸脱氢酶

⑩ 参考文献　参考文献的书写格式为序号＋著录格式。序号以阿拉伯数字表示（宋体五号字）；著录格式因著录内容不同而有所差别。

a. 书籍　作者. 书名. 版本. 出版地：出版社，出版年：参考起止页. 超过三个作者时在第三个作者后加等字，后面的作者可略去不写。如果是第一版，可以不写。例如：

1. 周敬思. 环氧乙烷与乙二醇生成. 北京：化学工业出版社，1979：1-150.

2. 贝伦斯 M，霍夫曼 H，林肯 A. 化学反应工程（中译本）. 北京：中国石化出版社，1994：83-122.

3. Smith J，Kjaer M，Froment B A. Mathematical modeling of the monolith converter. 3th. New York：Harperand Row，1979：25-59.

b. 期刊　作者. 文章名. 期刊名，年，卷（期）：起止页码. 例如：

1. 王少宇，姚佩芳，朱炳辰. 孔径分布对催化剂选择性的影响. 燃料化学学报，1993，21（2）：245-251.

2. Vayenas C G，Pavlou S. Kinetics of carbon dioxide absorption in solutions of methyl-

diethanolamine. Chem Eng Sci，1987，42（4）：15-19.

c. 学位论文　作者．论文题目：［博士（硕士）学位论文］．授予学位地点：学位授予单位，学位授予时间：起止页码．例如：

李杰．钴钼催化剂上烯烃加氢反应动力学模型研究：［博士学位论文］．上海：华东理工大学，1993：45-65.

d. 会议论文集　作者．文章名．论文集名称．出版地点：论文集出版单位，出版年：起止页码．例如：

王寿．内循环反应器研究．第一届全国有机化工学术会议论文集．北京：化学工业出版社，1988：64-68.

⑪ 结束语　结束语应单独成页，不与其他内容连写。可对合同单位、资助单位以及其他给予协助、帮助的组织、个人表示感谢。致谢应针对作者有直接帮助、协助的组织或个人。本内容不用属名、不写时间。由于本部分内容文字较少，可用宋小四号字体，同时也要表达在本次课程设计中。

⑫ 字体

a. 目录、摘要、章、结论、参考文献、致谢、主要符号说明、附录等大标题采用黑体小三号字。

b. 每节的标题采用黑体四号字。

c. 每条的标题采用黑体五号字（条以下的小条也采用黑体五号字）。

d. 正文采用宋体五号字。

e. 表题中文采用宋体小五号字。

f. 表题英文采用 Times New Roman 6～10 号字体（为美观可适当变化、灵活掌握）。

g. 表的注解一般采用宋体小五或六号字。

h. 图题文字采用与表一样的表示方法。

i. 英文摘要用 Times New Roman 12～14 号字体。

j. 中文"关键词"三个字用宋体小四号字加粗。

k. 英文关键词"Keywords"用 Times New Roman 12～14 号字体，粗体。

l. Abstract 用 Times New Roman 14～16 号字体。

m. 目录中文字采用宋体小四号字，英文采用 Times New Roman 10 号字体。

n. 文献标注采用宋体五号字，上标榜值可选为 4～5。

⑬ 页眉、页脚与页码　一般论文应有页眉、页脚和页码。页眉居中印有"×××大学生物工程工艺设计课程设计"的字样（楷体五号字），离上边距为 2.3cm；页脚也是不可缺少的，一般离下边距为 2.3cm；页码处于页脚下方，居中标有阿拉伯数字（宋体五号字），一般应从第一章开始编页码。前置部分应单独编号，不与后面正文编号连在一起，一般采用罗马数字表示。

⑭ 纸张、页面规格、行间距、字间距　课程设计规定采用统一的课程设计用纸或标准的 B5 复印纸。

为了统一起见，页面规格采用如下设置：天头（上方）为 20mm、地脚（下方）为 20mm、订口（左侧）为 25mm、切口（右侧）20mm。正文的标题栏宽为 14.5cm。

字间距选"标准"；行间距选"1.25 倍间距"。

（3）后置部分

① 附录　为了不影响课程设计说明书的逻辑性、条理性，有些内容放入附录中更为合

适，如计算机程序和大量的图、表以及其他内容。

　　附录按 A、B、C 英文字母顺序排列，如附录 A、附录 B……

　　附录中的图、表等也可按英文字母顺序排列，如图 A1、图 B2、图 C3……

　　附录中的参考文献也可按附录中的顺序单独编号。

　　其他附录按实际需要编入，不需要时可以不设其他附录。

　　附录中的文字、图表、公式等要求与正文的要求一致。

　　② 封底　封底的主要作用是保护、装饰设计，一般用较好的纸张。

10.5　课程设计文本示例

10.5.1　封面示例

×××大学生物工程工艺设计（楷体四号字）

课程设计报告（黑体一号字）

题目：＿＿＿＿＿＿＿＿＿＿＿（三号黑体）

学　　院＿＿＿＿＿＿＿＿＿

专　　业＿＿＿＿＿＿＿＿＿

班　　级＿＿＿＿＿＿＿＿＿

姓　　名＿＿＿＿＿＿＿＿＿

学　　号＿＿＿＿＿＿＿＿＿

指导教师＿＿＿＿＿＿＿＿＿

（学院、专业、班级、学生姓名、学号、指导教师姓名均为全称，楷体小三号且居中，学生姓名和指导教师姓名的汉字间空一个字符。）

20　　年　　月　　日

10.5.2　课程设计任务书示例

课程设计任务书

学院		专业班级	
姓名		所在组别	

课程设计题目	

完成时间	年　　月　　日至　　年　　月　　日，共××周

设计依据	（包括原始数据、技术参数等设计资料。现行有关的国家规范和行业标准等）

设计内容及要求	包括课程设计说明书、工程工艺计算、图纸等的技术要求、图表要求以及工作量要求等。 　　①设计工作量要求：设计说明书的字数要求（不少于15000字）以及要完成的图纸数量要求。 　　②设计成果形式及要求：设计成果即应完成的主要技术文件，包括编制设计说明书和绘制平面布置图、工艺流程图或设备图等（图纸通过计算机利用AUTOCAD软件进行绘制，设备简装图应标明其主要结构与尺寸）。 　　③按要求将设计成果等内容按顺序装订成册，成为完整的课程设计报告

工作计划及进度	

指导教师：＿＿＿＿＿＿＿

年　　月　　日

10.5.3　目录示例

目□□录

（黑体小三号字，加粗，居中。□□为两个汉字宽，空一行为目录内容）

（目录内容自动生成，给出一级目录和二级目录，最多为三级目录。一级目录为宋体小四号字，1.5 倍行距。页码放在行末，目录内容和页码之间用虚线连接，采用两端对齐）

10.5.4 摘要示例

摘□□要

（黑体小三号字，加粗，居中。□□为两个汉字宽，空一行为摘要内容）

　　□□□。

（中文摘要内容用宋体小四号字；1.5倍行距）

关键词（宋体小四号字加粗）：×××，×××，××× （宋体小四号字）

Abstract

（Times New Roman 14~16号字，加粗且居中，空一行为英文摘要内容）

　　□□□。

（英文摘要内容用 Times New Roman 小四号字；1.5倍行距）

Keywords（Times New Roman 12~14号字，加粗）：×××，×××，××× （Times New Roman 小四号字）

10.5.5 正文示例

第 1 章 绪论

（一级标题用黑体小三号字，加粗，居中，1.5 倍行距，段后空一行）

□□□。

（要求：正文全文用宋体五号字，英文用 Times New Roman 字体，1.5 倍行距，两端对齐，段落首行缩进 2 字符）

1.1 二级标题

（二级标题"1.1 ×××"，序号与标题名空一个字符，用黑体四号字，加粗，左对齐，1.5 倍行距）

□□□。

……

1.1.1 三级标题

（三级标题"1.1.1 ×××"，序号与标题名空一个字符，用黑体五号字，加粗，左对齐，1.5 倍行距）

□□□。

……

1.1.1.1 四级标题

（四级标题"1.1.1 ×××"，序号与标题名空一个字符，用黑体五号字，加粗，左对齐，1.5 倍行距）

□□□。

……

10.5.6 结论示例

结□□论（结束语）

（一级标题用黑体小三号字，加粗，居中，1.5 倍行距，段后空一行）

□□。

……

（宋体小四号，英文用 Times New Roman 字体，1.5 倍行距，两端对齐，段落首行缩进 2 字符）

10.5.7　参考文献示例

参考文献

（一级标题用黑体小三号字，加粗，居中，1.5 倍行距，段后空一行）

　　[1]

　　[2]

　　[3]

　　要求：正文中应按文中引用的先后顺序在引用参考文献处的文字右上角用［数字］标明，如"×××[1]"，数字序号应与正文之后列出的"参考文献"中的序号一致。

　　参考文献字体用宋体五号字，［数字］后空一个字符，悬挂缩进。

　　如：

　　普通图书：作者. 书名. 出版地：出版社，出版年份：起止页码.

　　[1] ×××，×××. 微生物工程工艺原理［M］. 广州：华南理工大学出版社，2002：45-48.

　　期刊：作者. 题名. 刊名，年份，卷（期）：起止页码.

　　[2] ×××，×××. 工程机械绿色设计与制造技术研究［J］. 工程机械，2007，38（1）：40-44.

10.5.8　致谢示例

致□□谢

（一级标题用黑体小三号字，加粗，居中，1.5 倍行距，段后空一行）

　　□□。

　　……

（宋体小四号，英文用 Times New Roman 字体，1.5 倍行距，两端对齐，段落首行缩进 2 字符）

10.6　考核方法与成绩评定

10.6.1　考核方法

（1）考核方式　考查。

（2）评分办法

① 课程设计期间表现（20%）　包括出勤情况、实习态度及其他具体表现。

② 课程设计报告（50%） 包括完成设计任务的质量、设计成果资料情况、设计报告编写水平、分析问题和解决问题的能力、专业术语格式规范情况等。

③ 图纸（30%） 提交方式：电子版和打印版。

10.6.2 成绩评定表

课程设计成绩评定表

学生姓名		学号		专业班级	
课程设计题目					
课程设计报告评语：					
课程设计总评成绩：					

指导教师：_____

年　月　日

参 考 文 献

[1]   段开红，田洪涛. 生物发酵工厂设计. 北京：科学出版社，2017.

[2]   国家发展和改革委员会高技术产业司. 中国生物产业发展报告 2016. 北京：化学工业出版社，2017.

[3]   国家发展和改革委员会高技术产业司. 中国生物产业发展报告 2017. 北京：化学工业出版社，2018.

[4]   何东平. 食品工厂设计. 北京：中国轻工业出版社，2009.

[5]   贺小贤，张雯. 生物工艺原理. 第 3 版. 北京：化学工业出版社，2015.

[6]   贾树彪，李盛贤，吴国峰. 新编酒精工艺学. 第 2 版. 北京：化学工业出版社，2009.

[7]   李国庭. 化工设计概论. 第 2 版. 北京：化学工业出版社，2015.

[8]   梁世中. 生物工程设备. 北京：中国轻工业出版社，2011.

[9]   刘晓杰，张一. 食品工厂设计综合实训. 北京：化学工业出版社，2008.

[10] 毛忠贵. 生物工程下游技术：案例版. 北京：科学出版社，2013.

[11] 邱树毅. 生物工艺学. 北京：化学工业出版社，2009.

[12] 孙彦. 生物分离工程. 第 3 版. 北京：化学工业出版社，2013.

[13] 谭天恩，窦梅. 化工原理：上、下册. 第 4 版. 北京：化学工业出版社，2013.

[14] 陶兴无. 生物工程设备. 北京：化学工业出版社，2017.

[15] 王晨，蒋文强. 啤酒厂三废处理及综合利用. 北京：化学工业出版社，2009.

[16] 王卫东，庄志军. 化工原理课程设计. 第 2 版. 北京：化学工业出版社，2015.

[17] 吴思方. 发酵工厂工艺设计概论. 北京：中国轻工业出版社，2006.

[18] 吴思方. 生物工程工厂设计概论. 北京：中国轻工业出版社，2007.

[19] 杨芙莲，黄达明，黄勇强. 食品工厂设计基础. 北京：机械工业出版社，2005.

[20] 于信令. 味精工业手册. 第 2 版. 北京：中国轻工业出版社，2009.

[21] 余龙江，张长银. 生物制药工厂工艺设计. 北京：化学工业出版社，2008.

[22] 俞俊棠，唐孝宣，邹行彦，李友荣，金青萍. 新编生物工艺学：上、下册. 北京：化学工业出版社，2003.

[23] 张国农. 食品工厂设计与环境保护. 北京：中国轻工业出版社，2006.

[24] 张衍，张秀兰，李忠德. 制药工程工艺设计. 第 2 版. 北京：化学工业出版社，2013.

[25] 张裕中. 食品加工技术装备. 北京：中国轻工业出版社，2007.

[26] 章克昌，吴佩琮. 酒精工业手册. 北京：中国轻工业出版社，1989.

[27] 章克昌. 酒精与蒸馏酒工艺学. 北京：中国轻工业出版社，2010.

[28] 郑裕国，薛亚平. 生物工程设备. 北京：化学工业出版社，2007.

[29] 中国石化集团上海工程有限公司. 化工工艺设计手册：上、下册. 第 5 版. 北京：化学工业出版社，2018.

[30] 宗绪岩. 啤酒工艺学. 北京：化学工业出版社，2016.